IMPLEMENT AN OPERATING SYSTEM FROM SCRATCH

穿越
操作系统迷雾

从零实现操作系统

王柏生 王晟寒 著

机械工业出版社
CHINA MACHINE PRESS

图书在版编目（CIP）数据

穿越操作系统迷雾：从零实现操作系统 / 王柏生，王晟寒著 . —北京：机械工业出版社，2023.8
（2024.7 重印）

ISBN 978-7-111-73288-4

I. ①穿…　II. ①王…②王…　III. ①操作系统　IV. ① TP316

中国国家版本馆 CIP 数据核字（2023）第 097864 号

机械工业出版社（北京市百万庄大街 22 号　邮政编码 100037）
策划编辑：杨福川　　　　　　　责任编辑：杨福川
责任校对：牟丽英　　李　婷　　责任印制：郜　敏
三河市宏达印刷有限公司印刷
2024 年 7 月第 1 版第 3 次印刷
186mm×240mm·25 印张·539 千字
标准书号：ISBN 978-7-111-73288-4
定价：99.00 元

电话服务　　　　　网络服务
客服电话：010-88361066　机　工　官　网：www.cmpbook.com
　　　　　010-88379833　机　工　官　博：weibo.com/cmp1952
　　　　　010-68326294　金　书　网：www.golden-book.com
封底无防伪标均为盗版　机工教育服务网：www.cmpedu.com

为什么要写本书

在做云计算时，某天我突然兴起，探究了一下 QEMU 的作者，当时非常好奇是什么人能写出这么强大的融合计算机软件和硬件的作品。那是我第一次知道计算机奇才——Fabrice Bellard。除了 QEMU，Bellard 还开发了大名鼎鼎的被称作音视频领域"瑞士军刀"的 FFmpeg，编写了编译器 TinyCC 和 3D 渲染引擎 TinyGL。此外，他仅用 10 个月的时间就实现了一个软基站。Bellard 的著名作品不胜枚举。

Bellard 的触类旁通能力令人叹为观止，有人说他一个人就可以抵得上一个精英团队，这种能力与他对计算机本质的理解是分不开的。在 Andy Gocke 和 Nick Pizzolato 写的关于 Bellard 的一篇小传中提到，Bellard 认为学习计算机最重要的两个方面是研究计算机是如何工作的以及对计算本身的研究。

Bellard 放在第一位的就是学习计算机的基本工作原理。Andy Gocke 和 Nick Pizzolato 认为，Bellard 自 9 岁就开始使用类似机器代码的语言编程，后来逐渐扩展到高级语言，这种学习经历使他对计算机原理的理解非常深刻。时至今日，Bellard 依然认为有抱负的计算机科学家必须通过学习汇编语言以及计算机硬件来深入理解计算机的工作方式。

要理解计算机是如何工作的，没有什么是比写一个操作系统更好的方式了。通过动手编写操作系统，我们可以深刻地洞悉计算机的运行原理。在深刻理解计算机的运行原理后，在编写程序时，我们的思路将不再局限于使用语法表达逻辑的层面，而是能够站在计算机的角度思考，每写出一行代码，都能清楚每一个变量在内存中是如何分配和存储的，以及在计算机系统的各个部件间是如何流转的，从而理解每一个计算是如何完成的。这不仅对开发操作系统本身有意义，还可以使我们在全栈开发中写出高质量的程序。

回顾我自己的经历，我曾经认为汇编、微机原理等在编程中根本用不到，所以简单地应付考试了之，没有深入理解相关内容。之后我花了大量的时间来学习各种编程语言的语法，但还是常被各种纷繁复杂的"语法糖"绕得晕头转向。直到自己动手写操作系统，因为需要而逼迫自己学习汇编，我才越来越深刻地体会到，如果基础打得好，根本不需要耗费那么多时间去学习那些语法。我们在大好的青春年华中本末倒置地花费了太多时间去学习表面上的东西，花了太多的时间在语言层面兜兜转转，而没有触碰本质。

在这些年的探索过程中，我发现很多计算机领域的著名人物都是很小就开始学习计算机，他们都是在学生时代参透了计算机的本质，在年富力强时开始产出。而我们则更多是在年富力强时才懂得并且开始学习，虽然也很勤奋努力，但事实上起步晚了若干年。虽然我们现在也开始提倡青少年学习编程，但是基本还是在学习语言，而不是学习深层次的计算机工作原理。

于是，在我自己的孩子过了 9 岁时，我就开始让他接触计算机，首先让他从了解计算机的基本原理开始，然后学习汇编语言和高级语言，最后带着他动手写操作系统。我希望他在学习知识的黄金时期，能正向地学习计算机，悟透计算机的本质，而不要再重复我在探索过程中走过的各种弯路，少浪费青春年华。

书籍是人类进步的阶梯，知识是引导人生到光明与真实境界的灯烛。在学习和工作中，无数书籍让我从中受益、为我解惑，因此，我也将这个过程编纂成书，分享给所有对操作系统及计算机有深厚兴趣的读者。后续我们会补充块设备驱动和文件系统、网络协议栈及多处理器支持等。

本书读者对象

少年强则国强，青少年是我国计算机发展的未来。本书刻意兼顾了青少年的知识储备和理解能力，希望能帮助他们深入了解计算本质，而不仅仅是浮在编程表面。

对于正在学习或者准备学习操作系统技术的大学生来说，这本书可以作为操作系统课程的实践教材。他们可以结合书中内容自己动手实现一个完整的操作系统，以对抽象的理论知识有一个感性的认识。这本书也可以作为汇编语言以及 C 语言的实践教材。

对于软件研发相关的从业人员来说，这本书可以帮助他们深刻地理解计算机和操作系统的原理。无论是应用软件开发人员，还是中间件以及操作系统底层开发人员，要想成为一名合格的程序员，深入学习操作系统技术是必不可少的。

最后，这本书写给所有想了解计算机如何工作以及所有和我一样怀揣操作系统梦的操作系统爱好者，希望这本书能让他们顺利地穿越操作系统迷雾，深刻领悟计算机工作原理。

如何阅读本书

本书从逻辑上可以分为上、下两篇。上篇（第 1 ～ 5 章）首先讲述了计算机的基本原理，从电子计算机如何使用电进行计算开始，讲述了电是如何抽象为信息的，处理器是怎样进行运算的，内存是怎样存储信息的，处理器和内存是如何通过总线通信的，处理器又是如何访问外设的，等等。接着讲述了这些部件是如何结合起来运行程序的。

然后从机器语言开始讲起，通过使用机器语言编写程序，帮助读者深刻理解指令和程序。接着讲述了汇编语言和 C 语言。第 4 章结合汇编语言讲述了计算机体系结构。第 5 章从 C 编译器如何将 C 语法翻译为汇编语言的角度入手，聚焦于语法后面的本质，希望能让读者彻底地理解 C 语言，而不再纠缠在指针等复杂的语法上。

下篇（第 6 ～ 14 章）从 0 到 1 实现了一个操作系统。我们从引导开始讲起，然后阐述了内存管理、进程、中断和异常、进程调度、系统调用、进程间通信，最后实现了显示器上的字符和图形输出以及从键盘接收输入。除了从应用程序直接访问内核外，下篇还展示了什么是 C 库、图形库等，以及从应用程序到 C 库、图形库，最后到内核的完整软件栈。

勘误和支持

由于水平有限，加之编写时间仓促，书中难免出现一些错误或者不准确的地方，恳请读者批评指正。有任何问题请发送邮件至 baisheng_wang@163.com，我会尽最大努力给予回复。

王柏生

2023 年 5 月

目　录 *Contents*

第 1 章 *Chapter 1*

计算机基础

一提到学习计算机，我们首先想到的是编程。事实上，编程是指挥计算机实现功能，即使不了解计算机底层原理，也能实现想要的功能。但是，如果想要写出高质量的系统软件，那么必须要深刻理解计算机的工作原理。

顾名思义，电子计算机是使用电进行计算的。因此，在本章中，我们首先带领读者一起认识物理世界中的电。

虽然电子计算机使用电进行计算，但是最终还是要将物理世界的电和抽象的信息关联起来。为此，我们讨论电子计算机如何使用电表示信息，以及电子计算机中的存储器如何使用电存储信息。

然后我们以加法为例，讨论电子计算机是如何使用物理世界中的电实现计算的。

接下来，我们讨论处理器如何通过总线和内存配合完成基本的运算过程，讲解什么是计算机程序，以及处理器执行程序的过程。

一个完整的计算机系统，除了处理器和内存，还需要丰富的外设。在本章的最后，我们讨论外设是如何与处理器一起工作的。

1.1 认识电

顾名思义，电子计算机就是使用电进行计算的。电是我们生活中最常见的能源之一，生活中的各种电器都需要使用电能。那么什么是电呢？宇宙中物质的基本构成单位是原子，原子由一个原子核和若干电子组成。原子核带有正电荷，电子带有负电荷。由于电荷相反，原子核和轨道上的电子之间有一定的吸引力，因此电子在一定轨道上围绕着原子核运动，如图 1-1 所示。

原子的最外层轨道上可能有松散结合的电子，它们只要很小的能量就可以从母体原子中分离出来，因此这些电子也被称为自由电子。自由电子在物质内部随机移动，从一个原子转移到另一个原子。当一个物体因为外部能量失去电子后，其原子核携带的正电荷就要大于负电荷，物体表现为带有正电。当一个物体获取了电子后，其电子携带的负电荷就要大于原子核携带的正电荷，物体表现为带有负电。

同性电荷排斥，异性电荷相吸，所以正电荷和负电荷之间会形成一个电势，可以将这个电势理解为吸引电子移动的能力。物理学中使用电压描述两点之间的电势差，电压的单位为伏特，简称伏，符号为 V。比如我们常见的 1.5V 干电池，就是通过化学反应在正负极之间积累了电荷，形成了电势差，两极之间的电势差为 1.5V，如图 1-2 所示。

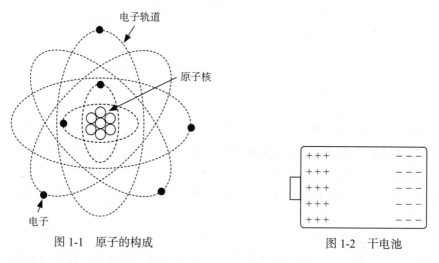

图 1-1　原子的构成　　　　　　　　　　　图 1-2　干电池

在电路中表示电池或者直流电源的符号如图 1-3 所示。

电势是一个相对量，其参考点是可以任意选取的。无论被选取的物体是不是带电，都可以被选取为标准位置，即零参考点。由于地球本身就是一个大导体，电容量很大，所以在这样的大导体上增减一些电荷，对它的电势改变影响微乎其微，其电势比较稳定，所以，一般情况下，我们都是将地球作为零电势参考点。在电路中如果某个位置接地了，那么就说明此位置的电势为 0，电路图中使用如图 1-4 所示的符号表示接地。

图 1-3　电池或者直流电源符号　　　　　　　　　图 1-4　接地符号

当一个带负电的物体通过导体连接到一个带正电的物体时，因为存在电势差，带负电的物体的多余电子开始流向带正电的物体，以补偿带正电的物体中缺少的电子。电子的流动，构成了电流，如图 1-5 所示。因为物理规律认知的影响，最初人们误以为正电荷也会移动，所以将正电荷移动方向定义为电流方向，事实上，原子核中带正电荷的质子根本不会移动，所以电子移动方向与约定俗成的电流方向相反。

有些材料在常温下有大量的自由电子，众所周知的有铜、铝等金属，这些材料具有良好的导电性，被称为导体。在非金属材料中，如玻璃、瓷器等，几乎没有自由电子，因此，这些材料不能导电，被称为非导体或绝缘体。

当自由电子移动时，自由电子与导体的原子发生碰撞，导致电子的流动速度受到限制，如图 1-6 所示。在物理学中导体对电流的阻碍作用称为电阻，电阻是导体本身的一种性质。导体的电阻通常用字母 R 表示，R 是英文单词 Resistance 的首字母。导体的电阻越大，表示导体对电流的阻碍作用越大。

在电路中使用如图 1-7 所示的符号表示电阻。

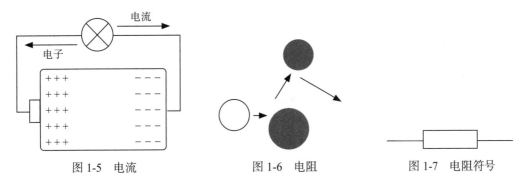

图 1-5　电流　　　　　　　　图 1-6　电阻　　　　　　　图 1-7　电阻符号

对于电路中的导线，因为其电阻非常小，几乎可以忽略，所以在电流流过导线时，几乎没有电势的降落。以图 1-8 为例，正极电压是 5V，在电阻的右侧 A 点的电压也是 5V，从电源正极经过导线电压并没有变化。对于电阻左侧的 B 点，电压和电源负极电压相同。这一点我们可以使用图 1-8b 来辅助理解。我们可以将电流想象为水，将导线想象为水管。因为水管都很通畅，没有任何阻力，所以 A 点电压和电源正极完全相同。可以把电阻想象为非常细的管道，那么到达 B 点时，水流已经很小了，所以 B 点和负极之间没有电势差。

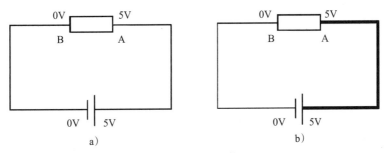

图 1-8　闭路的电势差

当电路处于开路时，与闭路不同，以图 1-9 为例，从电源正极到 A、B、C 点，电压全部是 5V。这比较容易理解，即使电子需要流过凹凸不平的电阻，但是最终电荷还是会在 C 点逐渐累积起来，使得电压和电源正极相同。还是用水流作为比喻来辅助我们理解，如

图1-9b 所示，当水管在 C 点断开时，那么即使电阻这段管道非常细，但是最终水还是会在断开处汇聚，所以，对于开路电路来说，C 点的电压也是 5V。

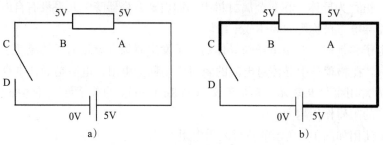

图 1-9　开路的电势差

在电路中，因为导线的电阻很小，完全可以忽略，不会起到压降的作用，所以可以将导线看作一个等势体，即在同一段导线上的电压完全相等。

电子在电场中受力会移动，当导体之间有了介质，介质会阻碍电子移动而使得电荷累积在导体上，形成电荷的累积存储。人们设计了电子元器件——电容来存储电荷。电容与干电池不同，干电池通过化学反应使正负电荷在电池两端聚集，而电容自己不产生电荷，但是可以存储电荷，是一种电荷存储介质。电容在电子计算机中发挥着至关重要的作用。电容由 2 片导体和 1 片电介质组成，如图 1-10 所示。

在电路中使用如图 1-11 所示的符号表示电容。

图 1-10　电容　　　　　　　　　　　　　　　　图 1-11　电容符号

可以通过电源对电容进行充电，如图 1-12 所示。

在断开电源后，电容中就存储了电荷，如图 1-13 所示。

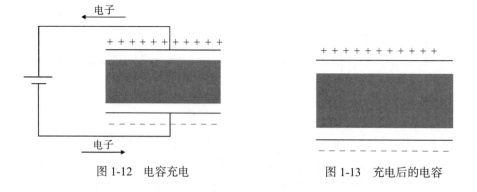

图 1-12　电容充电　　　　　　　　　　　　图 1-13　充电后的电容

电容就像一个电源，当内部存储了电荷时，对外表现为高电平，当内部没有电荷时，对外表现为低电平，如图 1-14 所示。

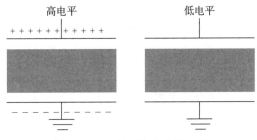

图 1-14　电容对外表现的电平

1.2　信息表示

我们人类习惯了使用十进制计数，所以理论上电子计算机也应该使用十进制，这样与人的习惯相符，也便于人们理解。我们可以使用电压的不同值或者电容存储的不同电荷数来表示不同的数字。对于电容而言，外部依然是通过其输出的电压高低来感知的，所以本质上也是电压的高低。历史上，计算机科学家们也的确设计了包括十进制在内的不同进制的计算机，但是，实践发现，使用不同的电压或者不同的电荷量表示不同的数字的方法使电路设计异常复杂。相反，如果只是通过电压的高低、电容有电和没电来表示不同的数字，电路则要简化得多。

经过不断实践，最终，计算机使用的电路中只有两种电压：高电压和低电压。通常，使用接地电压作为低电压，使用 3.3V 或者 5V 作为高电压。如果将其对应为数学抽象，那么低电压可以对应数字 0，高电压可以对应数字 1，因此，计算机中的电路又称作数字电路。数字电路中的电压是离散的，只有高和低两个级别，如图 1-15 所示，英语中也用 high level 和 low level 表示，中文译为高电平和低电平。

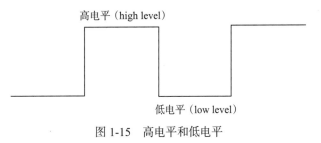

图 1-15　高电平和低电平

1.2.1　二进制

因为数字电路中流动以及处理的电信号是离散的，类似数字 0、1，所以为了研究和表述方便，人们抽象出了只包括数字 0 和 1 的二进制数学模型。从人的角度，还是得用数字说话，不能总说"高低高低高高低低"吧。事实上，数字电路中根本没有数字，看到 1，我们要知道其代表高电平或者电子器件中存储了电荷；看到 0，我们要知道其表示低电平或者电子器件中没有存储电荷。二进制和十进制的对应关系如表 1-1 所示。

表 1-1　二进制和十进制的对应关系

二进制	十进制	二进制	十进制
0000	0	0101	5
0001	1	0110	6
0010	2	0111	7
0011	3	1000	8
0100	4	1001	9

十进制转二进制不止一种方法，有除二取余法、凑数法等。我们以除二取余法为例来看一下十进制到二进制的转换。

除二取余法以十进制的数除以所要转换的进制数 2，把每次除得的余数记在旁边，所得的商继续除以进制数 2，直到余数为 0，然后把相应的余数按照从低到高的顺序写出来。例如把十进制数 230 转换成二进制数：

```
230 / 2 = 115 … 0
115 / 2 = 57 … 1
57 / 2 = 28 … 1
28 / 2 = 14 … 0
14 / 2 = 7 … 0
7 / 2 = 3 … 1
3 / 2 = 1 … 1
1 / 2 = 0 … 1
```

所以 230 的二进制表示为：1110 0110。

我们可以采用按权展开法将二进制转换为十进制。比如把十进制数 230 按权展开：

$$2 * 100 + 3 * 10 + 0 = 2 * 10^{(3-1)} + 3 * 10^{(2-1)} + 0 * 10^{(1-1)} = 230$$

那么我们对二进制也采用按权展开法，但是不用二进制表示权重。比如 1000，我们不这样表示：

$$1 * (10)^{(11)} + 0 + 0$$

而是使用十进制表示权重：

$$1 * 2^3 + 0 + 0 = 8$$

如此，我们计算出的结果就是十进制的。

我们将二进制数 1110 0110 按权展开，使用十进制表示权重，可以计算出它对应的十进制数为 230：

$$1 * 2^{(8-1)} + 1 * 2^{(7-1)} + 1 * 2^{(6-1)} + 1 * 2^{(3-1)} + 1 * 2^{(2-1)}$$
$$= 2^7 + 2^6 + 2^5 + 4 + 2$$
$$= 128 + 64 + 32 + 4 + 2$$
$$= 230$$

1.2.2　十六进制

11100110 看起来什么感觉？是不是不那么直观，这还是只有 8 位的情况，如果是 32 位呢？

比如 01100110 10100110 11100101 11010110，看起来是不是像天书一样，更不用提 64 位了。

由于二进制比较烦琐，而十进制和二进制转换又不那么直观，所以在编程时人们常常使用十六进制代替二进制。二进制和十六进制的对应关系非常直观，见表 1-2。

表 1-2 二进制和十六进制对应关系

二进制	十六进制	二进制	十六进制
0000	0	1000	8
0001	1	1001	9
0010	2	1010	A（或 a）
0011	3	1011	B（或 b）
0100	4	1100	C（或 c）
0101	5	1101	D（或 d）
0110	6	1110	E（或 e）
0111	7	1111	F（或 f）

二进制转换为十六进制时，只需要 4 位一组，转换为对应的十六进制数字即可。以二进制数 1110 0110 为例，0 ～ 3 位的 0110 对应的十六进制为 6，4 ～ 7 位的 1110 对应的十六进制为 E，所以二进制 11100110 对应的十六进制为 0xE6。反过来，在将十六进制数 0xE6 转换为二进制时，只需要将十六进制的 6 展开为 4 位的二进制 0110，作为二进制的 0 ～ 3 位，将 E 展开为 4 位的二进制 1110，作为二进制的 4 ～ 7 位，组合起来就得到二进制的 1110 0110，如图 1-16 所示。

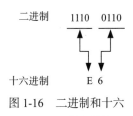

图 1-16 二进制和十六进制的转换

1.3 计算

顾名思义，计算机主要是用来计算的。其中最重要的组成部件就是负责运算的中央处理器（Central Process Unit，CPU）。这一节我们以加法为例，讲述处理器是如何实现计算的。

我们来观察一下基本的二进制加法，这里暂不考虑进位，其运算逻辑如表 1-3 所示。

表 1-3 加法运算逻辑

x（加数）	y（加数）	s（和）	c（进位）
1	1	0	1
1	0	1	0
0	1	1	0
0	0	0	0

根据表 1-3 可见，运算过程中的输入全部都是 0、1，结果也全部都是 0 和 1。这种参与运算的数集只有 0 与 1 的运算，称为布尔代数。因为 1 与 0 也对应逻辑中的"真"和"假"，所以也称为逻辑运算。

在这一节中，我们先来认识一下逻辑运算，然后通过例子阐述数字电路是如何实现基本的逻辑运算单元的，最后讨论数字电路是如何使用基本的逻辑运算单元实现加法器的。

1.3.1 逻辑运算

1847 年，乔治·布尔在他的《逻辑的数学分析》一书中引入了布尔代数，提出了用数学的方法来研究逻辑关系。在布尔代数中，数值只能取 true 和 false 或者 1 和 0，包括"与""或""非"三种基本运算。由这三种运算又衍生出了一些其他逻辑运算，比如"异或"等。

"非"英文为 NOT，是一个一元运算，结果是对输入求反，运算规则见表 1-4。

"与"英文为 AND，是一个二元运算，只有两个输入都是 1，结果才是 1。"与"运算规则见表 1-5。

<table>
<tr><td colspan="2">表 1-4 "非"运算规则</td></tr>
<tr><td>x</td><td>$!x$</td></tr>
<tr><td>1</td><td>0</td></tr>
<tr><td>0</td><td>1</td></tr>
</table>

<table>
<tr><td colspan="3">表 1-5 "与"运算规则</td></tr>
<tr><td>x</td><td>y</td><td>$x \& y$</td></tr>
<tr><td>1</td><td>1</td><td>1</td></tr>
<tr><td>1</td><td>0</td><td>0</td></tr>
<tr><td>0</td><td>1</td><td>0</td></tr>
<tr><td>0</td><td>0</td><td>0</td></tr>
</table>

"或"英文为 OR，是一个二元运算，只要两个输入之一为 1，则运算结果就为 1。只有两个输入全部为 0，结果才是 0。"或"运算规则见表 1-6。

"异或"英文为 eXclusive OR，缩写为 XOR，是一个二元运算。顾名思义，"异"表示不同，当两个输入不同时，其结果为 1，否则，结果为 0。"异或"运算规则见表 1-7。

<table>
<tr><td colspan="3">表 1-6 "或"运算规则</td></tr>
<tr><td>x</td><td>y</td><td>$x \mid y$</td></tr>
<tr><td>1</td><td>1</td><td>1</td></tr>
<tr><td>1</td><td>0</td><td>1</td></tr>
<tr><td>0</td><td>1</td><td>1</td></tr>
<tr><td>0</td><td>0</td><td>0</td></tr>
</table>

<table>
<tr><td colspan="3">表 1-7 "异或"运算规则</td></tr>
<tr><td>x</td><td>y</td><td>$x \wedge y$</td></tr>
<tr><td>1</td><td>1</td><td>0</td></tr>
<tr><td>1</td><td>0</td><td>1</td></tr>
<tr><td>0</td><td>1</td><td>1</td></tr>
<tr><td>0</td><td>0</td><td>0</td></tr>
</table>

1.3.2 逻辑门

所有复杂的数字电路都是由这些基本的逻辑运算组成的，于是数字电路设计者们像设计积木一样，将这些基本的逻辑运算实现为基本的逻辑运算单元。这些逻辑运算单元输入若干 0 或者 1，经过电路单元后，只能输出一个 0 或者 1，是不是很像一扇门，所以人们将其形象地称为逻辑门（logic gate），如图 1-17 所示。

接下来我们来看一下使用二极管实现的逻辑或。二极管是用半导体材料（硅、硒、锗等）制成的一种电子器件，如图 1-18 所示，左侧为实物图，右侧为电路符号。二极管具有单向导电性，即给二极管正极接高电平、负极接低电平时，二极管导通。反之，二极管截止。

图 1-17 逻辑门　　　　　　　　　　　　图 1-18 二极管

使用二极管实现的或门电路如图 1-19 所示，其中 x、y 为输入，z 为输出。

下面我们结合图 1-19，讨论逻辑或的实现。

1）如果 x 为高电平，y 为高电平，如图 1-20 所示，因为电路另一端接地，所以二极管 VD1 和 VD2 相当于正极接高电平，负极接低电平，VD1 和 VD2 全部导通。图 1-20 中粗线标出部分的电路没有任何电阻，也没有任何压降，在这之间形成了等电势，所以，此时 z 点为高电平。

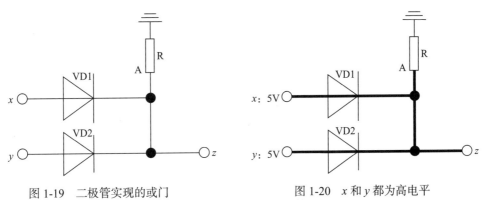

图 1-19 二极管实现的或门　　　　　　　图 1-20 x 和 y 都为高电平

2）如果 x 为高电平，y 为低电平，如图 1-21 所示，此时 VD2 不导通，VD1 导通，图 1-21 中粗线标出的区域形成了等电势，因此，z 点为高电平。

3）如果 x 为低电平，y 为高电平，如图 1-22 所示，此时 VD1 不导通，VD2 导通，与情况 2）类似，图 1-22 中粗线标出的区域形成了等电势，因此，z 点为高电平。

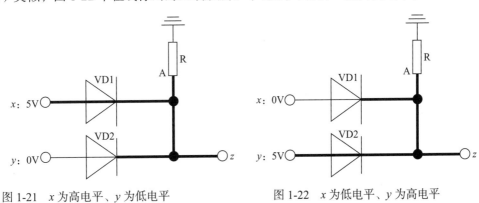

图 1-21 x 为高电平、y 为低电平　　　　图 1-22 x 为低电平、y 为高电平

4）如果 x 为低电平，y 为低电平，如图 1-23 所示，在这种情况下，整个电路上都没有电荷，所以 z 点为低电平。

其他门电路与此类似，我们就不一一赘述了。在数字电路中，每个逻辑门都有一个相应的符号，如图 1-24 所示。

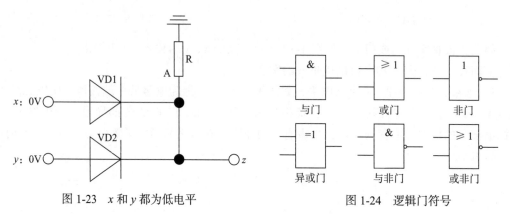

图 1-23　x 和 y 都为低电平　　　　　　图 1-24　逻辑门符号

1.3.3　加法器

了解了数字电路的逻辑门后，我们开始探讨加法运算的实现。加法运算是处理器中算术运算的基础，基本上绝大部分运算都是基于加法实现的。根据如表 1-8 所示的加法逻辑，和位的规律是：当 x 和 y 不同时，s 为 1；当 x 和 y 相同时，s 为 0。这是异或的逻辑。进位的规律是：只有当 x 和 y 都是 1 时，c 为 1，其他情况时，c 为 0。这是与的逻辑。

表 1-8　加法逻辑

x	y	$s = x$ ^ y	$c = x$ & y
1	1	0	1
1	0	1	0
0	1	1	0
0	0	0	0

因此，我们可以将异或门和与门这两个门电路组合在一起完成加法逻辑。为简单起见，我们不考虑进位，所以也称为半加器，如图 1-25 所示。

我们结合加法运算的逻辑，来看一下半加器电路的工作原理。

1）如果 x 为高电平，y 为高电平，如图 1-26 所示，那么经过异或门后，s 处为低电平。经过与门后，c 处为高电平。也就是说 1 + 1，和位为 0，进位 1，符合二进制加法规则。

2）如果 x 为高电平，y 为低电平，如图 1-27 所示，那么经过异或门后，s 处为高电平。经过与门后，c 处为低电平。也就是说 1 + 0，和位为 1，没有进位，符合二进制加法规则。

3）如果 x 为低电平，y 为高电平，如图 1-28 所示，那么经过异或门后，s 处为高电平。经过与门后，c 处为低电平。这与情况 2）类似，也就是说 0 + 1，和位为 1，没有进位，符合二进制加法规则。

4）如果 x 为低电平，y 为低电平，如图 1-29 所示，那么经过异或门后，s 处为低电平。经过与门后，c 处为低电平。事实上，在这种情况下，电路上没有电荷流动，全都是 0，和位是 0，没有进位，符合二进制加法规则。

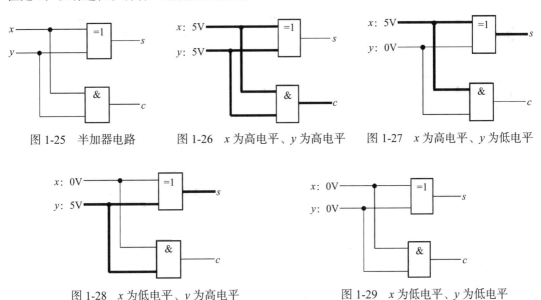

图 1-25 半加器电路　　图 1-26 x 为高电平、y 为高电平　　图 1-27 x 为高电平、y 为低电平

图 1-28 x 为低电平、y 为高电平　　　　图 1-29 x 为低电平、y 为低电平

前面讨论了 1 位加法器的实现，我们把多个 1 位加法器连接起来，再把低位的进位考虑进来，就可以实现多位的加法器了。比如实现一个字节，即 8 位的加法，其电路如图 1-30 所示。

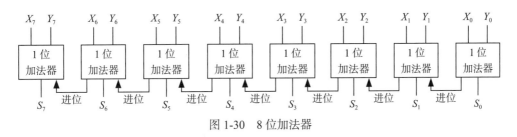

图 1-30 8 位加法器

在图 1-30 中，X 和 Y 分别代表 2 个 8 位加数，$X_0 \sim X_7$ 代表 X 的 0 ～ 7 位，$Y_0 \sim Y_7$ 代表 Y 的 0 ～ 7 位。最终的和为 S，$S_0 \sim S_7$ 代表 S 的 0 ～ 7 位。处理器从低位开始，逐位计算。每一位求和时，都要考虑前一位是否有进位。

处理器中负责计算的部件称为算术逻辑单元（Arithmetic Logic Unit，ALU），其基本原理就类似我们这里讨论的加法器，只不过功能更多，实现的电路更复杂。通常我们使用如图 1-31 所示的符号表示算术逻辑单元，两个参与运算的数据称为操作数。算术逻辑单元接收一个运算指令，输出一个运算结果。运算中可能产生进位、借位等状态，这些状态由算术逻辑单元存储在处理器内部一个称作标志寄存器的部件中。

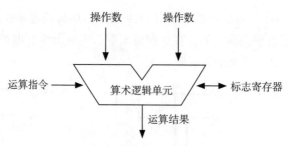

图 1-31　处理器中的算术逻辑单元

1.4　内存

前一节，我们讲述了处理器是如何实现计算的。但是处理器并不负责存储信息，计算前需要获取信息，计算后需要存储结果，计算过程中可能还需要暂存临时结果，因此，除了计算部件外，计算机还需要一个存储信息的部件，这个部件称为内存（memory)，也称存储器。这一节，我们讲述内存的实现原理。

1.4.1　物理实现

经过前面的讨论，我们已经知道电子计算机采用二进制，并且可以通过电容是否存储电荷来表示数字 1 和 0。现代计算机中使用的内存通常就是使用电容实现的。内存中的每个内存单元由一个具有开关功能的晶体管和一个电容组成。电容作为存储信息的单元，当电容处于充电状态时，表示为 1，当电容中没有电荷时，表示数字 0。晶体管作为一个开关，当访问电容状态时，开关打开，不访问时开关闭合，否则电容中的电子就会溜走了。内存的基本存储单元的电路如图 1-32 所示。

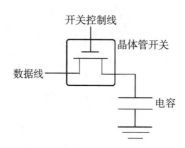

图 1-32　内存的基本存储单元的电路

开关控制线用来控制晶体管开关的接通和断开。当开关控制线是高电平时，晶体管开关导通，此时可以通过数据线访问电容中的内容。当开关控制线是低电平时，晶体管开关断开，外部就不能访问电容中的内容了。

我们先来看看读内存的操作。

1）当读取内存时，首先将开关控制线上的电压升为高电平，晶体管导通，如图 1-33 所示。此时，如果电容中存储了电荷，那么在数据线和电容间就会有电子流动，在数据线一侧可以检测到电流，读取到的值为1。

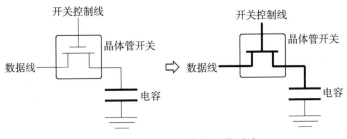

图 1-33　电容有电荷时读 1

2）如果电容中没有存储电荷，那么在数据线和电容间就不会有电子流动，在数据线一侧就检测不到电流，此时读取到的值为 0，如图 1-34 所示。

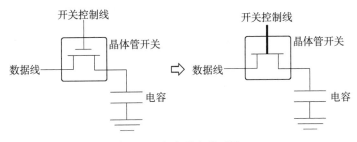

图 1-34　电容无电荷时读 0

我们再来看看写内存的操作。

1）当向内存中写入 1 时，此时数据线为高电平，首先将开关控制线升为高电平，晶体管开关导通，如图 1-35 所示。如果电容中没有存储电荷，那么此时因为存在电势差，电容将进行充电，最终电容充满电荷，内存中存储的值从 0 变为 1。

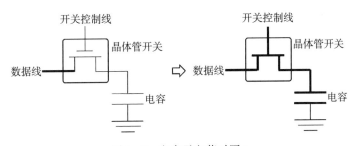

图 1-35　电容无电荷时写 1

2）如果电容中存储了电荷，两侧电势相等，写入后电容还是充满电荷，存储的还是 1，如图 1-36 所示。

3）当向内存中写入 0 时，此时数据线为低电平，首先将开关控制线升为高电平，晶体管开关导通，如图 1-37 所示。当电容中存储了电荷时，因为存在电势差，电容将进行放电，最终电容放电完毕，不再存储电荷，内存中存储了 0。

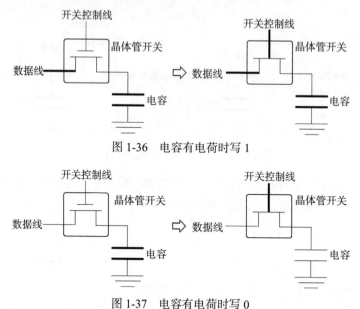

图 1-36　电容有电荷时写 1

图 1-37　电容有电荷时写 0

4）如果电容中没有存储电荷，那么此时因为没有电势差，没有任何电子的流动，最终电容还是没有存储任何电荷，存储的依然为 0，如图 1-38 所示。

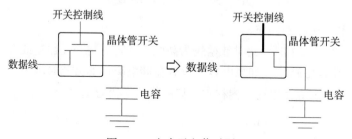

图 1-38　电容无电荷时写 0

现代计算机使用的内存就是由上述多个电容组成的。每一个电容存储的信息称为一个bit，通常使用小写字母 b 表示，中文翻译为"位"。8 位组成一个 Byte，通常使用大写字母 B 代表 Byte，中文翻译为字节。字节是访问内存的基本单元，也就是说，内存不能以位为单位访问，只能以字节为单位访问。每个存储单元有一个编号，称为地址，以供其他部件在访问存储单元时使用。图 1-39 展示了一个内存的电路设计图，这个内存有 8 位地址总线，处理器可以通过这 8 位地址总线访问其中的内存单元。

比如，我们想读取第 3 个存储单元的数据，首先需要将地址总线的电平设置为 0000 0010，然后处理器就可以在数据总线上读取到内存中这个存储单元的数据了，如图 1-40 所示。

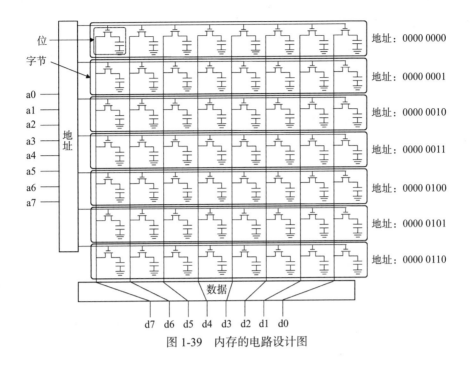

图 1-39 内存的电路设计图

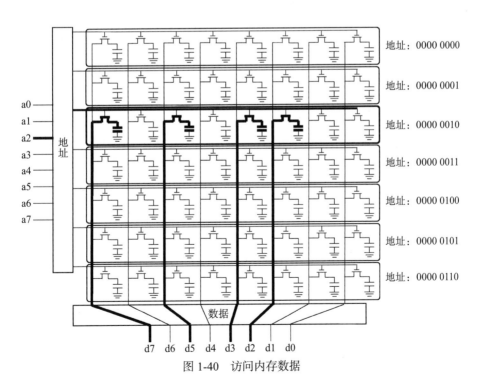

图 1-40 访问内存数据

1.4.2　数学抽象

前文提到，我们将内存中每一个电容存储的信息称为一个位，每一位的值要么是 0，要么是 1。8 位组成一个字节，字节是访问内存的最小单元，也就是说，内存不能以位为单位访问，只能以字节为单位访问。每个存储单元有一个编号，称为地址。字节最右边的一位为最低位，最左边的一位为最高位，从右到左依次是第 0 位到第 7 位，如图 1-41 所示。

我们以后将使用如图 1-42 所示的方式表示字节在内存中的存储。

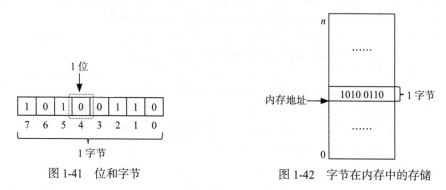

图 1-41　位和字节　　　　　　　　图 1-42　字节在内存中的存储

如果表示正整数，那么一个字节能表示的范围是多大呢？根据乘法原理，我们很容易就能计算出 8 位二进制数最多能表示的数字范围。每 1 位都可以看成是一步，每一步又有 0 和 1 两种选法，所以：

$$2 * 2 * \cdots * 2 = 2^8 = 256$$

即一个字节可以表示 0 ~ 255。

如果表示有符号的整数，最高位用于表示符号，那么可以表示 $2^7 = 128$。因此，可以表示的负数是 −128 ~ −1，表示的正数是 0 ~ 127。

如果我们要表示的数超出了这个范围怎么办呢？答案就是增加位数，比如我们可以使用 16 位，也可以使用 32 位，还可以使用 64 位表示一个数字。比如对于 16 位数，可以表示的正整数个数为 $2^{16} = 65536$；对于 32 位数，可以表示的正整数个数为 $2^{32} = 4294967296$。

看到数字 4294967296 是不是觉得太大了，在数学中我们可以使用计数单位千、万来简化表示。对于普通的十进制，我们可以看到计算单位基本是 10 的倍数，而对于二进制，计算机使用如下常用计算单位。

```
1K = 1024
1M = 1024K
1G = 1024M
1T = 1024G
```

我们在编写程序时，需要结合实际的需求考虑具体使用几个字节表示数字。如果需要表示的数字很小，比如需要表示的数字最大值是 1000，那就没有必要使用 8 个字节，这样会白白地浪费内存空间。比如我们表示数字 562，将 562 转换为二进制：

```
562 / 2 = 281 … 0
281 / 2 = 140 … 1
140 / 2 = 70 … 0
70 / 2 = 35 … 0
35 / 2 = 17 … 1
17 / 2 = 8 … 1
8 / 2 = 4 … 0
4 / 2 = 2 … 0
2 / 2 = 1 … 0
1 / 2 = 0 … 1
```

得到 562 对应的二进制为 10 0011 0010，有效宽度为 10 位，所以我们使用 2 字节（16 位）就足够了，其在内存中的存储如图 1-43 所示。

上面使用的存储方式为小端模式，x86 架构使用的就是小端模式。所谓的小端模式，就是将数字的低端存储在内存低地址，比如对于 32 位数字 0x12345678，如果使用小端模式，那么就从内存地址起始处依次存储 0x78、0x56、0x34、0x12。还有些体系结构使用大端模式，它们从内存地址起始处依次存储 0x12、0x34、0x56、0x78，如图 1-44 所示。

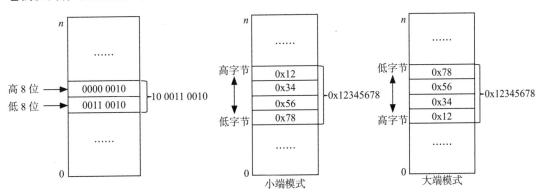

图 1-43 数字 562 在内存中的存储　　　图 1-44 小端模式和大端模式

1.5 总线

至此，我们了解了处理器是如何进行计算的，也明白了内存是如何存储信息的。显然，如果只能计算但是没有数据，或者空有数据但是不能进行计算，都是没有任何意义的。因此，处理器和内存之间需要使用电子线路连接起来，因为线路上可以传送各种信息，所以英文称为 Bus，中文译为总线。

处理器访问内存中的数据时，需要将内存地址告知内存，因此，处理器和内存之间需要有负责传递地址的地址总线。负责在处理器和内存之间传递数据的总线称为数据总线。除此之外，处理器和内存之间还需要传递信号的控制总线，用于通知内存进行读、写等操作。

图 1-45 展示了总线连接处理器和内存，为了讲述简洁，示例系统使用 4 根地址总线，可以寻址 16（2^4）个内存单元。假设每个内存单元由 4 位组成。控制总线由 2 根线路组成，

一根控制读，另外一根控制写。其中，字母 a 取自单词 address 的首字母，字母 d 取自单词 data 的首字母，r 取自单词 read 的首字母，w 取自单词 write 的首字母。

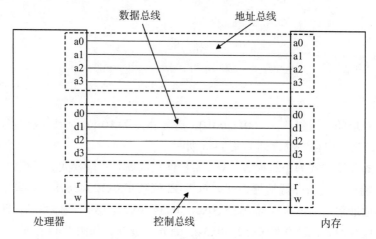

图 1-45　总线连接处理器和内存

如同一个乐队需要一个指挥一样，计算机内部各个部件之间也需要一个统一的指挥，协调各个部件的动作。计算机系统中充当这个指挥的是时钟。时钟以一定的周期产生时钟信号，各个部件在收到时钟信号后，执行规定的动作。下面我们就以处理器读取内存为例，阐述处理器是如何在时钟信号的指挥下完成读取内存信息的。

1. 第一个时钟周期

当时钟上升沿到来时，处理器根据读取的内存地址，设置地址总线的电平。比如地址为 0101，那么就将地址线 a0 设置为高电平、a1 设置为低电平、a2 设置为高电平、a3 设置为低电平，然后将控制总线中的读信号线 r 设置为高电平，如图 1-46 所示。

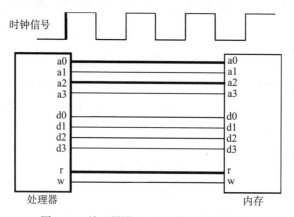

图 1-46　处理器设置地址总线和控制总线

2. 第二个时钟周期

当第二个时钟的上升沿到来时，内存读取控制总线的电平，发现读信号线 r 是高电平，则读取地址总线的电平。内存将读取到 a0 为高电平、a1 为低电平、a2 为高电平、a3 为低电平，如图 1-47 所示。然后内存就从内存单元 0101 读取出其中的电平值，等待下一个时钟周期的到来。

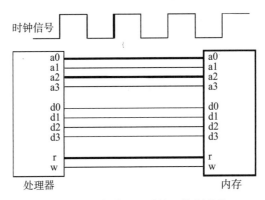

图 1-47　内存读地址总线和控制总线

3. 第三个时钟周期

假设内存从存储单元 0101 中读取的电平为"低高高低"，当第三个时钟上升沿到来时，内存将数据总线的 d0 设置为低电平、d1 设置为高电平、d2 设置为高电平、d3 设置为低电平，如图 1-48 所示。

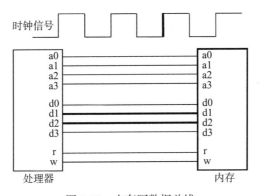

图 1-48　内存写数据总线

4. 第四个时钟周期

当第四个时钟的上升沿到来时，处理器从数据总线上读取电平，将从数据总线读取到 d0 为低电平、d1 为高电平、d2 为高电平、d3 为低电平，如图 1-49 所示。

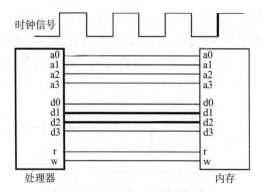

图 1-49 处理器从数据总线读取数据

1.6 寄存器

除了内存外，处理器内部也需要存储一些信息，比如处理器执行指令的地址，运算进位、借位状态，处理器运行时使用的内存中的数据的地址，以及临时计算结果（用于协助进行运算）等。因此，处理器内部也设计了一些小的存储单元，这些小的存储单元称为寄存器。

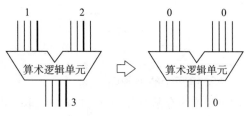

图 1-50 电平信号消失

以处理器中负责计算的算术逻辑单元为例，其中负责运算的电路其实是无状态的。什么是无状态电路呢？我们以 1+2+4 为例，算术逻辑单元首先计算的是 1+2，和为 3，在电路中保持一会后，电平信号就消失了，如图 1-50 所示。数字电路中将这种无状态的电路称为组合逻辑电路（combination logic circuit）。

有了寄存器后，算术逻辑单元就可以将临时结果 3 存储到寄存器中，然后在下一次运算时，将这个临时结果与 4 进行相加，如图 1-51 所示。

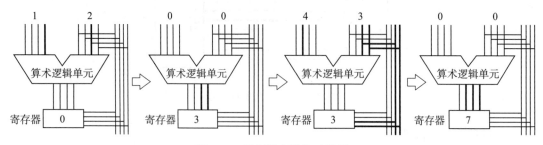

图 1-51 寄存器存储临时结果

前面讨论内存时，我们知道内存是使用电容实现的。电容型存储器使用的电子器件少，成本低，体积小，集成度更高，在单位面积上可以存储更多的信息。但是因为读取时电容会放电，因而电容需要反复充电，并且在充电期间是不能访问的，所以电容型存储器访问速度相对较慢。而对于处理器内部需要的少量存储的单元，为了跟上处理器的计算速度，使用了电子器件更多、成本更高的晶体管实现。

我们知道电容可以存储电荷，但是电路只是电子流动的通路，怎么存储电荷呢？我们看如图 1-52 所示的由两个或非门组成的电路，特别需要注意的是右侧或非门的输出是左侧或非门的一个输入，这种连线方式称为反馈（feedback）。初始时，输入 D 是低电平，输出 Q 也是低电平。

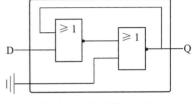

图 1-52 带反馈的电路

然后，我们在 D 端输入高电平，如图 1-53 所示。根据或非门的原理，高和任何值"或"后都是高，然后经过"非"后，翻转为低，因此，左侧或非门的输出为低电平。对于右侧或非门来说，两个低电平输入，经过"或"后还是低电平，经过"非"后翻转为高电平。因此，最终这个电路对外的输出 Q 为高电平。

D 端的电信号保持一会儿后，就消失了，如图 1-54 所示。虽然 D 点的输入信号消失了，但是因为 Q 是高电平，它作为左侧或非门的一个输入，左侧或非门仍有一个输入为高电平，因此，其输出仍为低电平，进而右侧或非门的输出仍保持为高电平。也就是说，D 端输入的高电平被电路记住了，这个带反馈的电路具有了"记忆"能力。这种输出 0 或者 1 状态的电路，也称为 Flip Flop，中文译为触发器，简称 FF。寄存器就是基于触发器实现的。

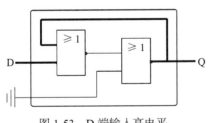

图 1-53 D 端输入高电平

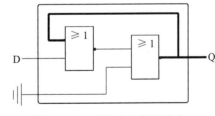

图 1-54 D 端输入电信号消失

回到前面 ALU 的例子，记录 ALU 计算结果的寄存器是什么时候采样 ALU 的输出的呢？读取早了，计算结果 3 还没有输出到电路上。读取晚了，读取的则是 0。只有在 ALU 保持输出为 3 的那段时间采样，才会读取到 3。所以，寄存器采样的时机需要有信号控制，而不能依赖于输入的电路信号。因此，虽然寄存器也是一个存储单元，但是需要有额外的控制信号。为此，人们在数字电路中设计了 D 触发器用做处理器中的寄存器，如图 1-55 所示。D 触发器外接一个时钟信号，每当时钟的上升沿到来时，D 触发器就记忆 D 的输入。

对于寄存器来讲，并不是所有的时钟信号到来时都需要进行采样输入。比如我们这里讨论的存储 3 的时刻，只有在算术逻辑单元运算完成并且在输出电路上输出 3 后，寄存器才进行采样。因此，实际设计时会在常规的 D 触发器外面加一些器件。一个典型的设计是时钟信号与上一个控制信号进行"与"运算，如图 1-56 所示。当 D 触发器不需要更新其存储的值时，控制信号一直保持为 0，那么 D 触发器的 CLK 输入始终为 0，D 触发器不会采样新的输入，一直保持原来的值。只有 D 触发器需要存储新的值时，才将控制信号设置为高电平。此时，当时钟信号到来时，它与控制信号与的结果是 1，因此 D 触发器的输入 CLK 变为 1，D 端的输入就被存进了触发器。

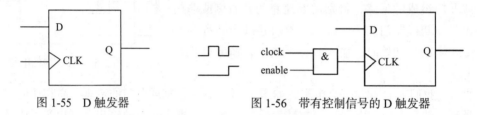

图 1-55　D 触发器　　　　　图 1-56　带有控制信号的 D 触发器

回到我们刚才 1+2+4 的例子，1、2 和 4 都是从内存中读取的，它们分别存储在不同内存单元中。处理器分别从内存读取它们，比如处理器先读取 1，然后读取 2，那么 1 先到达处理器，2 后到达处理器。但是算术逻辑单元作为一个组合逻辑电路，并不能存储状态，那么它是如何处理这种先后到达的情况呢？处理器需要首先寄存一下 1，等待 2 的到达，待两个输入都准备好后，才告知算术逻辑单元开始运算。因此，在算术逻辑单元前，处理器需要增加寄存器。类似地，处理器也会使用寄存器暂存算术逻辑单元的输出，根据后续指令将其写回到内存，或者作为下一次运算时算术逻辑单元的输入，如图 1-57 所示。

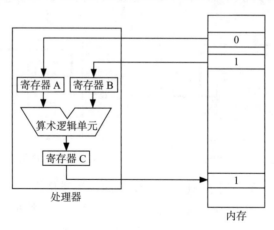

图 1-57　处理器使用寄存器暂存操作数

1.7　程序

前面我们看到了处理器是如何与内存配合完成一个加法计算的，但是我们并没有解释处理器从哪里获取其要执行的指令，计算机之父冯·诺依曼设计了一种称为存储程序（stored-program）的方式。

　　什么是计算机程序呢？简单来讲，为了让计算机完成一个计算，或者访问外设等，我们都需要向计算机下达若干条指令，这些组织在一起的指令就称为程序。最初人们将这些程序存储在打孔纸带上，如图 1-58 所示，打孔的表示 1，不打孔的表示 0。

　　图 1-59 展示了打孔纸带实物。

　　现在的程序通常存储在外存上，常见的比如硬盘。计算机运行时，首先从外存上将程序读取到内存中，然后处理器像读取数据一样从内存中读取程序，执行程序中的指令，如图 1-60 所示。

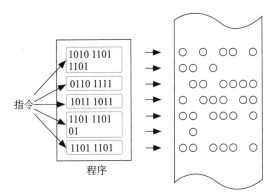

图 1-58　指令、程序和打孔纸带

图 1-59　打孔纸带实物

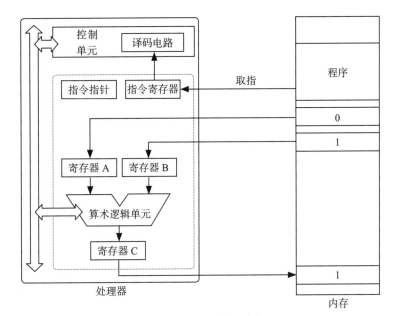

图 1-60　读取程序并执行

　　处理器内部有一个用来存储指令地址的寄存器，称为指令指针寄存器。处理器运行时，控制单元首先从指令指针寄存器中取出指令的地址，然后从内存读取指令到处理器中的指令寄存器，这个过程称为取指，然后译码电路开始解析读取的指令，如图 1-61 所示。

假设指令是个加法操作，并且指令中指定了加数和结果的存储地址，那么译码电路解码后，控制单元指挥处理器首先从内存中读取第一个加数的内容，并暂存到寄存器 A 中，如图 1-62 所示。

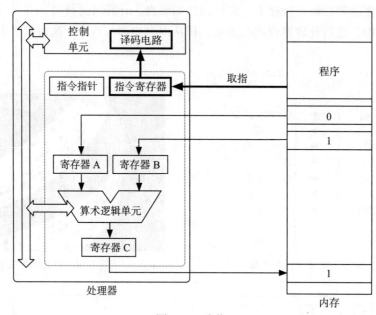

图 1-61 取指

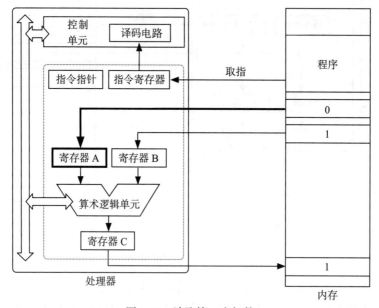

图 1-62 读取第一个加数

然后处理器从内存中读取第二个加数的内容，并暂存到寄存器 B 中，如图 1-63 所示。

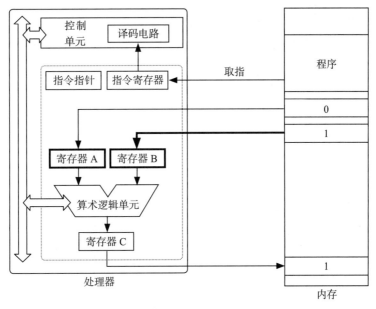

图 1-63 读取第二个加数

两个加数都准备好后，控制单元向算术逻辑单元发出"加"的命令，算术逻辑单元从寄存器 A、B 中分别读取加数，执行加法运算，并将计算结果暂存在寄存器 C，如图 1-64 所示。

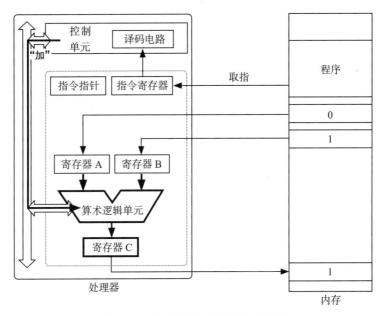

图 1-64 算术逻辑单元执行加法运算

最后，控制单元将寄存器 C 中的计算结果写回到内存中，如图 1-65 所示。

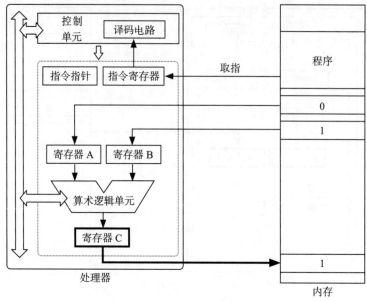

图 1-65　存储计算结果到内存

1.8　外存

前面我们看到了程序以及计算过程涉及的数据均存储在内存中，但是内存是易失的，一旦断电，内存中的数据就全部消失了。于是人们就设计了外存。我们日常接触的外存主要是硬盘，早期人们也使用磁带等作为外存。和内存相比，外存具备非易失性，不管是否断电，数据都是持久存储的。

那么为什么人们不将内存设计为非易失性，而是额外增加一个外存呢？这主要是因为非易失性内存速度通常较慢，严重影响了计算速度。另外，非易失性内存成本非常高昂，而易失性内存非常便宜，因此，人们设计了层次化的存储结构，在程序运行时，首先从外存加载到内存，然后处理器从内存取指运行。如果数据需要持久存储，那么程序需要将其从内存写到外存。事实上，处理器内部还有缓存，对于多核处理器，处理器之间还有共享的缓存，整个层次化的存储结构如图 1-66 所示。

起初，外存和内存之间数据的传输需要经过处理器，如图 1-67 所示。

后来，为了加快数据的传输速度，减少处理器的开销，人们设计了 DMA（Direct Memory Access）模式，在 DMA 模式下，外存可以直接访问内存，如图 1-68 所示。

而且，外存已经不再仅仅是为了持久性存储，因为便宜，尺寸可以比较大，所以它就像大仓库一样，可以存储各种各样的程序和数据。计算机系统运行时，只需要将使用的内容装入内存，不需要使用的躺在硬盘中即可。

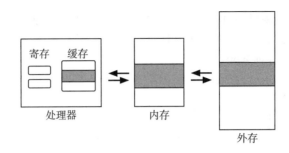

图 1-66　层次化的存储结构

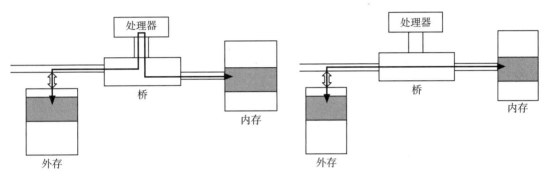

图 1-67　外存和内存通过处理器传输数据　　　　　图 1-68　外存直接访问内存

1.9　外设及接口

　　虽然计算过程的主要参与者是处理器和内存，但是一个功能完整的计算机系统还有很多其他设备，相对于处理器和内存，这些设备通常称为外设，我们刚刚看到的外存就是一个典型的外设。除了外存外，其他常见的外设有键盘、显示器以及打印机等，因为这些外设通常都是用来支持计算机进行输入输出的，因此也称为 I/O 设备。

　　外设不可能像处理器一样，设计那么多复杂的引脚，而且不同的外设有不同的接口，处理器不可能为每一种外设都设计相应的接口。那么处理器和外设是如何连接的呢，如图 1-69 所示。

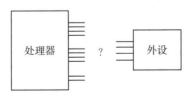

图 1-69　处理器和外设如何连接

　　为了解决处理器和外设之间的连接问题，人们设计了接口。接口作为一个转换器，一端可以和处理器的总线连接，另外一端可以转换为特定接口规定的引脚，如图 1-70 所示。

　　接口和处理器通信，然后代替处理器使用特定接口协议完成与外设的通信。有了接口后，只要外设遵循特定接口标准，就可以方便地实现插拔和互换。为了支持不同的外设，处理器需要连接很多接口，处理器和这些接口组成的电路，称为主板（motherboard）。外设通过这些接口就可以与处理器相连。

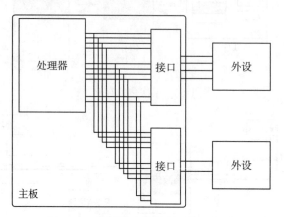

图 1-70　处理器和外设通过接口相连

1.9.1　I/O 地址空间

以键盘这个外设为例，在主板上连接键盘的接口通常称为键盘控制器，每当我们按下键盘上的一个按键时，键盘都会产生一个扫描码（scancode），然后键盘会将扫描码发送给键盘控制器。那么处理器如何从键盘控制器读取这个扫描码呢？

为了让处理器能区分不同的外设，IBM 兼容 PC 为外设建立了 I/O 地址空间，每个外设分配其中一段地址范围。每个外设接口中设计了地址译码电路（address decoder）和地址总线相连，每当时钟信号来临时，地址译码电路将检查地址是否属于自己的地址范围。如果属于，则根据控制总线的信号，执行数据读写动作。以图 1-71 为例，假设接口 A 的 I/O 地址范围为 0010 ～ 0011，那么当处理器发出地址 0011 时，接口 A 发现这个地址 0011 落入了自己的地址区间，于是接口 A 开始工作。

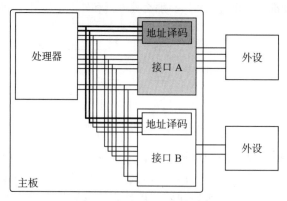

图 1-71　接口 A 认领地址

类似地，假设接口 B 的 I/O 地址范围为 0100 ～ 0110，那么当处理器发出地址 0101 时，接口 B 发现这个地址 0101 落入了自己的地址区间，于是接口 B 开始工作，如图 1-72 所示。

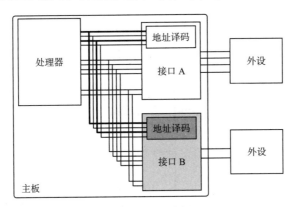

图 1-72　接口 B 认领地址

IBM 兼容 PC 为各种接口都分配了地址范围，比如键盘接口的 I/O 地址为 0x060-0x06f，第一个串口的地址为 0x3f8-0x3ff，等等。

不知道读者是否注意到，I/O 地址和内存地址有重合的部分，比如 0x3f8 可能是外设的地址，也可能是内存地址。那么计算机如何区分哪些地址需要发给内存，哪些地址需要发给外设呢？以 x86 体系结构为例，主板上有一块称为北桥的芯片，该芯片会根据地址范围进行路由，现在，北桥已经被集成到处理器中了。处理器有根信号线 M/IO 和北桥相连，当处理器发出的 0x3f8 是给串口时，它将设置信号线 M/IO 为高电平，那么北桥就会知道处理器发送的地址是给外设的，否则，北桥将地址发送给内存。图 1-73 展示了处理器拉高信号线 M/IO，北桥将地址转发给外设的过程。

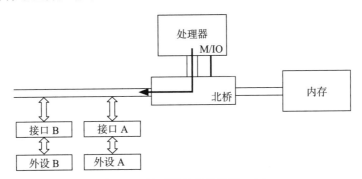

图 1-73　处理器拉高信号线 M/IO

1.9.2　内存映射 I/O

除了将外设的地址独立编码，形成外设独立的地址空间外，计算机系统也支持将外设的地址映射到内存地址空间，称为 Memory-Mapped I/O，简写为 MMIO。当将 I/O 地址映射到内存地址空间后，从处理器的角度看，访问设备和访问内存一样，可以使用读写内存一样的指令完成，处理器不必设计专门的访问外设的指令，简化了程序设计。MMIO 结构如图 1-74 所示。

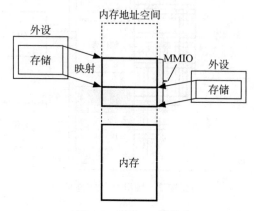

图 1-74　MMIO 结构

在将外设地址映射到内存地址空间后，处理器使用访问内存的指令访问外设。那么问题又来了，当处理器发起访问时，地址是发给内存，还是发给外设呢？事实上，外设的 MMIO 地址经过页表后还是翻译为了 I/O 地址，最后还是由北桥完成转发，如图 1-75 所示。

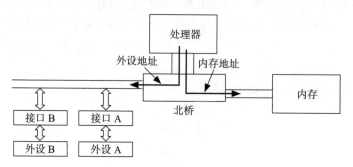

图 1-75　北桥负责地址转发

1.10　地址空间

前面我们多次提到了 I/O 地址空间、内存地址空间，那么什么是地址空间呢？所谓的地址空间，是指一个可以编码的范围，比如处理器的地址总线为 32 位，则可以编码 2^{32} = 4G 字节，那么我们就说这个处理器可以寻址的内存地址空间为 4GB。但是真实的内存可能没有那么大，真实的物理内存可能是 2GB，如图 1-76 所示。

类似地，对于外设地址来讲，x86 支持 16 位的 I/O 地址，因此，其可以编码的地址空间为 2^{16} = 64K 个 I/O 地址，这个 64K 个 I/O 地址就形成了 I/O 地址空间。但是真实的 I/O

设备要比这个范围小得多，仅仅使用其中部分 I/O 地址。

外设可以独立寻址，也可以将外设地址映射到内存地址空间，此时外设使用了内存的地址编号，如图 1-77 所示。

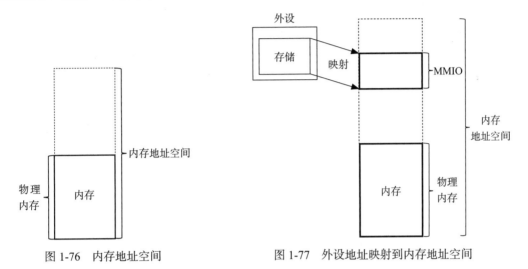

图 1-76 内存地址空间　　　　　　图 1-77 外设地址映射到内存地址空间

1.11 数学模型到物理世界

我们看到，计算机内部使用高低电平来表示数字 1 和 0。但是人没有特异功能，怎么把这些数字转换为计算机内部的高低电平呢？比如，我们在键盘上按下数字 1，那么按照之前讨论的电子计算机的原理，其内部一定要转化为高低电平才能参与计算。那么这是怎样完成的呢？再比如，当我们在程序中写下某个数字时，计算机又是怎样转换为代码的呢？

图 1-78 展示了一个矩阵式键盘通过主板上的键盘控制器和处理器相连的过程。

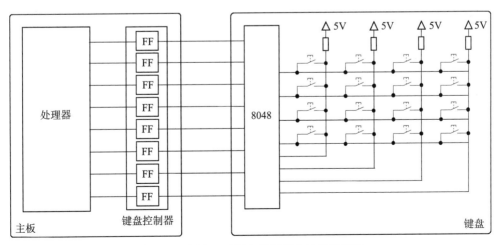

图 1-78 键盘通过键盘控制器和处理器相连

　　键盘通过扫描的方式识别按键。每个键位都有与之对应的扫描码。每当按下按键时，键盘会逐行逐列进行扫描，判断是哪行和哪列使电路接通了，以此确定哪个键被按下。按键时是接通电路，所以产生的扫描码叫作通码（make code）。释放按键的时候是断开电路，所以产生的扫描码叫作断码（break code）。

　　假设数字键"1"的扫描码是0x16，二进制为0001 0110。那么当按下数字键"1"时，键盘和处理器相连的总线上的电平如图1-79所示，图中粗线段表示高电平，细线段表示低电平。

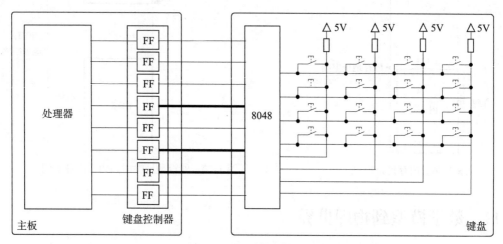

图1-79　按下数字键"1"

　　主板上的键盘控制器将收到的信号记录到键盘控制器的寄存器中，如图1-80所示。

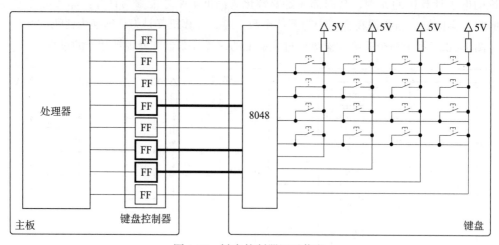

图1-80　键盘控制器记录信息

　　可见，键盘是通过高低电平的方式将用户按下的键位信息传递给键盘控制器的。接下来，处理器就可以从主板上的键盘控制器读取键码了，如图1-81所示。

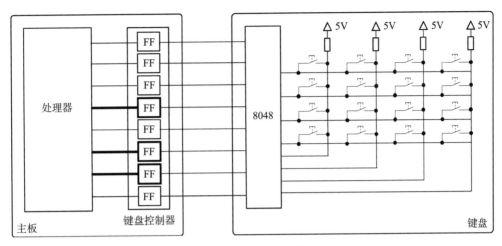

图 1-81　处理器读取键码

我们再以外存为例，看一下外存是如何从存储介质转换为计算机内部的高低电平的。随着技术的不断发展，外存衍生出了纸带、磁带、磁盘、光盘以及固态存储等多种类型。以磁介质为例，如果某个单元的磁极是 N/S 极，那么这个单元存储的是数字"1"，如果磁极是 S/N 极，那么这个单元存储的是数字"0"。当计算机使用磁盘存储数据时，"0"和"1"也是在电和磁两种不同物理介质间转换。高电平通过磁头转换为 N/S 极，低电平通过磁头转换为 S/N 极，反之亦然，如图 1-82 所示。

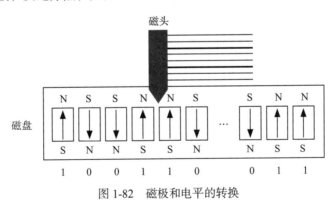

图 1-82　磁极和电平的转换

认识 Linux

后面我们将在 Linux 系统下进行操作系统的编写，所以在开始编写操作系统之前，我们需要认识一下 Linux 操作系统。在本章中，我们首先带领读者了解什么是操作系统以及为什么需要操作系统。在 Linux 系统中，命令行是我们操控 Linux 系统的主要方式之一，所以我们将带领读者了解终端，以及如何通过终端执行 Linux 系统中的命令。我们使用编辑器编写代码，所以在本章还将学习编辑器的基本使用。我们将使用软件模拟一台物理机，用这台虚拟出来的计算机运行我们编写的操作系统，所以本章的最后介绍虚拟机管理软件——kvmtool，为接下来的开发做好准备。

2.1 什么是操作系统

最初，人们直接在硬件上编写程序，从应用逻辑一直到底层各种设备的驱动都需要由这个程序负责，如图 2-1 所示。在这种开发模式下，每个运行于此硬件平台的程序，从底层驱动到上层逻辑都需要重写一遍。事实上，对于硬件驱动等相关的部分，各个程序都是相同的，没有必要每个程序都从底向上重复实现，这使得程序开发极其低效。而且，如果一个应用运行于不同的硬件平台，那么这个程序还需要开发各平台的适配代码，导致程序没有任何可移植性。

程序
计算机硬件

图 2-1 铁板一块的程序

事实上，计算机的运行速度是非常快的，在一个硬件平台上，即使只有一个处理器，也可以同时运行多个任务。当然了，对于一个处理器的情况，实际上是操作系统分时运行多个程序，但是因为计算机的速度足够快，所以我们感知不到程序在分时运行。如果没有操作系统，一个硬件平台上没有人来协调运行多个任务，那么该硬件平台就不能同时运行如图2-2所示的多个程序。比如我们今天可以一边编写程序，一边听音乐，这在之前是不可想象的。

为了解决上述问题，人们将之前的铁板一块的程序拆分为操作系统和应用程序，如图2-3所示。操作系统负责所有硬件的访问，为应用层提供统一的与硬件平台无关的接口。操作系统和应用之间可以定义标准的接口，这样应用程序就可以方便地在不同操作系统之间迁移。而且，有了操作系统之后，操作系统作为协调者，协调各应用使用硬件设备，可以达到在同一个硬件平台上同时运行多个任务的目的。

图2-2　一个硬件平台不支持多个任务

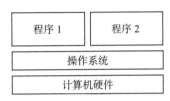

图2-3　操作系统和应用程序

但是应用中还是有一些公共的代码，所以在程序和操作系统之间又逐渐沉淀出一些库，这些库也归为操作系统的范畴。相应地，操作系统的底层通常称为内核。有了库后，整个系统的软件栈演进为如图2-4所示的层次架构。后面通过实现操作系统，我们将深刻体会这个从内核到应用的层次架构。

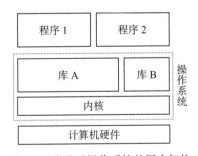

图2-4　演进后操作系统的层次架构

2.2　文件系统

程序及各种数据都存储在硬盘上，操作系统将硬盘中的数据组织为文件，并将多个文件有序地组织为文件系统。比如我们可以将一个程序存储在一个文件中，可以将一篇文章存储在一个文件中等。为了方便查找，通常我们会将不同的文件分门别类存放，文件系统亦是如此。文件系统中可以创建不同的文件夹，在 Linux 系统中通常将文件夹称为目录。

Linux 是一个开放的系统，任何人或者组织都可以基于 Linux 打造发行版，如果每个发行版都自己定义目录，那么将给使用者带来很多不便。因此，Linux 标准化工作组要求人们遵循文件系统层次化标准（Filesystem Hierarchy Standard，FHS）。FHS 标准要求文件系统按照树形结构组织，图 2-5 展示了符合 FHS 标准的文件系统根目录下常见的结构。符号"/"表示树的根，称为根目录，根目录是入口点，其他目录或者文件都可以从根目录开始"顺藤摸瓜"。

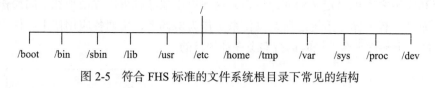

图 2-5　符合 FHS 标准的文件系统根目录下常见的结构

1）/boot：这个词的中文意思是引导，显然，这个目录下存放的是与启动相关的文件，包括内核、操作系统加载器等。

2）/bin 和 /sbin：bin 来自单词 binary，相应地，还有一个 s 开头的 bin，即 sbin，其中的 s 来自单词 system。从名字就可以看出，目录"/bin"下存放的是普通用户使用的可执行文件，而目录"/sbin"下存放的是系统管理员使用的可执行文件。

3）/lib：来自单词 library。可执行文件使用的各种函数库都存储在 lib 下。

4）/etc：来自单词 etcetera，是等等的意思。可执行文件和库文件都有明确的目录，但是有一些文件没有明确的归类，比如程序的配置文件、数据文件等。/etc 正是为了存储这些文件而创建的。现在此目录主要用于存放各种程序使用的配置文件。

5）/home：Linux 是个多用户操作系统，每个用户都有自己的文件。用户的目录就存放在这个目录下。

6）/dev：来自单词 device。顾名思义，这个目录存放的是各种设备对应的文件。

7）/sys 和 /proc：这两个目录下挂载的文件系统存在于内存中，在内核运行时创建。用户可以通过它们获取内核和进程的运行时信息，也可以在运行时设置内核的参数，比如网络协议栈接收缓冲区的大小。

8）/tmp：来自单词 temporary，是临时的意思，程序运行时产生或者使用的一些临时文件保存在这个目录下。系统会自动清理。

9）/var：来自单词 variable，表示这个目录下的文件是可变的，该目录下保存的是程序运行时产生的一些文件，比如程序运行时不断输出的日志、包管理程序从软件源下载后缓存的程序安装文件等。通常用于缓存，需要用户手动清理。

10）/usr：如果读者仔细观察，会发现这个目录下的目录结构与根目录非常相似。Rob Landley 在一封邮件中给过一个简短的解释。当初，Ken Thompson 和 Dennis Ritchie 在开发

UNIX 操作系统时发现第一块盘不够用了，于是他们使用了第二块盘，并将其挂载到了 /usr 目录下。第一块盘存放系统程序，第二块盘存放用户自己的程序，因此挂载的目录取名为 /usr。非系统软件也包含可执行程序、库、配置文件等，所以 /usr 目录基本复刻了与根目录相同的目录结构。这与我们通常将操作系统自带的软件安装在第一块盘上，将后续安装的其他软件安装在另一块盘上类似。

　　文件系统只是一个抽象的概念，最终还是要落实到硬盘中的数据上。如同内存是以字节为单位存储的，硬盘是以块为单位存储的，每个文件都对应硬盘上的若干块。目录也是一种文件，只不过其中的内容是目录中存储的文件。图 2-6 展示了文件是如何在磁盘中存储的。

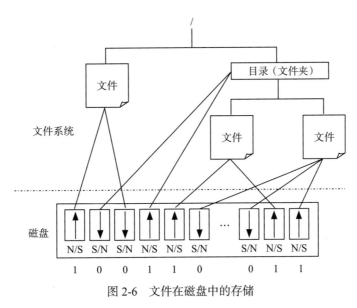

图 2-6　文件在磁盘中的存储

2.3　终端

　　终端，英文是 Terminal，在计算机领域用来特指让用户输入数据至计算机，然后将计算结果显示给用户的机器。也就是说，终端只是一种与计算机进行交互的输入输出设备，其本身并不提供运算处理功能。

　　在大型机时代，计算机非常昂贵且巨大，不像现在这样便携。这些笨重的计算机通常被安置在单独的房间内，而操作计算机的人坐在另外的房间里，通过终端与计算机进行交互，如图 2-7 所示。

　　大型机操作系统内核中有 1 个 TTY 模块，它负责和终端交互，如图 2-8 所示。TTY 是 Teletype（电传打字机）的缩写，电传打字机是最早出现的一种终端设备，所以现在通常使用 TTY 来统称各种类型的终端设备。

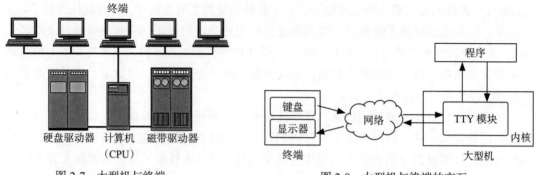

图 2-7　大型机与终端　　　　　　　　图 2-8　大型机与终端的交互

随着计算机集成度越来越高，越来越便携，我们已经没有必要再使用专门的终端通过网络连接到计算机了。但是大型机时代的这些程序并不直接面向最终用户，而是面向终端，即只能从终端接收输入，而后通过终端显示。如果没有了终端，这些程序如何运行呢，难道需要全部重写？

为了重用这些软件，人们采用软件的方式伪造了一个终端。人们在操作系统内核中设计了一个伪终端模块，称为 PTY（P 取自英文单词 Pseudo，表示伪造的意思），并设计了一个程序，称为终端模拟器，用于模拟终端的行为，如图 2-9 所示。PTY 为了连接终端模拟器和程序，为终端模拟器一侧提供了访问入口 ptm，为程序一侧提供了访问入口文件 pts。这个 pts 文件与标准的终端设备文件 tty 无异，只是名字不同。换句话说，对于程序来说，打开一个 pts 文件与打开一个 tty 文件无异，都是打开一个终端设备。

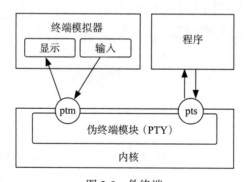

图 2-9　伪终端

Linux 系统上的 gnome-terminal 就是一个典型的终端模拟器。为了叙述简洁，我们将终端模拟器简称为终端。一个终端的基本工作流程如下：

1）捕获用户键盘输入。

2）将输入发送给程序（程序会认为这是从一个真正的终端设备输入的）。

3）程序运行，然后将执行结果发送给终端。

4）终端收到程序的输出结果，将其显示到显示器上。

2.4 shell

当一个终端启动后，谁是幕后处理用户输入的"英雄"呢？这个"英雄"叫 shell，shell 是用户通过终端发送过来的命令的解释器。当终端启动后，它会启动一个 shell 程序，这个程序监听 pts 文件。为什么叫 shell 呢？这是相对于操作系统内核而言的，所以称为壳，如图 2-10 所示。内核管理着整台计算机的硬件，调度上层应用的运转，是现代操作系统中最基本的部分。shell 为用户和内核之间提供了一个接口，它是一个运行于内核之上的程序，用于接收用户输入的命令，帮助用户与内核进行沟通，请求内核完成用户的指令。

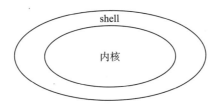

图 2-10　shell 和内核的关系

其实 shell 只是提供了一个入口，除了内置一些功能外，大部分功能是通过调用其他各种各样的程序来实现的。比如我们想要显示文件 foo.txt 的内容，可以使用命令 cat。我们通过键盘输入"cat foo.txt"，终端捕捉键盘输入并将其传输给 shell 程序，shell 程序解析终端传输过来的命令，解析后发现自己不认识 cat 这个命令，然后就在系统中寻找并请求内核运行 cat，由 cat 再去调用内核提供的 read 等系统调用来获取文件的内容。假设文件内容为"abc123"，cat 读取到"abc123"后将它传回给终端，由终端完成显示。整个过程如图 2-11 所示。

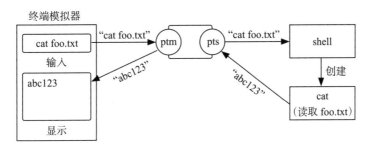

图 2-11　终端和 shell 的关系

有些情况下，我们不希望将从文件读取的内容输出到终端上，而是记录到其他文件中。比如，我们希望将 cat 读取的文件内容输出到另外一个文件，那么就可以使用重定向功能。基本的 shell 命令如下（其中，符号">"表示重定向）：

```
cat foo.txt > x.txt
```

此时，终端上就不再显示文件内容了，原因是什么呢？事实上，面向终端的程序在创建时会打开 3 个文件：标准输入（stdin），文件号为 0；标准输出（stdout），文件号为 1；标准错误（stderr），文件号为 2。默认情况下，这 3 个文件都对应文件 pts，如图 2-12 所示。

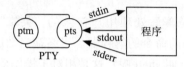

图 2-12   程序的标准输入、标准输出和标准错误

所以默认情况下，程序会从终端接收输入，执行的结果以及打印的错误信息也会输出到终端上。而当进行重定向后，cat 的标准输出不再指向 pts，而是指向了文件 x.txt，如图 2-13 所示。也就是说，cat 不再向终端发送文件内容，那么终端自然不再显示文件内容了。

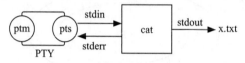

图 2-13   标准输出重定向

有些情况下，我们希望将程序的输出以及标准错误都记录到同一个文件中，那么可以将标准错误也重定向，命令如下：

```
cat foo.txt > x.txt 2>&1
```

其中，"2" 代表标准错误，"1" 代表标准输出，"2>&1" 表示将标准错误记录到标准输出对应的文件中，如图 2-14 所示。

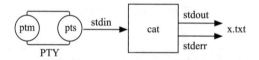

图 2-14   标准输出和标准错误重定向

shell 有多个实现，常见的一个 shell 实现是 bash。bash 是 Bourne shell 的一个免费版本，它是最早的 shell，几乎可以涵盖 shell 具有的所有功能。其他的 shell 实现还有 ash、csh、dash 等。

2.5   Linux 常用命令

有了终端和 shell，我们就可以通过终端向程序发送命令，指挥程序做事了。与图形界面相比，这种通过键盘输入命令与计算机交互的方式称为命令行方式。除了前面提到的需要启动其他程序完成用户请求外，shell 也内置了一些命令。

我们启动终端后，会看到类似这样一行文字：

```
shenghan@han:~$
```

这是 shell 在终端上显示的提示符。通常，shell 提示符的格式为用户名 @ 主机名，然后是工作目录，两者之间使用冒号分隔。当终端启动后，默认使用用户的家目录作为当前工作目录。通常，系统管理员会为每个用户在目录 /home 下创建一个家目录，这里的符号"～"代表家目录。在工作目录之后是符号 $，用来标识用户输入命令的起始位置。

文件系统就像一棵大树，无论身处何处，你都可以通过 pwd 获悉当前所处位置：

```
shenghan@han:~$ pwd
/home/shenghan
```

命令 pwd 取自 print working directory 的首字母，是 shell 的一个内置命令，可以使用 type 来验证这一点：

```
shenghan@han:~$ type pwd
type is a shell builtin
```

我们可以使用 ls 命令列出任何目录下的内容。显然，ls 是单词 list 的简写，它是独立于 shell 的外部程序。shell 去哪里寻找这些外部程序呢？ shell 通过环境变量 PATH 中记录的路径依次寻找这些外部命令，我们可以通过 shell 的内置命令 echo 显示环境变量 PATH 的值：

```
shenghan@han:~$ echo $PATH
/usr/local/sbin:/usr/local/bin:/usr/sbin:/usr/bin:/sbin:/bin
```

PATH 中记录了多个寻找外部命令的目录，使用冒号隔开。命令 ls 安装在 /usr/bin/ 下。我们可以看到目录 "/usr/bin" 就在环境变量 PATH 中。我们可以使用 shell 的内置命令 whereis 显示命令所在的目录：

```
shenghan@han:~$ whereis ls
/usr/bin/ls
```

对于比较长的命令，我们不必通过键盘一个字符一个字符地输入，shell 提供了自动补齐功能。比如输入的命令是以 ps 开头的，那么在输入 ps 后，我们就可以使用 Tab 键尝试补齐，如果有很多 ps 开头的命令，那么就继续输入下一个字符，然后继续使用 Tab 键尝试补齐。

文件所在的路径可通过两种方式来指定，一种是绝对路径，另一种是相对路径。

绝对路径起始于根目录，紧跟着目录树的一个个分支，一直到达所期望的目录或文件。例如，路径名是 /bin/ls，表示从根目录开始，其下有一个叫"bin"的目录包含了文件"ls"。

相对路径起始于工作目录。文件系统树中用一对特殊符号来表示相对位置，这对特殊符号是"."和".."。符号"."是指当前目录，".."是指当前目录的父目录。另外一个常用的符号是代表家目录的"～"，我们可以使用这个符号引用家目录下的文件和目录。

通常，命令还可以接收选项和参数，格式如下：

命令 [选项] [参数]

其中"选项"和"参数"都取决于具体的命令，比如可以给 ls 一个选项 "-l"列出文件的更详细信息：

```
shenghan@han:~$ ls -l
```

我们还可以给 ls 传递参数，比如想列出根目录下的所有内容，那么就可以将代表根目录的符号"/"传给 ls：

```
shenghan@han:~$ ls /
```

系统中有那么多命令，我们如何知晓这些命令的细节呢？可以通过手册页查询。每个命令都有一个手册页，我们可以使用命令 man 查看，man 是 manual 的简写。比如查看命令 ls 的手册页：

```
shenghan@han:~$ man ls
```

为了有序地记录文件，我们需要建立多个目录，有序地组织文件。我们可以使用命令 mkdir（make directory）创建目录，使用命令 rm（remove）删除目录和文件，使用命令 cd（change directory）在不同的目录中"穿梭"等。当我们处于任何一个目录时，都可以使用命令 cd 直接回到家目录。比如我们处于根目录下，当执行命令 cd 后，将会切换到家目录：

```
shenghan@han:/$ cd
```

可以使用命令 mkdir 在家目录下新建一个目录 bar：

```
shenghan@han:~$ mkdir bar
```

使用命令 cd 进入新建的目录 bar：

```
shenghan@han:~$ cd bar
```

然后使用命令 cd 回到上级目录，上级目录使用符号".."表示：

```
shenghan@han:bar$ cd ..
```

可以使用命令 mv 重命名文件或目录，比如将 bar 重命名为 foo：

```
shenghan@han:~$ mv bar foo
```

还可以使用命令 cp 复制文件或者目录，比如我们打算备份一份完整的 foo 目录到 bar：

```
shenghan@han:~$ cp -a foo bar
```

最后使用命令 rm 删除 bar。默认情况下，rm 不会删除目录，如果要删除目录，需要使用选项"-r"：

```
shenghan@han:~$ rm -r bar
```

shell 提供了很多体贴的功能，比如我们可以使用上下箭头来查看最近输入的命令，便于再次执行。我们也可以使用命令 history 来查看 shell 执行的命令的历史：

```
shenghan@han:~$ history
```

系统中有无数的命令，显然通过"菜单式"学习比较无趣，而且这也不是一个有效的方法。了解了一些基本规则后，我们可以在使用中按需学习。

2.6 ANSI 转义序列

事实上，终端只是提供了显示的功能，比如显示彩色字体、移动光标等，但是如何显示则是由其他程序控制的。那么，程序怎么告诉终端如何显示呢？终端制造商使用了在文本中嵌入控制字符的方式，终端将这些字符序列解释为命令，用于控制终端上显示的格式，比如光标位置、字符的颜色等。为了统一不同终端制造商的控制协议，20 世纪 70 年代，美国国家标准协会定义了 ANSI 转义序列标准。

我们不需要掌握这些转义序列的细节，但是可以通过一些小实验来体会一下程序是如何控制终端显示的。我们打开两个终端，然后在一个终端中模拟一个程序向另外一个终端发送显示指令。为此，需要将第二个终端的标准输出重定向到第一个终端的 pty 文件，如图 2-15所示。

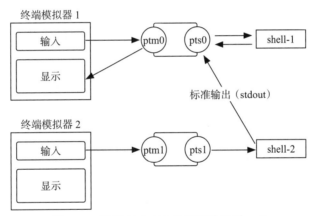

图 2-15　重定向 shell-2 的标准输出到 pts0

我们打开一个终端，使用如下命令在终端中查看该终端对应的 pts：

```
shenghan@han:~$ ps
  PID    TTY        TIME CMD
 1763  pts/0     00:00:00 bash
 3095  pts/0     00:00:00 ps
```

可以看到，这个终端对应的 pts 为 /dev/pts/0。我们再打开另外一个终端，将自己伪装为一个应用，向前一个终端对应的文件 /dev/pts/0 发送显示信息。

这些转义序列大部分以 Esc 和 "["字符开始，然后接上具体的控制命令。比如，换行的转义序列如下：

```
\033[nE
```

Esc 键对应的八进制 ASCII 码为 33，以 0 开头表示后面使用的是八进制。其中"\"表示对后面的字符进行转义：当不使用"\"时，终端会在屏幕上显示数字"033"；当使用"\"后，终端不再将 033 解释为 3 个字符——0、3、3，而是解释为 Esc 键。Esc 键和后面的字符"["告知终端这是转义序列的起始位置。另外，需要给命令 echo 传递选项 -e，要求 echo 启用反斜杠转义，否则 echo 会将"\033"原封不动地输出为字符"\033"。

命令"nE"告知终端将光标位置从当前位置向下移动 n 行，并将光标置于新行的开头。比如我们想在当前行输出字符串"abc"，然后换行显示"123"，那么就可以在第二个终端中输入如下命令：

```
shenghan@han:~$ echo -e "abc\033[1E123" > /dev/pts/0
```

终端收到字符串后，将按照如图 2-16 所示的方式进行处理。终端将字符串"abc"作为普通字符处理，在光标所在位置处显示，然后遇到转义序列，按照其中的命令将光标移动到下一行开头处，最后在新的光标位置处显示字符串"123"。

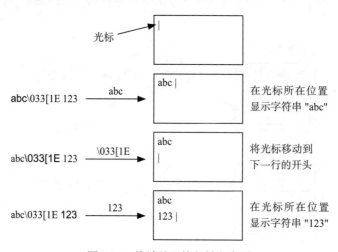

图 2-16　终端处理换行转义序列

我们再来看另外一个例子。我们首先输出一个终端默认设置配色的 Hello，然后输出前景色为红色、背景色为黑色的"Hello"，接着输出一个前景色为绿色、背景色为蓝色的"world"。控制颜色的转义代码为 {n}m，其中 n 为颜色代码，30 ~ 37 为前景色，40 ~ 47 为背景色。红色代码为 31，绿色代码为 32，黑色代码为 40，蓝色代码为 44。那么，我们就可以输入如下命令显示如上字符串：

```
shenghan@han:~$ echo -e "Hello\033[31;40m Hello\033[32;44m
                World\033[m" > /dev/pts/0
```

在序列的最后，我们使用"\033[m"结尾，表示设置字符颜色和风格的转义序列结束，终端将恢复默认设置来显示后续的字符。

2.7 编辑器

编写代码时需要使用编辑器,然后我们可以控制编辑器将我们输入的代码存储到一个文件中,这个文件中存储的是程序的源代码,通常称它为源文件。Linux 系统中有很多编辑器,vi 是 POSIX 标准要求包含的一款默认编辑器,它非常轻量,这里我们使用增强版 vim 作为编写代码的编辑器。使用如下命令安装 vim:

```
shenghan@han:~$ sudo apt-get install vim
```

要使用 vi,我们首先需要理解 vi 中模式的概念。启动后,vi 处于标准模式(normal mode),在该模式下,我们可以浏览文件内容,也可以通过快捷键指挥 vi 完成一些动作,比如复制、粘贴、删除等,因此,标准模式也称为命令模式(command mode)。

在标准模式下,可以进入其他模式。比如:按下字母 "i" 可以进入插入模式(insert mode,)在插入模式下,我们可以编辑文本内容;按下 ":" 键可以进入命令行模式(command-line mode),它类似于 shell 的命令行模式,在此模式下可以输入控制命令;按下字母 v 或者 V 可以进入可视模式(visual mode),在可视模式下,我们可以可视地选择文本,然后对选中的文本进行相关操作。

在任何模式下,按下 Esc 键均会返回标准模式。vi 模式间的转换如图 2-17 所示。

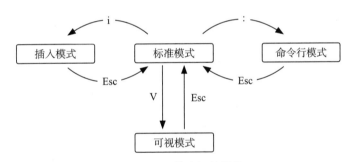

图 2-17 vi 模式间的转换

使用 vi 时,我们一直在围绕着标准模式操作,任何一种模式都是从标准模式进入的。比如我们想要从插入模式进入命令行模式,首先需要按下 Esc 键返回标准模式,然后再按下 ":" 键进入命令行模式。

如果你在 vi 的各种模式中迷失了,那么按下 Esc 键两次会回到标准模式。需要特别注意的是,所有的切换需要输入法处于英文状态。

假设我们打算编辑一个文件,名为 hello.txt。通常我们使用文件名加扩展名的方式命名文件,扩展名一般用于表示文件的类型,比如这里的后缀 txt 表示这是一个文本文件,txt 是 text 的简写。首先我们在命令行中使用如下命令启动 vi 编辑器:

```
shenghan@han:~$ vi hello.txt
```

如果当前目录下没有 hello.txt，vi 将会新建 hello.txt，否则会打开已有的 hello.txt。启动后，vi 处于标准模式，我们按下字母"i"切换到插入模式。在插入模式下，我们输入如下文本：

```
Hello, world.
This is a vi editor.
Good luck.
```

输入完成后，我们需要保存文件，具体操作如下：

1）首先在插入模式下按下 Esc 键，返回标准模式。

2）然后按下"："键，切换到命令行模式。在命令行模式下，在 vi 的最下面一行会出现一个"："提示符。

3）在"："提示符之后我们就可以输入命令了。如果需要保存，则需要输入"w"命令。w 是单词 write 的首字母，表示写入文件。按下回车键后，vi 会将我们输入的内容保存到文件中，并返回到标准模式下。

4）如果我们想保存然后退出，那么在"："提示符之后需要输入"wq"命令，w 已经介绍过了，q 是单词 quit 的首字母，表示退出。

5）如果想放弃从上次保存后输入的内容，那么在"："提示符之后需要输入"q!"命令，表示放弃修改并退出。

标准模式下也可以执行一些命令，比如我们想删除某一行文本，除了可以在插入模式下使用 del 或者 backspace 键删除字符外，也可以在标准模式下连续按两次"d"键即"dd"进行删除。

在可视模式下，也可以执行一些操作，比如选中内容后进行复制/粘贴操作。当然现在的 vi 都支持鼠标，可以通过鼠标执行这些操作。

vi 支持用户进行配置。编写代码时有时使用 Tab 键缩进，有时使用空格缩进，不同的机器编辑器配置的 Tab 长度可能不同，为了避免混乱，可以统一使用空格，当用户使用 Tab 键时也展开为空格。但是后面的 make 工具不允许将 Makefile 中的 Tab 键展开为空格。vi 支持不同类型文件的定制配置，所以我们可以设置 c、asm 文件的 Tab 键展开为空格，而 Makefile 中的 Tab 键不展开。我们将如下配置写入 vim 的配置文件 ~/.vimrc 中：

```
set tabstop=2
set expandtab
autocmd FileType make set noexpandtab
```

vi 也是一个典型的面向终端的程序，当我们输入如下字符时：

```
abc
123
```

终端将向 vi 陆续传输字符串"abc\033[1E123"，文件中保存的也是这样一串连续的字符串。当使用 vi 再次打开该文件时，vi 会将这个字符串传给终端，终端将结合我们前面讨论的转义序列，将这一串连续的字符串显示为如下内容：

```
abc
123
```

这个过程如图 2-18 所示。

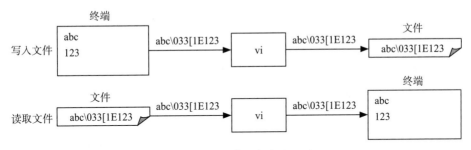

图 2-18　字符串的保存和显示

vi 是一款非常强大的编辑器，我们这里只是介绍了最基本的操作，读者可在使用中自行摸索更多强大的功能。

2.8　准备"物理"计算机

了解了计算机的基本工作原理后，我们就准备开启编写操作系统之旅了。显然，要运行操作系统，需要一台物理计算机，但是为了调试高效、方便，我们在本地计算机上使用软件虚拟了一台 x86 计算机，如图 2-19 所示。

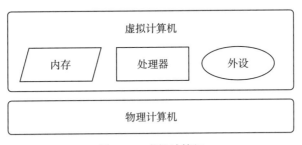

图 2-19　虚拟计算机

我们使用软件 kvmtool 虚拟计算机，在家目录下，使用如下命令下载 kvmtool 的源代码：

```
shenghan@han:~$ git clone https://git.kernel.org/pub/
               scm/linux/kernel/git/maz/kvmtool.git
```

我们后面使用 SDL 作为显示界面，kvmtool 需要使用的是 1.x 版本的 SDL 库，所以在编译 kvmtool 前安装 1.2 版本的 SDL 库：

```
shenghan@han:~$ sudo apt-get install libsdl1.2-dev
```

　　我们使用串口打印调试信息，因此，修改一下串口的打印格式，使串口输出的可读性好一些。我们注释掉下面黑体显示的代码（这行代码打印没有换行，可读性比较差）：

```
kvmtool/hw/serial.c

static void serial8250_flush_tx(struct kvm *kvm, …)
{
  dev->lsr |= UART_LSR_TEMT | UART_LSR_THRE;

  if (dev->txcnt) {
    //term_putc(dev->txbuf, dev->txcnt, dev->id);
    dev->txcnt = 0;
  }
}
```

　　然后增加如下两条打印语句（一条是以十六进制打印，另一条是以字符方式打印）：

```
kvmtool.git/hw/serial.c

static bool serial8250_out(struct ioport *ioport, …)
{
  …
  switch (offset) {
  case UART_TX:

    fprintf(stderr, "output: %lx\n", *((unsigned long *)data));
    fprintf(stderr, "%s\n", ((char *)data));

    if (dev->lcr & UART_LCR_DLAB) {
      dev->dll = ioport__read8(data);
      break;
    }
  …
}
```

　　使用 make 编译 kvmtool：

```
shenghan@han:kvmtool$ make
```

　　关于 kvmtool 的具体用法，我们会在后面详细介绍，这里准备好就可以了。

第 3 章 *Chapter 3*

机器语言程序设计

了解了计算机的基本工作原理后，接下来，我们就准备开启编写操作系统之旅了。但是在开始实现操作系统之前，我们得学会编写程序。提到编程，大家首先想到的是高级语言，但是事实上，计算机刚开始出现时是没有高级语言的，那时程序员是通过 0 和 1 编写代码的，也就是我们常说的机器语言。

对于编程人员来说，记住 0 和 1 组成的计算机指令简直就是"地狱"。为了解决这个问题，人们设计了汇编语言。汇编语言用英文字母或符号串替代机器语言，把不易理解和记忆的机器语言按照对应关系转换成汇编指令，帮助人们更容易地记忆机器指令。

但是汇编语言是与体系结构相关的，不同体系结构的汇编指令完全不同，因此，使用汇编语言编写的程序可移植性极差，为此高级语言诞生了。高级语言不是一门语言，而是一类语言的统称，它比汇编语言更接近于人类使用的语言，易于理解、记忆和使用。由于高级语言与体系结构无关，因此它具有良好的可移植性。

虽然我们几乎不会使用机器语言编程，也很少使用汇编语言编程，但是我们还是按照语言的演进过程学习，这样有助于我们真正地理解好语言，也有助于我们更好地理解编译原理。在接下来的三章，我们将分别学习机器语言、汇编语言和 C 语言。

在本章中，我们学习机器语言。我们使用机器语言编写一段程序，向串口输出一个字符 A。其间我们将讨论指令的格式、补码、字符的编码以及如何访问外设。除了讲述如何使用机器语言编写程序外，我们还将以这个程序为例，着重讲述计算机是如何运行程序的。

3.1　程序及指令

为了让计算机帮我们计算，我们需要向计算机下达一系列命令，这些命令称为指令。

指令组合在一起称为程序，如图 3-1 所示。

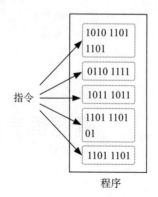

图 3-1　程序和指令

处理器执行的指令并不是任意的，它只认识事先约定好的格式。每一种处理器都有自己的指令格式，x86 指令的格式如图 3-2 所示。

图 3-2　x86 指令的格式

操作码占 1 ～ 3 字节，程序通过操作码控制处理器执行哪一种操作，比如各种运算、数据复制、跳转、读写外设等。操作码是指令不可或缺的组成部分。

仅有执行动作还不够，还需要有操作的对象，这个操作的对象称作操作数。x86 指令可以有 0 到多个操作数。操作数可以是立即数、寄存器、内存地址或者外设端口地址。有些指令将操作数直接编码在指令中，无须访问寄存器或者内存，这种操作数称为立即数（immediate）。与立即数类似，有些指令将操作数的内存地址编码在指令中，这种操作数称为偏移（displacement）。有些指令在操作码后增加了一个字节用于指出操作数的地址。还有些指令的操作数并不是显式编码在指令中，而是隐式的，处理器在执行指令时，会到指定的寄存器读取信息。

每一条指令都有具体的格式规定，编码时可以查阅处理器的指令手册。

3.2　补码

之前我们始终在讨论正数，事实上，数学计算中除了正数还有负数。而且，使用负数表示后，我们可以将减法表示为加法，这样减法就可以利用前面讨论的加法器，CPU 也不需要为减法额外设计电路，极大地简化了电路的设计。如下面的减法：

就可以表示为如下加法：

5 + (-3)

那么，怎么表示负数呢？以 4 位有符号数为例，我们可以使用最高位作为符号位，最高位为 0 表示正数，最高位为 1 表示负数，其余 3 位用来表示值。在计算机中，我们将这种表示方式称为原码，如表 3-1 所示。

表 3-1　4 位有符号数原码

十进制	二进制	十进制	二进制
0	0000	0	1000
1	0001	-1	1001
2	0010	-2	1010
3	0011	-3	1011
4	0100	-4	1100
5	0101	-5	1101
6	0110	-6	1110
7	0111	-7	1111

我们看到，使用原码表示法时，数字 0 有两种编码：0000 和 1000。因此，如果使用原码编码，设计系统时就需要额外的电路区分 +0 和 -0。而且原码表示法还有更糟糕的问题，比如一个数的正负相加应为 0，以 2 - 2 为例：

2 - 2 = 2 + (-2) = 0010 + 1010 = 1100 = -4

本来计算结果应该是 0，但结果是 -4。也就是说，如果使用原码，是不能正确计算减法的。于是，人们探索了使用反码和补码表示数字的方式，最终发现使用补码表示数字，就可以使用加法计算减法了。

正数的反码和补码都是原码，负数的反码是除符号位外按位取反，补码是在反码基础上再加 1。如图 3-3 所示。

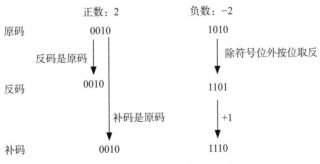

图 3-3　原码、反码和补码的关系

使用补码重新计算 2 - 2：

```
2 + (-2) = 0010 + 1110 = 0000
```

我们看到，使用补码后，就可以正确地使用加法计算减法了。

4 位有符号数补码如表 3-2 所示。

表 3-2　4 位有符号数补码

十进制	二进制	十进制	二进制
0	0000		
1	0001	−1	1111
2	0010	−2	1110
3	0011	−3	1101
4	0100	−4	1100
5	0101	−5	1011
6	0110	−6	1010
7	0111	−7	1001
		−8	1000

我们再做两个计算验证一下补码，比如 6 − 4：

```
6 − 4 = 6 + (-4) = 0110 + 1100 = 0010 = 2
```

再如 4 − 6：

```
4 − 6 = 4 + (-6) = 0100 + 1010 = 1110 = -2
```

现代计算机就是用补码表示数字的，所有的数字在存储和运算时使用的都是二进制补码。我们在编写代码时，其实是使用补码来表示数字的，只是平时都是借助编译器将源代码翻译为机器语言，将数字转换为补码，所以我们体验不到这个过程。但是，如果我们使用机器语言编码，则要自己手动将原码转换为补码，比如想表示 −4，那么就要使用 1100。

事实上，仔细观察补码可以发现，补码在数轴上是符合从小到大的规律的，从 −8 开始到 7，逐个加 1，如图 3-4 所示。

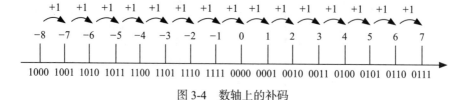

图 3-4　数轴上的补码

3.3　ASCII 码

当我们向串口输出一个字符 A 时，不知读者是否有个疑问：计算机用高电平和低电平分别表示 1 和 0，所有的数据在存储和运算时都要使用二进制数表示，那么怎么表示字符 A 呢？显然，如果我们想用数字表示文本，那就需要对每一个文本进行编码，编码的目的就是把文本转换成数值，类似如下：

A → 0100 0001

这样，当我们需要向计算机输入字符 A 时，就输入 0100 0001。类似地，当计算机输出 0100 0001 时，如果我们知道这不是数字，而是代表一个字符，那么就会知道这是字符 A。

具体用哪些二进制数字表示哪个符号，每个人都可以有自己的一套约定（这就叫编码），大家如果想互相通信而不造成混乱，那就必须遵循相同的编码。于是美国国家标准协会制定了美国信息交换标准代码（American Standard Code for Information Interchange），简称 ASCII。类似地，我们国家也制定了汉字的编码标准，读者可自行查阅。ASCII 使用 8 位编码，最多可以表示 256 个字符，我们列出部分 ASCII 码来直观地认识一下，如表 3-3 所示。

表 3-3 ASCII 码表（部分）

二进制	十进制	十六进制	字符	解释
0000 0000	0	0x00	null	空字符
0010 0000	32	0x20	space	空格
0010 0001	33	0x21	!	叹号
0010 0010	34	0x22	"	双引号
0011 0000	48	0x30	0	字符 0
0011 0001	49	0x31	1	字符 1
0100 0001	65	0x41	A	大写字母 A
0100 0010	66	0x42	B	大写字母 B
0100 0011	67	0x43	C	大写字母 C
0110 0001	97	0x61	a	小写字母 a
0110 0010	98	0x62	b	小写字母 b
0110 0011	99	0x63	c	小写字母 c

3.4 串口

很早以前，在尚未出现计算机的时候，就已经出现了一些设备，比如通信用的调制解调器、电传打字机等。这些设备与其他设备之间的通信方式是串行的，有 2 根数据线，1 根用于发送数据，1 根用于接收数据。信息是一位一位地传输，一个时钟周期传输 1 位。当计算机出现后，计算机的总线都是并行的，即有多根数据线，同时传输多位。假设有 8 根数据线，那么在一个时钟周期就可以把 8 位都送上数据线。串行并不一定比并行慢，有些串行设备的时钟频率非常高，传输速度可能比并行传输速度还要快。图 3-5 显示了串行传输和并行传输的区别。

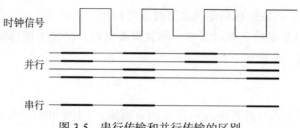

图 3-5　串行传输和并行传输的区别

因此，这些串口设备与计算机的连接就成为一个问题，于是，串口接口出现了。串口负责进行并行和串行之间的转换。串口一侧负责与处理器相连，另一侧负责与串口设备相连，如图 3-6 所示。

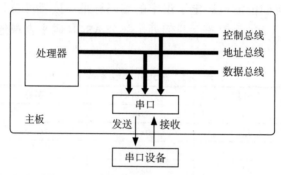

图 3-6　处理器和串口设备的连接关系

当处理器向串口设备发送数据时，串口以并行的方式接收数据并暂存在串口中，然后一位一位地发送给连接在串口上的串口设备。当串口设备向处理器发送数据时，串口接收串口设备一位一位发送的数据并暂存在串口中，只有当接收完 1 个完整的字节时，才将数据以并行的方式发送给处理器。串口在处理器和串口设备之间充当了转换接口的角色。

一个功能完整的计算机系统有很多外部设备，常见的有硬盘、键盘、显示器、U 盘以及打印机等。那么处理器如何区分不同的外设呢？计算机为每个外设都分配了属于自己的地址范围，通常也称为 I/O 端口地址，每个外设接口中的地址译码电路和地址总线相连，当时钟信号来临时，地址译码电路将检查地址总线上的地址是否属于自己的地址范围，如果属于，则外设开始工作。

最初，IBM 公司在制造计算机时为不同外设分配了地址范围，各计算机制造商现在依然遵循着这个约定，如表 3-4 是从 IBM AT 型号计算机的手册中截取的部分外设地址。对于 x86 而言，外设地址的宽度是 16 位，最多可以寻址 2^{16}（64k）个地址。

表 3-4　IBM 计算机外设地址（部分）

地址范围（十六进制）	外设
060 ~ 06F	键盘
2F8 ~ 2FF	串口 2
3F8 ~ 3FF	串口 1

我们看到分配给键盘的地址为 060 ~ 06F。AT 计算机上有两个串口，分配给串口 1 的地址为 3F8 ~ 3FF，分配给串口 2 的地址为 2F8 ~ 2FF，其他外设地址我们就不逐一列出

了，需要时可以查阅相关资料。

我们看到，外设的 I/O 端口地址和内存的地址是有重合部分的，那么对于重合的地址，如何区分是发给内存还是发给外设呢？事实上，主板上有个负责地址转发的芯片，称为北桥，现在已经集成到处理器中了。如果地址属于内存，则北桥转发给内存；如果地址属于外设，则北桥转发给外设。如图 3-7 所示。

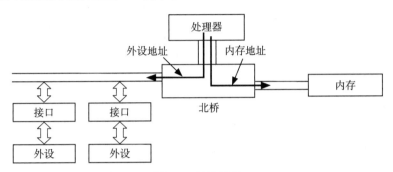

图 3-7 地址转发

3.5 "向串口写字符 A" 的程序流程

我们了解了指令格式，也了解了数字在计算机中的表示方式，还知晓了串口的地址，万事俱备，接下来，就开始编写程序。我们编写一段程序，循环向串口输出一个字符 A，其流程图如图 3-8 所示。

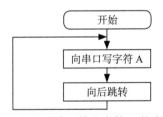

图 3-8 循环向串口输出字符 A 的流程图

程序开始运行后，我们首先向串口写字符 A。在输出完成后，跳转到程序开始的地方，执行下一次向串口写字符 A 的操作，如此往复。接下来的几节，我们将围绕这个流程进行编码。

3.6 写外设指令

我们首先来编写 "向串口写字符 A" 的指令。从哪里获取各种指令的具体格式及其对应的机器码呢？答案是 Intel 的 x86 指令手册。x86 提供了向外设端口输出的指令 out，它根据不同形式的操作数，提供了不同的指令格式，如表 3-5 所示。

表 3-5 out 指令格式

操作码	指令	描述
E6 *ib*	out imm8, AL	将寄存器 AL 中的字节输出到 I/O 端口地址 imm8
E7 *ib*	out imm8, AX	将寄存器 AX 中的字输出到 I/O 端口地址 imm8
E7 *ib*	out imm8, EAX	将寄存器 EAX 中的双字输出到 I/O 端口地址 imm8
EE	out DX, AL	将寄存器 AL 中的字节输出到寄存器 DX 中的 I/O 端口地址
EF	out DX, AX	将寄存器 AX 中的字输出到寄存器 DX 中的 I/O 端口地址
EF	out DX, EAX	将寄存器 EAX 中的双字输出到寄存器 DX 中的 I/O 端口地址

第一列给出了操作码，准确地讲是指令的编码格式。以第 1 行为例，该条指令的编码为 E6 *ib*，指令编码长度为 16 位，其中 E6 和 *ib* 分别占据 8 位。E6 为操作码，斜体的 *ib* 表示跟随在操作码之后的操作数。其中的 i 为立即数的英文单词 immediate 的首字母，b 表示这个立即数占据一个字节（byte），即 8 位，因此，*ib* 表示这个操作数是一个 8 位的立即数。

并不是所有的操作码后面都有操作数，比如表 3-5 的后三行，可以看到指令编码长度为 8 位，只有操作码，没有操作数。那么操作数在哪里呢？操作数是隐式的，以处理器执行操作码 EE 为例，它会自动到寄存器 AX 中读取源操作数，到寄存器 DX 中读取目的操作数。

第二列是使用汇编语法描述的指令，我们会在第 4 章详细讲述汇编语言程序设计，这里先简单认识一下。以 out 指令为例，out 为操作码的助记符，是帮助我们记忆操作码的符号。操作码之后是两个操作数，目的操作数在前，源操作数在后。以"向串口写字符 A"为例，串口地址是目的操作数，字符 A 是源操作数。

AL、AX、EAX 是同一个寄存器，只不过存储的宽度不同，分别存储 8 位、16 位和 32 位，具体使用时需要根据实际数据的大小进行选择。类似地，DX 是 x86 处理器中的另一个 16 位寄存器。

第三列是指令意义的详细描述。

串口的地址 0x3F8 需要使用 16 位表示，而根据表 3-5 可见，前三行指令的目的操作数是 8 位的立即数，所以这三种形式的 out 指令是不满足要求的。后三行的目的操作数是 DX 寄存器，它是 16 位，所以我们需要在后三行中选择一个指令。

字符的 ASCII 码是 8 位的，因此源操作数使用通用寄存器 AL 就够了，最终确定的指令格式为表 3-5 的第四行，指令编码是：

```
EE
```

这个指令的操作码后面没有操作数编码，显然，操作数是隐含在操作码中的。也就是说，当处理器遇到操作码 EE 时，它将从寄存器 DX 中读取串口的地址，从寄存器 AL 中读取向串口输出的字符。

根据写串口指令的格式，我们的程序流程需要进一步细化。我们需要在执行 EE 这条指令前，预先准备好操作数，将字符 A 存入寄存器 AL，将串口地址 0x3F8 存入寄存器 DX，如图 3-9 所示。

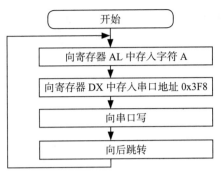

图 3-9 向串口写字符 A 的程序流程

3.7 准备源操作数

由 out 指令可见，在运行指令之前需要将字符 A 存储到寄存器 AL 中。x86 提供了数据复制指令 mov，用于将数据从源操作数复制到目的操作数。mov 取自英文单词 move，虽然取自 move，但是执行的是数据的复制操作，源操作数保持不变，不会被移走。

根据 x86 指令手册，指令 mov 也支持多种格式。将字符 A 存储到寄存器 AL 中，实质是将一个 8 位立即数复制到一个 8 位寄存器中，如表 3-6 所示。

表 3-6 mov 指令说明（部分）

操作码	指令	描述
B0+*rb ib*	mov r8, imm8	将一个 8 位立即数复制到一个 8 位寄存器

这个格式的 mov 指令接收两个操作数，源操作数是一个 8 位立即数，目的操作数是 r8。r 是单词 register 的首字母，8 表示 8 位，即目的操作数是一个 8 位寄存器。

指令编码为（B0+*rb*）*ib*。根据 x86 手册，其中 *rb* 表示使用操作码的低三位编码目的操作数，即将目的操作数寄存器 r8 的编码嵌入操作码的低三位。寄存器 AL 对应的编码为 0，因此 B0+*rb* 最终编码为 B0，如图 3-10 所示。

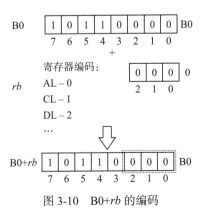

图 3-10 B0+*rb* 的编码

指令编码中的 *ib* 对应源操作数，其中 *i* 表示立即数，*b* 表示立即数的宽度是 1 个字节。所以，*ib* 表示跟在操作码之后的是一个 8 位立即数，字符 A 对应的 ASCII 码为 0x41，所以最终（B0+*rb*）*ib* 的编码为 B041，如图 3-11 所示。

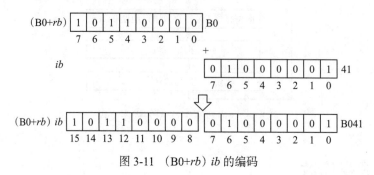

图 3-11 （B0+*rb*）*ib* 的编码

3.8 准备目的操作数

准备好源操作数后，我们来准备目的操作数。我们需要将串口地址写到寄存器 DX 中，实质是将一个 16 位立即数复制到一个 16 位寄存器，这显然还是一个数据复制操作。我们使用 mov 指令族中如表 3-7 所示的 mov 指令。

表 3-7 mov 指令说明（部分）

操作码	指令	描述
B8+*rw iw*	mov r16, imm16	将一个 16 位立即数复制到一个 16 位寄存器

这个格式的 mov 指令也接收两个操作数，源操作数是一个 16 位立即数，目的操作数是一个 16 位寄存器。

指令编码中的 *rw* 表示使用操作码的低三位编码目的操作数，即将目的操作数寄存器 r16 的编码嵌入操作码的低三位。根据 x86 手册，寄存器 DX 对应的编码为 2，因此 B8+*rw* 编码为 BA，如图 3-12 所示。

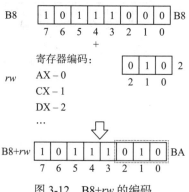

图 3-12 B8+*rw* 的编码

指令编码的 *iw* 中的 *i* 表示立即数，*w* 表示立即数的宽度是一个字。w 是单词 word 的首字母，宽度是 2 个字节。所以，*iw* 表示跟在操作码之后的是一个 16 位立即数，这里即串口的地址。IBM 兼容计算机第一个串口的地址为 0x3F8，那么，最终（B8+*rw*）*iw* 的编码是 BA03F8 吗？且慢，我们之前提到过，x86 处理器使用小端模式，所谓小端模式，就是将数字的低位存储在内存低地址。按照小端模式，0x3F8 首先存储 F8，然后再存储 03，即 F803，所以最后（B8+*rw*）*iw* 的编码为 BAF803，如图 3-13 所示。

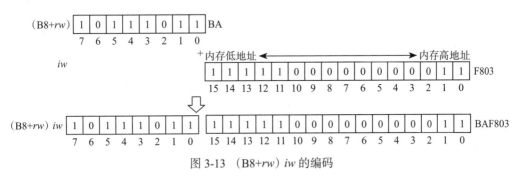

图 3-13 （B8+*rw*）*iw* 的编码

3.9 跳转指令

我们的程序循环向串口输出字符 A，在向串口输出后，需要跳转到程序开始的位置，因此，需要一个跳转指令。x86 提供了多种转移指令，这里我们使用 jmp 指令，其格式如表 3-8 所示。

表 3-8 jmp 指令格式

操作码	指令	描述
EB *cb*	jmp rel8	跳转到指令指针 +rel8 的位置

jmp 指令后接一个操作数 rel8。rel 是英文单词 relative 的缩写，表示相对的意思，8 表示 8 位，因此 rel8 表示这条指令可以跳转到相对于指令指针 −128 ～ 127 的范围。在指令编码中操作码 EB 之后的"*cb*"就是这个 8 位的相对偏移。

当处理器执行 jmp 指令时，会将指令指针指向下一条指令。而此时，我们希望跳转到程序的开头，如图 3-14 所示。

显然，如果我们想让指令指针指向程序开头，即 B0 所在的内存地址，那么 jmp 需要向后跳转 8 个字节。因为是向后跳转，所以是 −8。我们看到出现了负数，前面讨论的补码该上场了。之前我们讲过，计算机中使用补码，但是之前因为都是正数，正数的补码就是原码，所以实际上我们是在默默地使用补码。但是负数的补码不是原码，需要转换一下。根据原码转补码的规则——除符号位外取反加 1，8 的原码是 1000 1000，首先除符号位外按位取反，得出 1111 0111，最后加 1，得出 1111 1000，使用十六进制表示，即 F8。

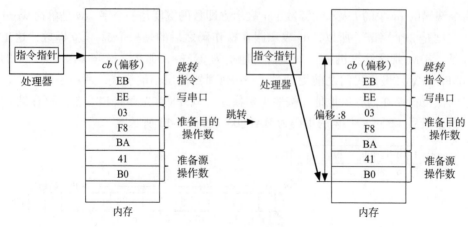

图 3-14 程序跳转

至此，我们完成了这段程序的机器语言编码：

```
B0 41
BA F8 03
EE
EB F8
```

3.10 创建程序文件

现在机器语言程序已经准备好了，我们需要将其写入一个文件，后续 kvmtool 将加载这个文件到虚拟的计算机中运行。我们使用编辑器 vi 打开一个文件，注意要以二进制（binary）模式打开，而不是 ASCII 模式。如果以 ASCII 模式打开，那么当输入一个字符时，vi 会将这个字符理解为文本，取这个字符的 ASCII 码存储。比如输入一个 A，vi 存储到文件中的是字符 A 的 ASCII 码 0x41。对于编程来说，比如输入一个 A，本意是十六进制的 A，显然我们不需要 vi 将其转换为 ASCII 0x41，而是原封不动地存储为 0xA，所以我们需要告知 vi 使用二进制模式。在二进制模式下，vi 将不做转换，输入的是 A，那么存储在文件中的也是 A。

因为计算机只认识二进制，所以理论上我们应该输入二进制的代码。十六进制的代码

```
b041baf803eeebf8
```

对应的二进制代码为：

```
1011000001000001101110101111100000000001111101110110101111111000
```

又出现"天书"了。手工从十六进制转换为二进制输入 vi 会非常麻烦且容易出错，幸运的是 Linux 系统中有一个工具 xxd 可以完成二进制和十六进制之间的互转。默认情况下，xxd 将二进制转换为十六进制。当需要将十六进制转换为二进制时，需要传递一个选项

"-r"。r 是 reverse 的首字母，意为反过来。另外，我们不要任何格式，比如按多少列显示等，只需要简单的连续文本，因此，还要传输一个参数"-p"，表示简单的文本。有了 xxd 后，我们就可以继续输入十六进制的机器语言编码了，最后在 vi 中调用工具 xxd 将十六进制转换为二进制。

首先，我们使用二进制格式 vi 打开文件，文件可以随意命名，这里使用 kernel.bin。扩展名 bin 是 binary 的缩写，表示文件是二进制格式的。

```
vi -b kernel.bin
```

默认情况下，vi 处于标准模式，按下字母"i"键，进入插入模式，然后输入十六进制的程序代码：

```
b041baf803eeebf8
```

输入完成后，按下 Esc 键返回到标准模式。在标准模式下按下"："键，进入命令行模式。在"："后输入如下命令将十六进制转换为二进制：

```
:%! xxd -p -r
```

"%"表示整个文件内容，"%"和"!"一起使用表示将整个文件内容都作为后面命令 xxd 的输入，然后使用 xxd 的输出替换整个文件内容。

最后输入如下命令保存并退出：

```
:wq
```

3.11 程序执行过程

完成了程序的编写后，在具体执行程序前，我们分析一下程序的执行过程。

程序运行时，首先被加载到内存中。假设程序的起始地址为 0x10，处理器中的指令指针寄存器将指向这个内存地址，如图 3-15 所示。

然后处理器将指令指针寄存器中的地址写到地址总线，同时通过控制总线向内存发出读信号，如图 3-16 所示。

内存收到处理器的读请求后，根据地址总线上的地址，取出指令 0xB041，通过数据总线发送给处理器。处理器读取数据总线上的指令，将其存入指令寄存器 IR 中。同时，处理器将更新指令指针寄存器，使其指向下一条指令。整个过程如图 3-17 所示。

处理器中的译码单元分析指令，按照指令要求，将字符 A 的编码 0x41 写入寄存器 AL，如图 3-18 所示。

执行完 0xB041 这条指令后，处理器执行下一条指令 0xBAF803。首先处理器需要读取这条指令，处理器将指令指针中的地址写到地址总线，然后通过控制总线向内存发出读信号，如图 3-19 所示。

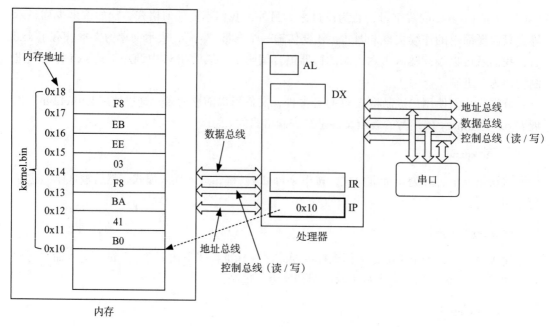

图 3-15　程序初始状态

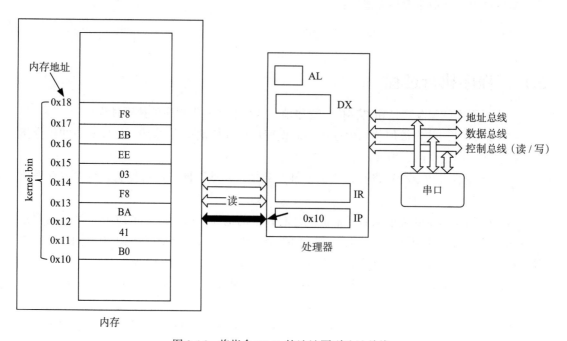

图 3-16　将指令 B041 的地址写到地址总线

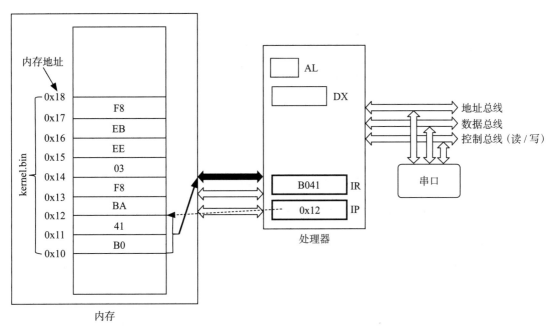

图 3-17 处理器接收指令 0xB041

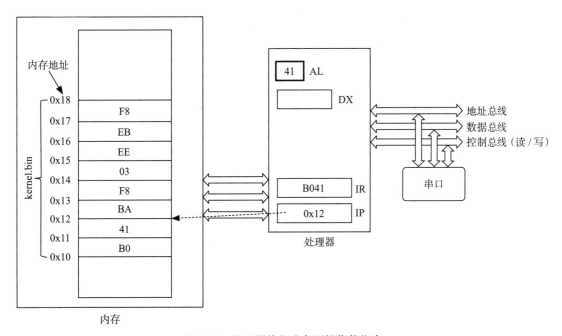

图 3-18 处理器执行准备源操作数指令

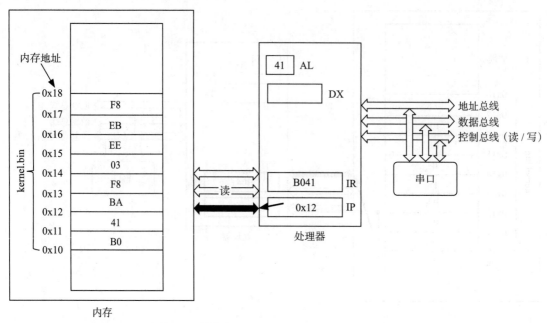

图 3-19　将指令 0xBAF803 的地址写到地址总线

　　内存收到处理器的读请求后，依据地址总线的地址，取出指令 0xBAF803，通过数据总线发送给处理器。处理器读取数据总线上的指令，将其存入指令寄存器 IR 中。同时，处理器将更新指令指针寄存器，使其指向下一条指令，如图 3-20 所示。

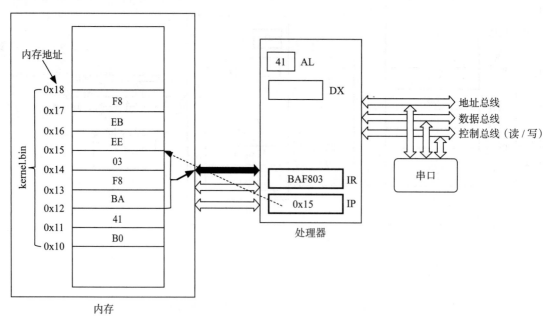

图 3-20　处理器接收指令 0xBAF803

处理器中的译码单元分析指令，按照指令要求，将 0xF803 写入寄存器 DX，如图 3-21 所示。

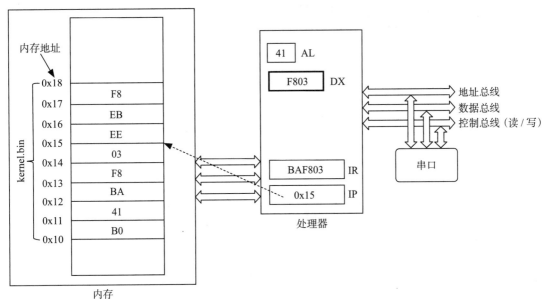

图 3-21 处理器执行准备目的操作数指令

执行完 0xBAF803 这条指令后，处理器将执行下一条指令 0xEE。首先处理器需要读取这条指令，处理器将指令的地址写到地址总线，然后通过控制总线向内存发出读信号，如图 3-22 所示。

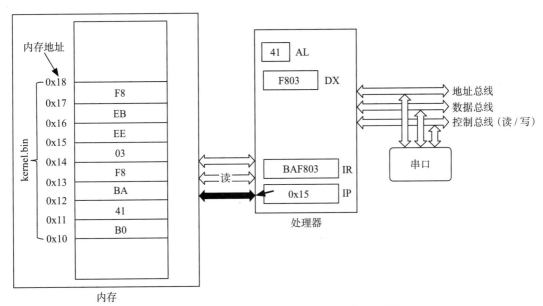

图 3-22 处理器将指令 0xEE 的地址写到地址总线

内存收到处理器的读请求后，依据地址总线的地址，取出指令 0xEE，通过数据总线发送给处理器。处理器读取数据总线上的指令，将其存入指令寄存器 IR 中。同时，处理器将更新指令指针寄存器，使其指向下一条指令，如图 3-23 所示。

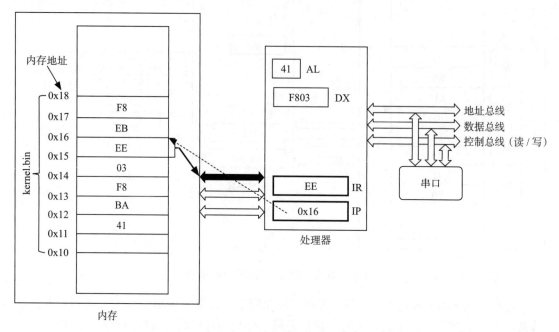

图 3-23　处理器接收指令 0xEE

处理器中的译码单元分析指令，按照指令要求，向串口输出字符。处理器首先从寄存器 DX 中取出串口地址，然后将其送上地址总线。同时，处理器会令控制总线中的写信号有效。串口中的译码电路检测到地址总线上的地址是属于自己的，同时检测到控制总线上的写信号，于是激活自己，准备从数据总线读取数据，如图 3-24 所示。

在下一个时钟到来时，处理器从寄存器 AL 中取出写给串口的字符 A，然后将其送上数据总线，串口将从数据总线读取字符 A，如图 3-25 所示。

执行完指令 0xEE 后，处理器将执行下一条指令 0xEBF8。首先处理器需要读取这条指令，处理器将指令的地址写到地址总线，并通过控制总线向内存发出读信号，如图 3-26 所示。

内存收到处理器的读请求后，依据地址总线的地址，取出指令 0xEBF8，通过数据总线发送给处理器。处理器读取数据总线上的指令，将其存入指令寄存器 IR 中。同时，处理器将更新指令指针寄存器，使其指向下一条指令，如图 3-27 所示。

处理器中的译码单元分析指令，按照指令要求，将指令指针加上 0xF8，对应十进制的 -8，即指向程序的起始处，开启下一个循环，如图 3-28 所示。

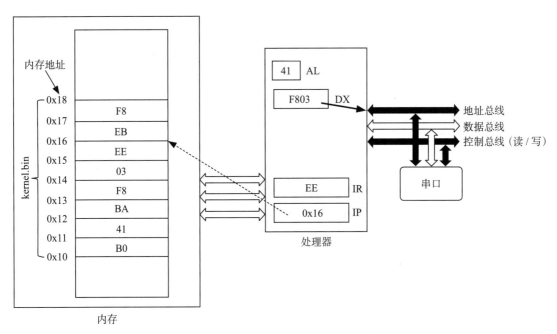

图 3-24　处理器写串口地址到地址总线

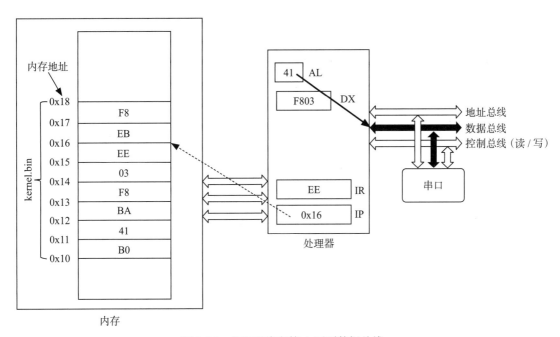

图 3-25　处理器将字符 A 写到数据总线

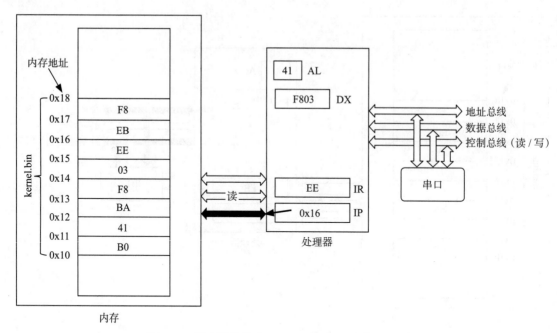

图 3-26　处理器将指令 0xEBF8 的地址写到地址总线

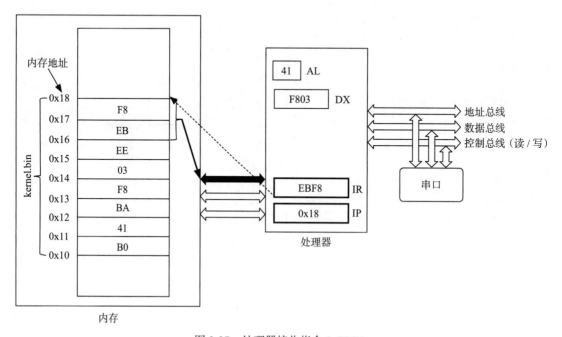

图 3-27　处理器接收指令 0xEBF8

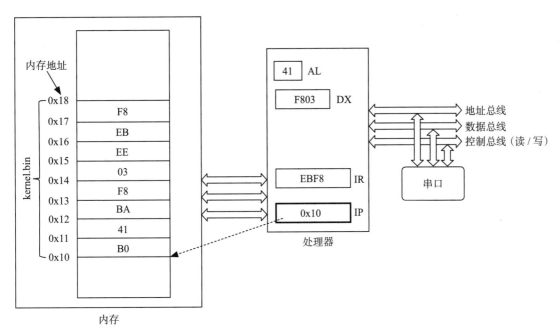

图 3-28　处理器执行跳转指令

3.12　使用 kvmtool 运行程序

我们使用 kvmtool 运行机器语言编写的程序 kernel.bin。kvmtool 将 kernel.bin 加载到虚拟计算机的内存中，然后跳转到程序的起始位置开始运行。我们之前在 kvmtool 的模拟串口设备中添加了代码，在收到处理器写入的字符 A 后，模拟串口设备会将其打印到屏幕上，如图 3-29 所示。

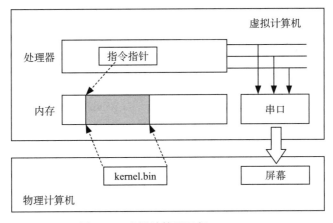

图 3-29　虚拟计算机运行 kernel.bin

我们使用如下命令启动虚拟计算机：

```
shenghan@han:~$~/kvmtool/lkvm run -c 1 -k kernel.bin
```

其中 run 表示启动虚拟计算机，选项"-c"中的 c 是单词 cpu 的首字母，这里我们通过这个选项告诉 kvmtool 模拟一个处理器就可以了。"-k"中的 k 是 kernel 的首字母，这个选项用来告诉虚拟计算机到哪里加载内核文件，这里是当前目录下的文件 kernel.bin。按回车键后，我们将看到屏幕上循环输出字符 A。

第 4 章 *Chapter 4*

汇编语言程序设计

我们在第 3 章中提到,为了编写"循环向串口输出一个字符"的程序,需要执行一系列操作,包括查阅 x86 指令手册、按照指令编码格式进行编码、查找寄存器的代码、手动计算负数的补码等。事实上,我们举的这个例子太简单了,实际的程序要比这复杂得多,如果全部手动查阅指令手册再进行编码,那就太烦琐低效了。于是,人们设计了一种接近人类自然语言的汇编语言来编写程序,这一章,我们就来讲述汇编语言。

与机器语言相比,汇编语言更接近人类语言,我们可以使用符号 AX 指代寄存器,而不用通过手册查询寄存器 AX 的代号。但是从这一点我们也可以看出,汇编语言还是偏底层的语言,与具体的体系结构结合得非常紧密,如果我们不了解体系结构,就无法使用汇编语言进行编程。所以,在本章中,我们首先认识 x86 体系结构的基础知识,然后讲述汇编语言的基本语法、操作数的寻址方式。接着讲述如何通过汇编指令控制程序运行流程,以及高级数据结构——栈。最后重点讲述使用函数进行模块化编程及 x86 函数调用约定。

4.1　初识汇编语言

以"在寄存器 AL 中存储字符 A"这个操作为例,其对应的机器语言为:

```
B0 41
```

如果使用汇编语言,就可以写为:

```
mov $'A', %al
```

我们将这段程序使用 vi 编辑器写入文件 hello.s，使用汇编器 as 将其翻译为机器指令：

```
shenghan@han ~$ as -o hello.o hello.s
```

这个命令表示使用汇编器 as 编译汇编程序 hello.s，传给编译器的选项"-o"表示将目标代码输出到文件 hello.o 中。此处，hello.s 中存放的是源代码（source code），所以我们通常称其为源文件。汇编器将源代码翻译为机器语言，称为目标代码（object code），相应的文件称为目标文件。目标文件一般以字母 o 作为后缀，o 是单词 object 的首字母。

我们可以使用工具 objdump 来显示目标文件 hello.o 的内容，给 objdump 传递一个选项"-d"请求其将机器语言反汇编为汇编指令，d 是单词 disassemble 的首字母。我们可以这样记忆这个命令，dump 表示倾倒，obj 是 object 的简写，因此 objdump 表示将目标文件的内容倾倒出来。

```
shenghan@han:~/c4$ objdump -d hello.o

0000000000000000 <.text>:
   0:    b0 41                     mov    $0x41,%al
```

可以看到，汇编器将汇编语句"mov $'A', %al"完美地翻译为了机器指令"b0 41"，我们再也不用手动地使用机器语言编码了。

4.2 段及段寄存器

1978 年，Intel 发布了第一款 16 位微处理器 8086，所谓 16 位是指处理器一次能够传送、处理达 16 位的二进制数。现代计算机基本都是 64 位的，即处理器一次能够传送、处理达 64 位的二进制数。

8086 有 20 根地址线，也就是说，其可以寻址的地址空间为 1MB（2^{20} byte）。但是，这款处理器的数据总线的宽度是 16 位，指令指针寄存器以及其他通用寄存器也都是 16 位的，所以指令最大只能寻址 64KB（2^{16} byte）地址空间。如果系统有 1MB 的内存，那么岂不是有 1 MB-64KB 的空间浪费了？为了解决这个问题，Intel 的工程师们引入了段的概念，把 1MB 内存地址空间划分为多个段，每个段可寻址最大 64KB 的内存，但是通过控制段的基址，可以访问超过 64KB 的内存空间，如图 4-1 所示。

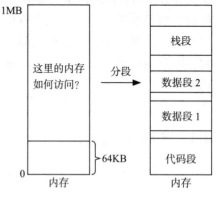

图 4-1　分段式内存

为了记录各个段的基址，8086 引入了段寄存器，包括 CS（Code Segment，代码段）、DS（Data Segment，数据段）、SS（Stack Segment，栈段）和 ES（Extra Segment，扩展段），每个段寄存器都是 16 位的。顾名思义，CS 用于指向当前执行程序的代码段，DS 用于指向数据段，SS 用于指向栈段，ES 用于扩展段。

那么 16 位的段寄存器和段内偏移怎么生成 20 位内存地址呢？x86 采取的策略是将 16 位段基址左移 4 位，然后加上 16 位偏移，构成 20 位地址。左移是二进制移位运算的一种，移位运算包括左移与右移。左移是指将一个运算对象的各二进制位全部左移若干位，丢弃左边的二进制位，右边补 0，运算符为 "<<"。右移是指将一个运算对象的各二进制位全部右移若干位，丢弃右边的二进制位，左侧补符号位，即正数补 0，负数补 1，无符号数补 0。图 4-2 分别展示了左移和右移两种移位运算。

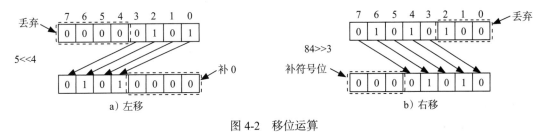

图 4-2 移位运算

将 16 位基址左移 4 位后，就变成了 20 位，可以寻址 20 位地址空间的任何地址了。如图 4-3 所示。

图 4-3 16 位基址左移 4 位变为 20 位

有了段的基址后，我们还需要一个相对于段基址的偏移就可以寻址内存了，偏移也是 16 位的。图 4-4 展示了一个段的基址、长度以及内存地址在段内的偏移的关系。

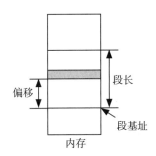

图 4-4 段基址、长度以及偏移的关系

人们通常也使用如下格式表示内存地址，并将这个格式的地址称为逻辑地址。

但是内存是不认识逻辑地址的，内存地址是线性的，所谓的线性地址就是类似于 0, 1, 2, …。所以在将地址送上地址总线前，处理器需要将逻辑地址转换为线性的物理地址。为此，处理器设计了段单元来负责将逻辑地址转换为物理地址，如图 4-5 所示。

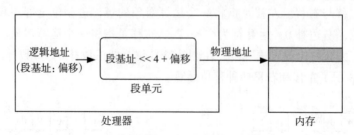

图 4-5 逻辑地址到物理地址的转换

4.3 指令指针寄存器

指令存储在内存中，处理器运行时需要从内存中读取指令。代码段的基址存储在代码段寄存器 CS 中，处理器可以从 CS 中取出段基址，但是处理器从哪里获取各指令相对于段基址的偏移呢？处理器为此设计了指令指针寄存器 IP，它存储着指令相对于段基址的偏移，如图 4-6 所示。

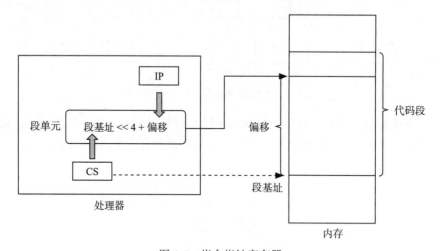

图 4-6 指令指针寄存器

处理器每运行一条指令时，将自动更新指令指针指向下一条将要运行的指令地址。指令指针寄存器中的内容不允许程序直接修改，比如如下指令是非法的：

```
mov $0x1000, %ip
```

但是可以通过执行转移指令，如 jmp、call、ret 等指令间接修改。

4.4 通用寄存器

为了协助运行指令，8086 设计了 8 个 16 位通用寄存器。这 8 个寄存器虽然称为通用寄存器，其实最初都有专用的目的，且都是根据专用的目的命名的，但是，除了专门用来指向栈帧的 SP 和 BP 外，这些专用的目的已成为历史，在编程时我们可以灵活使用。

❑ AX：在一些涉及 2 个操作数的运算中，通常一个操作数会预先存放在寄存器 AX 中，然后计算结果也会存放在 AX 中，因此，这个寄存器称为累加寄存器。A 就取自英文单词 Accumulator（累加）的首字母。

❑ BX：这个寄存器设计的初衷是存储一个数据的基址，比如数组的首地址，然后基于这个基址，使用偏移访问数组中的元素，因此，这个寄存器称为基址寄存器。B 取自英文单词 Base（基础）的首字母。

❑ CX：这个寄存器的一个典型用途是作为循环的计数，loop 指令就使用了 CX 作为循环计数，因此这个寄存器称为计数寄存器。C 取自英文单词 Counter，中文是计数的意思。

❑ DX：这个寄存器用于算数相关的运算，D 取自英文单词 Data（数据）的首字母。

❑ SI：CPU 运行指令时，经常需要访问一块连续的内存，比如从一块内存复制数据到另外一块内存，因此 x86 设计了一个寄存器 SI，称为源变址寄存器，用于指示内存地址。通过自增 SI，就可以方便地实现连续访存。SI 取自 Source Index 的首字母。

❑ DI：这个寄存器是和 SI 寄存器演对手戏的，用来访问目的内存块，称为目的变址寄存器。DI 取自 Destination Index 的首字母。

❑ SP：程序运行时使用栈存储局部变量，因此需要一个寄存器指向栈顶，x86 设计了栈指针寄存器 SP。SP 取自 Stack Pointer（栈指针）的首字母。

❑ BP：一个栈有栈底和栈顶，BP 用于指向一个栈帧的底部，所以称为基指针寄存器，程序可以使用 BP 引用栈中的数据。BP 取自 Base Pointer。

AX、BX、CX 和 DX 这些寄存器也分别提供了 8 字节的访问方式，比如可以通过 AL 访问低 8 位，通过 AH 访问高 8 位。从 80386 开始，这些寄存器被扩展为 32 位，因此相应的名称也增加了一个前缀 " e"，取自单词 extended 的首字母。32 位处理器也支持在 16 位模式下访问 32 位寄存器。

在 64 位模式下，这些寄存器扩展为 64 位，前缀替换为 " r"，取自单词 register 的首字母。除了上述 8 个通用寄存器，64 位 x86 又引入了 8 个通用寄存器 R8~R15，总共 16 个通用寄存器。

事实上，以寄存器 RAX、EAX、AX、AL 为例，它们在处理器中实际上是一个寄存器，对应同一个 ID 0。类似地，RCX、ECX、CX、CL 在处理器中也是一个寄存器，对应 ID 1。只是处理器在运行时会根据指令使用的操作数的宽度使用相应的位数，如图 4-7 所示。

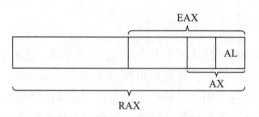

图 4-7　8 位、16 位、32 和 64 位的累加寄存器

　　这里我们提到了不同位数的处理器。位数是指处理器内部所有的部件可以处理的数据的宽度。比如 8 位处理器表示处理器内部寄存器宽度为 8 位，算术逻辑单元可以计算 8 位数，连接这些器件的内部总线也是 8 位；16 位处理器表示处理器内部寄存器宽度为 16 位，算术逻辑单元可以计算 16 位数，连接这些器件的内部总线也是 16 位。

4.5　标志寄存器

　　处理器在运行时需要保存很多状态。比如进行加法运算时，处理器需要记录是否有进位；进行减法运算时，需要记录是否有借位等。

　　再比如，当外设需要处理器响应自己的请求时，需要向处理器发送一个信号。处理器每次执行完一条指令时，都会去检查是否有外设发送了信号，如果有，处理器会暂停正在执行的操作，先处理外设请求，再继续执行被中断的操作，这个过程称为中断处理。但是对于一些关键的操作，我们并不希望其被打断，而是希望处理器完成这些操作后，再去处理外设请求。因此，处理器提供了一个标志，如果不希望操作被中断执行，那么就可以在操作前将允许处理器响应中断这个标志关掉，操作完成后，再将这个标志打开。

　　处理器将这些标志组织到一个寄存器中，称为标志寄存器。标志寄存器也是由若干 D 触发器组成的，一个标志由一个或多个 D 触发器组成。

　　图 4-8 展示了标志寄存器中的几个标志，包括进 / 借位标志（Carry Flag，CF），这个标志在加法时用于记录是否发生了进位，在减法时用于记录是否发生了借位；零标志（Zero Flag，ZF），当两个数相减时，如果结果为 0，即两个数相等，处理器将设置这一位；中断使能标志（Interrupt Enable，IF），用来控制处理器是否响应外部中断信号。

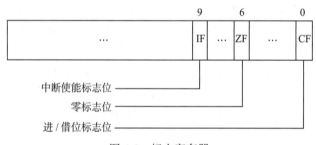

图 4-8　标志寄存器

有一些标志可以直接通过指令控制，比如 x86 提供了指令 sti 和 cli 来打开和关闭中断。假设当前处理器是使能中断的，图 4-9 展示了依次执行指令 cli 和 sti 后中断使能标志的变化。

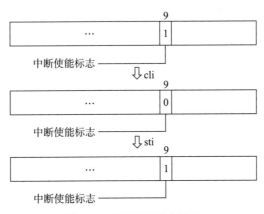

图 4-9　中断使能标志设置

还有一些标志是指令执行时间接设置的。比如使用指令 cmp 比较两个寄存器 ax 和 bx 中数据的大小，cmp 根据 2 个数的差设置 ZF 和 CF 标志：

1）如果 ax = bx，因为 ax−bx = 0，将设置 ZF=1。

2）如果 ax > bx，因为不会发生借位，将设置 CF = 0。

3）如果 ax < bx，因为一定发生借位，将设置 CF = 1。

那么指令 cmp 设置这些标志的目的是什么呢？比如编写一个程序，当 2 个数相等时运行代码块 A，不等则运行代码块 B，那么我们就可以结合使用 cmp 指令和 je 指令完成这一操作。je 是 x86 提供的一个条件转移指令，字母 e 是单词 equal 的首字母，表示当 2 个操作数相等时跳转。指令 je 依据的就是标志寄存器中的 ZF 标志，如果 ZF 为 0，则跳转。因此，我们可以首先使用 cmp 比较 2 个操作数，cmp 会根据两个的数的差设置 ZF 位。然后 je 检查标志 ZF 位执行跳转，类似如下代码：

```
cmp %ax, %bx
je 1f
代码块 A
jmp 2f
1:
代码块 B
2:
```

处理器执行 je 指令时，将读取标志寄存器中的 ZF 位。当 ZF 位为 1 时，向前跳转到标号 1 处，执行代码块 B。je 的操作数"1f"中的 1 为程序中的标号，f 是 forwards 的首字母，因此 1f 表示向前跳转到标签 1 处。当 ZF 位不为 1 时，则执行代码块 A。

类似地，我们在 x86 指令手册中会看到 jb、jbe、ja、jae 等指令，还会看到 jg、jge、jl、jle 等指令。显然，j 是 jump 的缩写，那么这些后缀表示什么含义呢？x86 使用"above"

和"below"表示无符号整数的大于和小于关系，后缀 a 和 b 即取自这两个单词，因此 jb、jbe 等指令用于比较无符号整数。x86 使用"greater"和"less"表示有符号整数的大于和小于关系，后缀 g 和 l 即取自这两个单词，因此 jg、jl 等指令用于比较有符号整数。

以后，在标志寄存器中读者还会看到有时将 CF 作为借位标志（Borrow Flag）。读者可能会有一个疑问：计算机不是使用补码将减法转换为加法吗，怎么还会有借位呢？没错，计算机使用补码将减法转换为加法，但是 Intel 为了便于人们直观的理解，当执行减法时，将 CF 转换为借位标志了。

图 4-10 展示了使用比较指令 cmp 和条件跳转指令 jbe 借助标志寄存器配合完成跳转的过程。

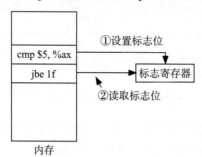

图 4-10　使用指令 cmp 和 jbe 借助标志寄存器配合完成跳转

4.6　汇编指令格式

汇编语言程序是由若干条汇编指令组成的，一条 x86 汇编指令的基本格式如下：

标签：助记符 操作数 1，操作数 2，操作数 3

❑ 标签：这一部分可选，用于标识指令的地址。通常用于控制指令流，比如指令 jmp 后面可以接一个标签，表示跳转到标签标识的指令处。

❑ 助记符：这部分是指令操作码的符号表示，用于帮助我们记忆指令，是指令中必不可少的部分。比如我们前面见过的操作码 EE 对应助记符 out。

❑ 操作数：x86 的汇编指令支持 0 ～ 3 个操作数，具体的数量依赖于具体的指令。操作数之间使用逗号分隔。比如我们之前见到的数据复制指令 mov 接 2 个操作数，表示将一个操作数的内容复制到另外一个操作数中。对于这类指令，操作数通常分别称为源操作数和目的操作数。

需要注意的是，在汇编指令中，Intel 语法中目的操作数在左，源操作数在右；而贝尔实验室（AT&T）语法中目的操作数在右，源操作数在左。在本书中，我们使用 AT&T 语法。

4.7　第一个汇编程序

在了解了 x86 体系结构的基础知识后，我们就可以开启愉快的编程之旅了。为了让我们的程序能够看得见、摸得着，我们编写一个程序向串口输出一个字符。x86 提供了 out、in 等指令访问 I/O 端口。对于 IBM 兼容的个人计算机，它的主板上有多个串口，第一个串口的地址为 0x3f8。当处理器需要向串口输出数据时，只需要通过 out 指令向这个 I/O 端口写数据就可以了。

我们使用编辑器 vi 将下述代码录入文件 hello.s，每行前的行号只是为了讲解时方便引用，无须录入：

```
01  .text
02  .code16
03  start:
04    mov $'A', %al
05    mov $0x3f8, %dx
06    out %al, %dx
07    hlt
```

汇编程序每条语句占据一行，大小写不敏感，一般使用小写字母形式。

第 1 行和第 2 行都是以符号 "." 开头的语句，这 2 条语句称为伪指令。伪指令并不会被翻译为处理器执行的机器指令，只是程序员给汇编器的一些指示。在汇编程序中，所有伪指令都以符号 "." 开头。伪指令 .text 告知汇编器接下来这是代码段，.code16 告知汇编器生成 16 位汇编代码，我们后面在编译和链接时将专门解释伪指令 .code16 的作用。

第 3 行的 start 是一个标签，我们用这个标签来标识程序的起始位置。

out 指令有两个操作数，源操作数为累加寄存器，根据源操作数位数分别使用 AL、AX 或者 EAX，存储向串口发送的内容。目的操作数为寄存器 DX，存储外设端口地址。当端口地址小于 256 时，目的操作数可以直接使用 8 位立即数。

第 4 行代码准备 out 指令的源操作数。我们向串口输出一个字符 A，8 位的寄存器 AL 就可以将其容纳，所以我们使用指令 mov 将字符 A 装载到寄存器 AL 中。AT&T 语法规定立即数前面需要使用符号 "$"。如果不冠以符号 "$"，虽然语法上没有问题，但是语义变了，汇编器会将立即数解释为内存地址，取内存地址处的值。例如字符 A 对应的 ASCII 码为 0x41，那么汇编器就将取内存地址 0x41 处的一个字节装载到寄存器 AL 中，而我们的本意是将 0x41 装载到寄存器 AL 中。AT&T 语法规定寄存器前面需要使用符号 "%"，所以我们在 AL 前面需要冠以符号 %。

第 5 行是在准备 out 指令的目的操作数。因为串口地址 0x3f8 大于 256，所以需要将其装载到寄存器 DX 中，我们使用指令 mov 完成这个装载动作。

源操作数和目的操作数都准备好后，第 6 行使用 out 指令向串口发起写操作。

程序执行完成后，我们使用指令 hlt 告诉处理器停止运行，见第 7 行代码。

4.7.1 汇编和链接

编写完汇编程序后，我们需要将其翻译为机器指令。将汇编语言翻译为机器指令的过程包含两步：汇编和链接。汇编器会将汇编程序翻译为处理器认识的机器码，汇编器翻译后的输出称为目标代码（object code），包含目标代码的文件称为目标文件。目标代码需要经过链接过程生成处理器可以运行的代码，对应的文件称为可执行文件。本章的最后一节将专门讨论链接过程，目前了解即可。

Linux 系统下负责汇编的工具为 as，负责链接的工具为 ld。使用这两个工具将汇编程序翻译为机器语言的命令如下：

```
shenghan@han:~/c4$ as hello.s -o hello.o
shenghan@han:~/c4$ ld -Ttext=0 hello.o -o hello.elf
```

其中 "-o" 为 output 的首字母，表示输出的意思。as 接收源文件 hello.s，将翻译后的结果输出到目标文件 hello.o。ld 接收目标文件 hello.o，将链接后的结果输出到可执行文件 hello.elf。汇编和链接过程如图 4-11 所示。

图 4-11　汇编和链接过程

Linux 系统中有一个工具称为 objdump（objdump 是 object dump 的简写，dump 的中文是倾倒），该工具可以显示目标文件的机器码，还支持将机器码还原为汇编指令。这个过程是汇编的逆过程，因此称为反汇编。我们使用 objdump 对 hello.elf 进行反汇编，命令如下：

```
shenghan@han:~/c4$ objdump -d -m i8086 hello.elf

0000000000000000 <start>:
   0:    b0 41            mov    $0x41,%al
   2:    ba f8 03         mov    $0x3f8,%dx
   5:    ee               out    %al,(%dx)
   6:    f4               hlt
```

其中，传递给工具 objdump 的选项 -d 是单词 disassemble 的首字母，用于告诉其进行反汇编；-m i8086 表示体系结构是 16 位的 8086。objdump 输出的第 1 列是指令相对于代码段基址的偏移；第 2 列是偏移处的机器码；第 3 列是根据机器码还原的汇编语言。观察第 2 列的机器码，其与我们使用机器语言编写的代码完全相同。

4.7.2　运行

我们使用 kvmtool 虚拟一台计算机，使用其运行编译后的可执行程序。kvmtool 将可执行程序加载到内存中，然后跳转到起始位置开始运行。我们知道，处理器通过段寄存器和段内偏移计算指令在内存中的地址，计算公式为：CS << 4 + IP。不知道读者注意到没有，我们的 hello 程序中没有任何段寄存器相关的内容。事实上，kvmtool 虚拟计算机时，会事先设置好段寄存器，它将 CS、DS 等所有的段寄存器初始化为 0x1000，将 IP 初始化为 0。

因此，虚拟计算机启动后，处理器将从内存地址 0x1000 << 4 + 0x0，即 0x10000 处取指。所以，kvmtool 会将可执行程序加载到内存 0x10000 处，确保可以读到可执行程序的第一条指令，如图 4-12 所示。

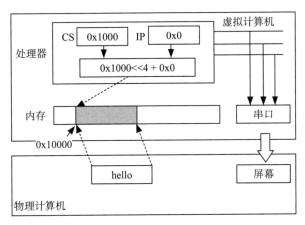

图 4-12 虚拟计算机运行 hello

我们使用如下指令运行可执行程序 hello.elf：

```
shenghan@han:~/c4$ ~/kvmtool/lkvm run -c 1 -k hello.elf
```

如果不出意外，理论上你不会看到屏幕上输出字符 A。我们通过 objdump 明明看到机器码和我们手工编写的代码一致，但是为什么使用汇编语言编写的程序的运行不符合预期呢？

Linux 系统中有一个工具 hexdump，这个工具可以将一个文件的内容原封不动地显示出来。我们使用 hexdump 将 hello.elf 的内容显示出来检查一下，给 hexdump 传递一个选项 -C 告知其将文件内容通过两种方式显示出来。左侧这一列，按照十六进制逐字节显示。右侧这一列，按照 ASCII 显示。因为排版关系，我们只关注十六进制这一列，不列出 ASCII 一列：

```
shenghan@han:~/c4$ hexdump -C hello.elf

00000000  7f 45 4c 46 02 01 01 00  00 00 00 00 00 00 00 00
00000010  02 00 3e 00 01 00 00 00  00 00 00 00 00 00 00 00
00000020  40 00 00 00 00 00 00 00  10 11 00 00 00 00 00 00
...
00001000  b0 41 ba f8 03 ee f4 00  00 00 00 00 00 00 00 00
00001010  00 00 00 00 00 00 00 00  00 00 00 00 00 00 00 00
...
```

左侧第一列表示相对文件起始位置的偏移，可以看到，文件中第 1 个字节为 7f，第 2 个字节为 45。可见，我们编写的机器码并不在文件起始位置，而是在文件偏移 "00001000"（十进制为 4096）处。如果处理器从这个文件的头部开始读取指令，然后运行，那显然不会符合我们的预期。

事实上，经过汇编和链接后，生成的目标文件是 ELF 格式的，其除了存储了代码和数据部分外，还记录了其他信息，比如段的信息、符号表和调试信息等。如果 kvmtool 不加任何处理直接将其加载到内存，则如图 4-13 所示。

图 4-13　加载 ELF 文件到内存

而我们想要的其实只是把代码和数据加载到内存中，如图 4-14 所示。

图 4-14　加载代码和数据到内存

Linux 系统中有一个工具 objcopy，可以操作目标文件。objcopy 可以将 ELF 文件中的代码和数据部分复制出来，这个没有任何格式的文件称为 binary 文件。kvmtool 将 binary 文件加载到内存，就符合我们的预期了，如图 4-15 所示。

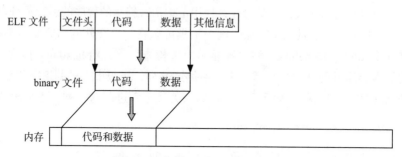

图 4-15　加载 binary 文件到内存

因此，我们利用这个工具从 hello.elf 中将代码和数据部分复制到文件 hello.bin 中，后缀"bin"表示文件格式为 binary：

```
shenghan@han:~/c4$ objcopy -O binary hello.elf hello.bin
```

我们再用 hexdump 显示一下 hello.bin 文件，这次文件的开头就是可执行代码了：

```
shenghan@han:~/c4$ hexdump -C hello.bin

00000000  b0 41 ba f8 03 ee f4
00000007
```

我们使用 kvmtool 再次运行 hello 程序，只不过这次加载的文件是 hello.bin，命令如下，这一次我们将看到屏幕上会输出一个字符 A。

```
shenghan@han:~/c4$ ~/kvmtool/lkvm run -c 1 -k hello.bin

output: 41
A
```

4.7.3　显式设置操作数的段寄存器

在编写汇编程序时，我们并没有显式地给出段寄存器，但是我们的程序却可以正常运行。这是因为处理器在计算内存地址时，会根据不同的情况自动选择对应的段寄存器。比如在计算指令的地址时，从 CS 中获取代码段基址；在访问数据时，从 DS 中获取段基址；在执行栈相关的操作时，从 SS 段中获取段基址；等等。

除了由处理器自己选择段寄存器外，程序员也可以在代码中显式地指出段寄存器，这样处理器将优先使用代码中指示的段寄存器，如下面的例子：

```
01  .text
02  .code16
03  start:
04    mov $0x1010, %bx
05    mov %bx, %es
06
07    mov $0x3f8, %dx
08
09    mov 0x100, %al
10    out %al, %dx
11
12    mov %es:0x100, %al
13    out %al, %dx
14
15    hlt
16
17  .org 0x100
18    .byte 0x42
19  .org 0x200
20    .byte 0x43
```

我们先来观察第 7～10 行代码。这段代码是写串口，与之前略有不同，注意第 9 行代码，源操作数是一个数字 0x100。这个 0x100 不是一个立即数，因为立即数是以 $ 符号开头的，汇编器将不以 $ 开头的数字当作一个内存地址。所以，这里 0x100 表示 mov 指令从内存地址 "CS << 4 + 0x100" 处读取数据到寄存器 AL。那么读取多长的数据呢？是一个字节，还是多个字节？这里读取的是一个字节，因为目的操作数寄存器 AL 是 8 位的，所以 mov 指令根据目的操作数 AL 的宽度判断从内存中读取一个字节。这个内存地址 "CS << 4 + 0x100" 处的内容是什么呢？

注意第 17 ～ 20 行代码，在这段代码中，我们见到了两个新的伪指令：org 和 byte。伪指令 org 是定位到相对代码起始地址的一个偏移处，具体偏移量由 org 后面的参数给出。kvmtool 默认将代码加载到代码段基址 0x1000 处，所以这一段代码在代码段基址偏移 0x100 处和 0x200 处分别存储了一个字节 0x42 和 0x43，如图 4-16 所示。

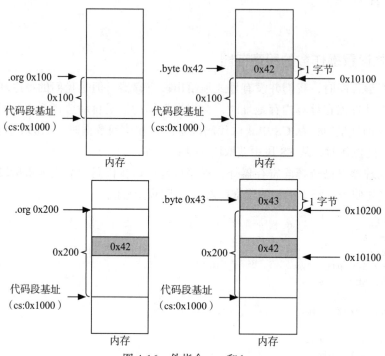

图 4-16　伪指令 org 和 byte

当处理器执行第 9 行代码时，其首先从数据段寄存器 DS 中取出段基址，向左移 4 位，然后加上偏移 0x100。kvmtool 将 DS 初始设置为 0x1000，所以操作数所在的内存地址为：

```
0x1000 << 4 + 0x100 = 0x10100
```

而内存地址 0x10100 处存储的是值 0x42，是字符 B 的 ASCII 码，所以第 10 行代码将向串口输出字符"B"。

当处理器执行第 12 行代码时，操作数中显式指定了段寄存器为 ES，所以处理器从 ES 中读出段基址。我们在第 4 ～ 5 行代码将段寄存器 ES 设置为 0x1010。mov 指令不支持直接将立即数写到段寄存器 ES，所以我们通过寄存器 BX 中转。

处理器从 ES 中读出段基址后，向左移 4 位，然后加上偏移 0x100。ES 的值为 0x1010，所以操作数所在的内存地址为：

```
0x1010 << 4 + 0x100 = 0x10200
```

内存地址 0x10200 处存储的值是 0x43，是字符 C 的 ASCII 码，所以第 13 行代码将向串口输出字符"C"。

所以对比第 9 ～ 10 行和第 12 ～ 13 行代码，除了后者显式指定了段寄存器 ES 外，其他完全相同。但是因为段寄存器不同，所以同样的偏移，访问的是不同的内存地址。

4.7.4 伪指令 .code16

伪指令 .code16 会告诉汇编器，目标处理器是 16 位的，生成 16 位系统运行的代码。如果不使用伪指令 .code16，那么汇编器将把当前执行汇编指令的计算机当作目标系统，比如说系统是 64 位的，那么其将生成 64 位目标代码。

默认情况下，64 位指令使用 32 位的操作数。如果汇编器发现指令使用的是 16 位的操作数，那么需要在指令前面使用前缀 0x66，当处理器执行时遇到前缀 0x66，其会将操作数按照 16 位解释。以指令 mov $0x3f8, %dx 为例，当汇编器在编译时发现操作数是 DX 寄存器，是 16 位时，其需要在指令前面增加前缀 0x66，只有这样，处理器在执行时才会使用 DX 寄存器，否则处理器默认使用 32 位操作数，即 EDX 寄存器。

我们去掉 .code16，汇编后使用 objdump 查看机器码。因为这次 as 编译的目标系统是本机，不是 8086，就不要传递选项"-m i8086"了。我们可以清楚地看到指令前缀 0x66：

```
shenghan@han:~/c4$ as hello.S -o hello.o
shenghan@han:~/c4$ ld hello.o -o hello.elf
shenghan@han:~/c4$ objdump -d hello.elf


0000000000000000 <start>:
  0:    b0 41               mov    $0x41,%al
  2:    66 ba f8 03         mov    $0x3f8,%dx
  6:    ee                  out    %al,(%dx)
  7:    f4                  hlt
```

在 16 位处理上，显然是不需要 66 这个前缀的。因此，我们需要明确地使用伪指令 .code16 告知汇编器，目标系统是 16 位的，生成 16 位机器码。

4.8 构建工具 Make

代码变成可执行文件的过程，叫作编译（compile）。先编译这个，还是先编译那个，即编译的安排，叫作构建（build）。Make 是最常用的构建工具，最初用于 C 语言的项目，但是实际上，很多任务都可以使用 Make。

Make 的中文是"制作"，显然做一件事需要 3 方面信息：

1）做什么，称为目标；

2）原材料，即依赖；

3）怎么做，称作命令。

因为 Make 命令本身并不知道这些信息，所以需要将这些信息通过一个文件输入给 Make。

Make 默认从文件 Makefile 或者 makefile 读取这些信息。Make 也支持通过命令行参数指定为其他文件名，比如：

```
make -f a.txt
```

Makefile 文件使用规则描述前述三方面信息，每个 Makefile 文件由一系列规则构成，每条规则格式如下：

```
目标 : 依赖
  命令
```

"目标"是必需的，"依赖"和"命令"都是可选的。

使用 Make，我们可以将之前的汇编和链接过程组织为如下的 Makefile 文件。

```
build:
  as -o hello.o hello.s
  ld -Ttext=0 hello.o -o hello.elf
  objcopy -O binary hello.elf hello.bin

dump: build
  objdump -d -m i8086 hello.elf

run: build
  ~/kvmtool/lkvm run -c 1 -k hello.bin
```

这个文件有 3 条规则。第 1 条规则的目标是 build，没有依赖，完成 build 这个目标需要做 3 件事：汇编、链接、生成 binary 文件。

第 2 个规则的目标是 dump，我们的意图是显示机器码和反汇编。显然在汇编后才能显示机器码和反汇编，所以 dump 依赖 build。

第 3 个规则的目标是 run，显然也依赖 build。

对于这个 Makefile 文件：

❑ 如果运行 make build 指令，将运行 build 目标下对应的 3 条命令。

❑ 如果运行 make dump 指令，则 make 首先运行其依赖的 build 规则，然后执行本规则的 objdump 指令。make run 与此类似。

❑ 如果仅运行 make 指令，其后不接任何目标时，则默认运行 Makefile 文件中的第一个目标，即 build。

4.9　操作数寻址

当处理器从内存读取指令后，因为操作码都直接编码在指令中了，所以从指令中可以直接取出操作码。但是，操作数并不都是直接嵌入指令的，可能在寄存器中，也可能在内存中，因此，处理器需要找到操作数，这个过程称为操作数寻址。x86 指令定义了操作数的寻址方式，汇编器将汇编程序翻译为机器指令时需要依据这些规则编码。处理器执行指令时，依据这些规则寻址操作数。

4.9.1　立即数寻址

有些指令的操作数是立即数，对于这种情况，x86 将其直接编码在指令中，如图 4-17 所示。这种方式不需要额外访问寄存器和内存，所以寻址速度是最快的。并不是每条指令的操作数都含有立即数，所以其是机器指令中的一个可选字段。

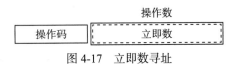

图 4-17　立即数寻址

下面的例子展示了立即数寻址：

```
01   .text
02   .code16
03   start:
04     mov $0x41, %al
05     jmp 1f
06     mov $0x42, %al
07   1:
08     mov $0x3f8, %dx
09     out %al, %dx
10     hlt
```

在这段代码中，第 4 行代码将立即数 0x41 存储到了寄存器 AL 中，第 5 行代码的 jmp 指令向前跳转到了标签 1 处，即第 8 行代码处，越过了第 6 行代码。然后第 8～9 行代码将寄存器 AL 中的 0x41 写到串口，因为 0x41 是字符 A 的 ASCII 码，所以最后屏幕上将会显示字符 A。

这段代码中，有多处指令将操作数直接嵌入了指令的立即数字段中，包括第 4、6、8 行的 mov 指令的源操作数 0x41、0x42 和 0x3f8，以及第 5 行 jmp 的目标地址。

将上述代码使用 vi 录入文件 hello.s 中，然后运行 make dump 编译并查看机器码：

```
0000000000000000 <start>:
   0:   b0 41              mov    $0x41,%al
   2:   eb 02              jmp    6 <start+0x6>
   4:   b0 42              mov    $0x42,%al
   6:   ba f8 03           mov    $0x3f8,%dx
   9:   ee                 out    %al,(%dx)
   a:   f4                 hlt
```

我们首先来看 mov 指令的源操作数，以偏移 0 处的指令为例，其中 b0 是 mov 指令的操作码，在操作码之后的一个字节就是源操作数 0x41，其作为一个立即数直接编码在机器指令的立即数字段中了。类似地，在偏移 2 和 6 处的指令中，我们清晰地看到了操作码之后的 0x42 和 0x3f8。因为 x86 使用小端存储方式，所以 f8 存储在前，03 存储在后。

读者可能有个疑问，我们看到了 mov 指令的操作码，看到了源操作数的编码，mov 指令的目的操作数去哪了呢？目的操作数嵌入在了操作码的后 3 位。

我们再来看 jmp 指令操作数的寻址方式。jmp 指令通过修改指令指针，控制处理器下次读取指令的地址，从而实现跳转的目的。代码中 jmp 想要实现向前跳转，一定需要增加 IP 的值，那么增加多少呢？当从内存读取了 jmp 指令后，处理器会更新 IP 的值以指向下一条指令，即偏移 4 处。而标签 1 位于偏移 6 处，那么 IP 还需要增加 2 个字节（6-4）。观察偏移 2 处的 jmp 指令，其中 eb 是 jmp 的操作码，之后的操作数正是我们刚刚计算的 02，如图 4-18 所示。

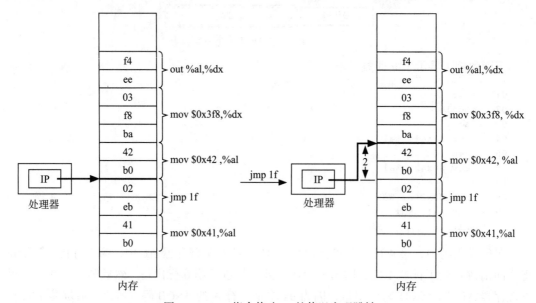

图 4-18　jmp 指令修改 IP 的值以实现跳转

可以看到，使用汇编语言编程后，汇编器负责计算跳转偏移量"2"，帮我们完成了这个烦琐的计算过程，我们只需要告知汇编器，向前跳转到标签 1 处即可。

4.9.2　直接寻址

有些指令的操作数是一个内存地址，x86 在指令中增加了一个可选字段，称为位移，英文为 displacement，后面我们将其简称为 disp，如图 4-19 所示，用来容纳操作数的内存地址。对于这种类型的操作数，处理器执行指令时，可以直接从指令中获取操作数的内存地址，因此，这种寻址方式称为直接寻址。

图 4-19　指令中的位移字段

下面的例子展示了直接寻址：

```
01   .text
02   .code16
03   start:
04     mov var, %al
05     mov $0x3f8, %dx
06     out %al, %dx
07     hlt
08
09   .org 0x20
10   var:
11     .byte 0x41
```

在程序中，我们定义了一个标签 var，使用伪指令 org 告知汇编器将其分配在距代码起始地址偏移 0x20 处，并使用伪指令 byte 将标签 var 处的 1 个字节初始化为 0x41，这是字符 A 的 ASCII 码。然后第 4 行代码使用指令 out 将标签 var 处的字符写到串口。

运行 make dump 编译并查看机器码：

```
0000000000000000 <start>:
   0:      a0 20 00               mov    0x20,%al
           ...

0000000000000020 <var>:
  20:      41                     inc    %cx
```

观察偏移 0 处的指令，其中 a0 是操作码，之后的操作数 0020 是指令中的位移字段，正是标签 var 相对于段基址的偏移，如图 4-20 所示。

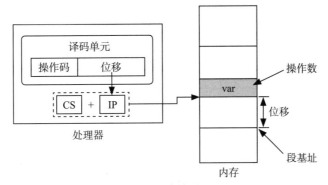

图 4-20　直接寻址

4.9.3 ModR/M 寻址

并不是所有的操作数寻址都能简单地直接编码在指令中，有些操作数的寻址方式很复杂，涉及不同的寄存器、不同的内存地址计算方式等。因此，x86 在指令的操作码之后引入了一个可选的字节，称为 ModR/M，用于指定操作数的位置，实现相对复杂的操作数寻址。

ModR/M 这个字节分为三个域——Mod、Reg 和 R/M，分别对应第 6 ～ 7 位、第 3 ～ 5 位和第 0 ～ 2 位，如图 4-21 所示。

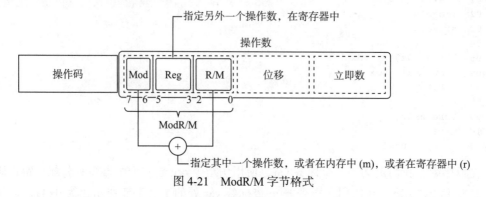

图 4-21　ModR/M 字节格式

这三个域定义了两个操作数的寻址方式。Mod 和 R/M 这两个域定义了其中一个操作数的寻址方式，Reg 域指定了另外一个操作数的寻址方式。

Mod 和 R/M 这两个域定义的操作数可以在内存中，也可以在寄存器中。Mod 取自英文单词 mode，表示模式，包含内存模式和寄存器模式两种。Mod 占 2 位，可取值 00 ～ 11。当 Mod 的值为 00 ～ 10 时，属于内存模式。在内存模式下，R/M 这个域取意 "M"，来自 Memory 的首字母，此时 R/M 域指定操作数的内存地址。当 Mod 的值为 11 时，属于寄存器模式，R/M 取义 "R"，取自 Register 的首字母，此时 R/M 域给出操作数在哪一个寄存器中。表 4-1 展示了域 Mod 和 R/M 对应的操作数寻址方式。

表 4-1　域 Mod 和 R/M 对应的操作数寻址方式（16 位操作数）

序号	有效地址	Mod 域	R/M 域
1	[BX + SI]	00	000
2	[BX + DI]		001
3	[BP + SI]		010
4	[BP + DI]		011
5	[SI]		100
6	[DI]		101
7	disp16		110
8	[BX]		111
9	[BX + SI] + disp8	01	000
10	[BX + DI] + disp8		001
11	[BP + SI] + disp8		010
12	[BP + DI] + disp8		011
13	[SI] + disp8		100
14	[DI] + disp8		101
15	[BP] + disp8		110
16	[BX] + disp8		111

（续）

序号	有效地址	Mod 域	R/M 域
17	[BX + SI] + disp16		000
18	[BX + DI] + disp16		001
19	[BP + SI] + disp16		010
20	[BP + DI] + disp16		011
21	[SI] + disp16	10	100
22	[DI] + disp16		101
23	[BP] + disp16		110
24	[BX] + disp16		111
25	EAX/AX/AL		000
26	ECX/CX/CL		001
27	EDX/DX/DL		010
28	EBX/BX/BL		011
29	ESP/SP/AH	11	100
30	EBP/BP/CH		101
31	ESI/SI/DH		110
32	EDI/DI/BH		111

表中有一个术语：有效地址，英文为 Effective Address，简称 EA。对于内存操作数，有效地址是指根据寄存器以及位移等计算出的值，这个值是操作数的地址相对于段基址的偏移。

如果 Mod 域的值为 00、R/M 域的值为 100，则对应表格第 5 行。表格第 2 列的方括号表示操作数在内存中，操作数的内存地址在寄存器 SI 中。

如果 Mod 域的值为 01、R/M 域的值为 111，则对应表格第 16 行。表格第 2 列表示操作数在内存中，操作数的内存地址由寄存器 BX 中的值和指令编码中的位移字段相加得来。

如果 Mod 域的值为 11，R/M 域的值为 000，则对应表格第 25 行。表格第 2 列表示操作数在累加寄存器中，具体依赖操作数的宽度来选择使用哪种寄存器。

Reg 域用于指定另外一个操作数在哪个寄存器中，寄存器对应的编码如表 4-2 所示。

表 4-2 寄存器对应的编码

序号	寄存器	编码
1	AL/AX/EAX	000
2	CL/CX/ECX	001
3	DL/DX/EDX	010
4	BL/BX/EBX	011
5	AH/SP/ESP	100
6	CH/BP/EBP	101
7	DH/SI/ESI	110
8	BH/DI/EDI	111

下面我们通过一个例子来体验 ModR/M 寻址方式。我们在程序中定义了两个标签 var1 和 var2，使用伪指令 org 告诉汇编器将 var1 定义在距代码起始地址偏移 0x50 处，将 var2 定义在距代码起始地址偏移 0x60 处。使用伪指令 byte 将偏移 0x50 处初始化为 0x41，将偏移 0x60 处初始化为 0x42。接下来我们分别将这两个标签处的字符写到串口，通过两种寻址方式展示从内存 var1 处和 var2 处读取的字符。最后我们还通过在两个寄存器之间赋值，展示了操作数在寄存器中的寻址模式。具体代码如下：

```
01 .text
02 .code16
03 start:
04    mov $0x3f8, %dx
05    mov $var1, %bx
06
07    mov (%bx), %al
08    out %al, %dx
09
10    mov 0x10(%bx), %al
11    out %al, %dx
12
14    mov %bl, %al
15
16    hlt
17
18 .org 0x50
19 var1:
20    .byte 0x41
21
22 .org 0x60
23 var2:
24    .byte 0x42
```

第一种方式是从一个寄存器中获取一个操作数的内存地址。第 5 行代码将标签 var1 的地址装载到寄存器 BX 中，标签地址本质上是一个立即数，所以取标签地址时在标签前面加上符号 $ 即可。第 7 行代码使用括号将源操作数寄存器 BX 括起来，表示以寄存器 BX 中的值作为内存地址，读取内存地址处的内容，然后将其装载到寄存器 AL 中。因为 BX 中是标签 var1 的地址 0x50，因此这里就是将 var1 处的内容复制到寄存器 AL 中。

第二种方式是取一个寄存器中的值作为基址，然后在这个基址上增加一个位移作为操作数的内存地址。第 10 行代码中的源操作数 0x10（%bx）表示首先从寄存器 BX 读取基址，然后加上位移作为源操作数的内存地址。因为寄存器 BX 中的值为 0x50，位移值为 0x10，所以源操作数的内存地址为 0x60，即标签 var2 处，如图 4-22 所示。

最后我们通过第 14 行代码展示了操作数在寄存器中的寻址模式。

运行 make dump 编译并查看机器指令，我们只列出与 ModR/M 寻址相关的 3 行机器码：

```
0000000000000000 <start>:
```

```
6:      8a 07              mov    (%bx),%al
9:      8a 47 10           mov    0x10(%bx),%al
d:      88 d8              mov    %bl,%al
```

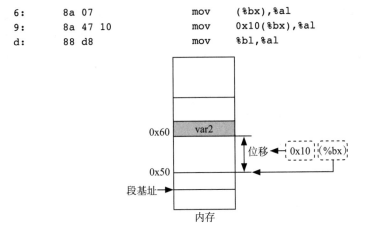

图 4-22　基址＋位移寻址

首先看偏移 6 处的机器码，8a 是操作码，这个操作码约定了操作数的宽度是 8 位。在操作码之后的 07 就是 ModR/M 字节，其对应的二进制为：

0000 0111

我们将 ModR/M 字节划分为 Mod、Reg 和 R/M 三个域：

00 000 111

当 Mod 域的值为 00、R/M 域的值为 111 时，对应表 4-1 的第 8 行，根据该行可见，源操作数的地址在寄存器 BX 中。Reg 域的值为 000，对照表 4-2 的第 1 行可见，目的操作数是寄存器 AL，这正是第 7 行代码使用的寻址方式。

再来看偏移 9 处的机器码。在操作码 8a 之后的 47 是 ModR/M 字节，其对应的二进制为：

0100 0111

我们将 ModR/M 字节划分为 Mod、Reg 和 R/M 三个域：

01 000 111

当 Mod 域的值为 01、R/M 域的值为 111 时，对应表 4-1 的第 16 行，根据该行可见，源操作数的地址是寄存器 BX 中的值加上指令中的 8 位位移，偏移 9 处的机器码中的 8 位位移是 0x10。Reg 域的值为 000，对照表 4-2 的第 1 行可见，目的操作数是寄存器 AL，与第 10 行代码的寻址方式完成吻合。

最后看偏移 d 处的指令。操作码 88 之后的 d8 是 ModR/M 字节，其对应的二进制为：

1101 1000

我们将 ModR/M 字节划分为 Mod、Reg 和 R/M 三个域：

11 011 000

当 Mod 域的值为 11 时，寻址模式为寄存器模式，表示操作数在寄存器中。Reg 域为 011，对应表 4-2 的第 4 行，所以源操作数寄存器 BL。R/M 域的值为 000，结合 Mod 域的 值 11，对应表 4-1 的第 25 行，所以目的操作数是寄存器 AL。这正是第 14 行代码使用的两 个操作数。

通过这三个例子我们再次看到了汇编器帮助编程人员，将源代码中的操作数按照 ModR/M 约定，生成 ModR/M 字节。如果没有汇编器，那么编程人员就要自己查表生成这 个 ModR/M 字节了。

4.9.4 SIB 寻址

一维数组是一组在内存中连续存储的元素，是编程中常用的一种数据结构。比如常用 的字符串，在内存中就是一个一维数组。比如 a[3]，表示数组名字为 a，这个数组包含 3 个 元素。我们使用索引访问数组元素，在计算机编程语言中，索引通常从 0 开始计数，所以， a[0] 代表数组的第一个元素，a[1] 代表数组的第二个元素，依次类推。数组中的元素有特定 的类型，比如可能是一个字节的字符，也可能是二个字节的整数等。一维数组中的元素在 内存中是连续存储的，如图 4-23 所示。

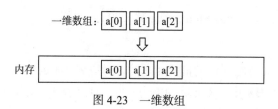

图 4-23　一维数组

从内存的角度来看，每个数组元素就是某个内存地址处的一个值而已。所以，访问数组 元素，本质上就是计算出数组元素的地址，然后访问这个内存地址的内容，如图 4-24 所示。

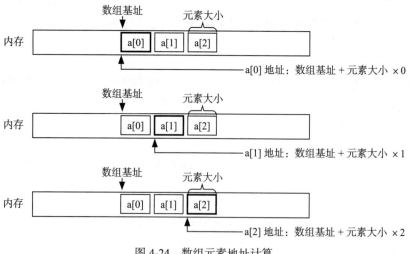

图 4-24　数组元素地址计算

根据图 4-24 可见，任一数组元素的地址都可以使用如下公式计算：

数组基址 + 元素大小 × 索引

使用上述公式每次计算数组元素地址时都需要用到一个乘法和加法，为了使其更加高效、简单，x86 处理器专门为此类计算公式设计了专门寻址方式。但是 ModR/M 中的 3 位的 R/M 域并不能容纳上述信息，所以 x86 在 ModR/M 之后又增加了一个字节，称为 SIB，即 Scale、Index 和 Base 的首字母组合，Base 对应数组基址，Index 对应数组元素的索引，Scale 对应数组元素大小，格式如图 4-25 所示。

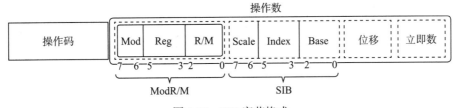

图 4-25 SIB 字节格式

Scale 域的字节数对应的编码如表 4-3 所示。

表 4-3 Scale 域的字节数对应的编码

序号	字节数	编码
1	1	00
2	2	01
3	4	10
4	8	11

Index 域的寄存器对应的编码如表 4-4 所示。

表 4-4 Index 域的寄存器对应的编码

序号	寄存器	编码
1	EAX	000
2	ECX	001
3	EDX	010
4	EBX	011
5	ESP	100
6	无	101
7	ESI	110
8	EDI	111

Base 域的寄存器对应的编码如表 4-5 所示。

表 4-5 Base 域的寄存器对应的编码

序号	寄存器	编码
1	EAX	000

（续）

序号	寄存器	编码
2	ECX	001
3	EDX	010
4	EBX	011
5	ESP	100
6	EBP*（当位移为 32 位时，如果 Mod 域的值为 00 时，则计算操作数地址时无须加上 EBP 中的 base）	101
7	ESI	110
8	EDI	111

　　指令编码时，需要按照上述约定，将操作数转换为相应的编码，填充到 Scale、Index 和 Base 各域中。程序员通过汇编语言编写程序时，可以使用如下汇编语法，指导汇编器编码 SIB 各域：

```
(base, index, scale)
```

针对如下代码：

```
(%ebx, %esi, 2)
```

scale 是 2 个字节，对照表 4-3，编码为 10。index 是寄存器 ESI，对照表 4-4，编码是 110。base 是 EBX，对照表 4-5，编码是 011。汇编器将这些编码组织为一个 SIB 字节：

```
10 110 011 -> 10110011
```

　　当处理器运行指令时，它将根据 SIB 字节的值自动计算操作数的内存地址。
　　我们看一个具体的例子，这个例子计算了一个数组的所有元素的和，代码如下：

```
01 .text
02 .code16
03 start:
04   mov $var, %ebx
05   mov $0, %esi
06   mov $0, %ax
07
08 1:
09   add (%ebx, %esi, 2), %ax
10
11   add $1, %esi
12   cmp $5, %esi
13   jb 1b
14   hlt
15
16 var:
17   .word 1
18   .word 2
19   .word 3
```

```
20     .word 4
21     .word 5
```

在这个例子中，我们在标签 var 处定义了具有 5 个元素的数组，每个元素占 2 个字节，见代码第 16 ~ 21 行。

我们使用寄存器 EBX 存储数组基址，数组的基址在标签 var 处。注意，需要使用 $ 符号告知汇编器取 var 所在的内存地址，而不是取 var 处的内存内容，见第 4 行代码。我们使用寄存器 ESI 存储数组的索引，数组索引从 0 开始计数，所以第 5 行代码将寄存器 ESI 初始化为 0。每个元素为 2 字节，因此，计算数组元素内存地址的汇编语法如下：

```
(%ebx, %esi, 2)
```

对应程序中第 9 行代码，该行代码读取数组元素的值，将其累加到寄存器 AX 中。因为目的操作数是 16 位的 AX，所以 add 每次读取的是一个 word 宽度的值，正好是数组的一个元素。

我们使用一个循环累加数组元素的和，见第 8~13 行代码。每次循环都会累加一个数组元素的值到寄存器 AX 中。执行完一次累加后，第 11 行代码将索引寄存器 ESI 的值加 1，目的是使其指向数组的下一个元素。然后第 12 行和第 13 行代码联合控制循环直到 5 个数组元素累加完成。

我们通过 make dump 指令编译并查看机器码，这里仅列出与 SIB 域相关的机器指令：

```
0000000000000000 <start>:
    f:    67 03 04 73           add    (%ebx,%esi,2),%ax
```

首先我们看到的是 0x67，这是指令前缀，表示指令中访问的操作数地址是 32 位的。因为 SIB 寻址方式仅支持使用 32 位寄存器，生成 32 位操作数地址，因此，在 16 位模式下，需要在指令前加个前缀 0x67，告诉处理器该指令操作数地址是 32 位的。

03 是累加运算的操作码，跟在操作码之后的 04 是 ModR/M 字段，展开二进制为：

```
0000 0100
```

对应的 Mod、Reg 和 R/M 各域为：

```
00 000 100
```

Reg 域为 000，对应的目的操作数是寄存器 AX。

再来看源操作数。32 位操作数寻址和 16 位操作数寻址下 Mod 和 R/M 的寻址方式略有差异，表 4-6 展示了 32 位寻址下 Mod 和 R/M 对应的寻址方式，我们仅列出后面用到的 Mod 为 00 和 01 的部分。

表 4-6　域 Mod 和 R/M 对应的操作数寻址方式（32 位寻址）

序号	有效地址	Mod 域	R/M 域
1	[EAX]	00	000
2	[ECX]		001

（续）

序号	有效地址	Mod 域	R/M 域
3	[EDX]	00	010
4	[EBX]		011
5	[--][--]		100
6	disp32		101
7	[ESI]		110
8	[EDI]		111
9	[EAX] + disp32	10	000
10	[ECX] + disp32		001
11	[EDX] + disp32		010
12	[EBX] + disp32		011
13	[--][--] + disp32		100
14	[EBP] + disp32		101
15	[ESI] + disp32		110
16	[EDI] + disp32		111

当 Mod 域的值为 00、R/M 域的值为 100 时，对应表 4-6 的第 5 行。有效地址一列的 "[--][--]"表示源操作数寻址方式为 SIB，也就是说，紧跟在 ModR/M 字节之后的 73 是 SIB 的值，展开二进制为：

`0111 0011`

对应的 Scale、Index 和 Base 各域分别为：

`01 110 011`

根据表 4-3、表 4-4 和表 4-5 可见，scale 为 2，index 对应的寄存器为 ESI，base 对应的寄存器是 EBX。可见，汇编器的编码的 SIB 与我们的程序源码完全一致。

4.9.5 SIB + disp 寻址

除了一维数组，常用的还有二维数组，比如数组 a[2][3]，表示的是一个 2 行 3 列的数组。二维数组在内存中的存储如图 4-26 所示。

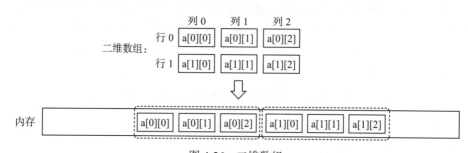

图 4-26 二维数组

二维数组在内存中是逐行存储的，所以，二维数组实际上可以看作多个连接在一起的一维数组。比如这个 2 行 3 列的二维数组，其实就可以看作两个一维数组，因此，只要变换一下 base，使 base 指向每一行的开头，那么就可以使用与一维数组同样的寻址方式了。既然 base 用来记录行基址了，那么还得找个记录数组基址的字段，x86 使用指令编码中的位移字段 disp 来记录二维数组的基址，图 4-27 所示。

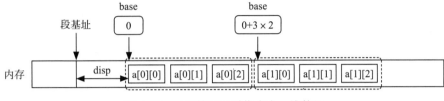

图 4-27　二维数组可看作多个一维数组

显然，除了额外增加一个 disp 字段外，数组元素地址的计算方式与一维数组完全相同，计算方式如下：

```
disp + base + index * scale
```

与一维数组元素的寻址方式相同，对于二维数组，程序员也无须自己写指令计算数组元素的地址，只需要根据访问的数组元素，更新 base 和 index 就可以了。汇编语言的语法为：

```
disp(base, index, scale)
```

我们来看一个具体的例子，这是一个 3 行 3 列的数组，我们累加所有行第 2 列的值。

```
01 .text
02 .code16
03 start:
04   mov $0, %ebx
05   mov $1, %esi
06   mov $0, %ax
07
08 1:
09   add var(%ebx, %esi, 2), %ax
10
11   add $6, %ebx
12   cmp $12, %ebx
13   jbe 1b
14   hlt
15
16 var:
17 .word 1
18 .word 2
19 .word 3
20
21 .word 1
```

```
22    .word 2
23    .word 3
24
25    .word 1
26    .word 2
27    .word 3
```

在这个程序中，我们在标签 var 处定义了一个二维数组，3 行 3 列，每一个元素大小是 2 字节。接下来，我们来组织访问数组元素的 disp、base、index 和 scale。

二维数组的起始地址为 var，所以位移字段 disp 为 var。

我们使用寄存器 EBX 存储行基址 base，数组的第 1 行相对于数组基址的偏移为 0，所以第 4 行代码将 EBX 初始化为 0。每增加一行时，因为一行的长度为 6 字节，所以 EBX 增加 6，见第 11 行代码。

我们使用寄存器 ESI 存储数组的索引，即 index。我们累加每一行的第 2 列，因为数组索引从 0 开始，所以第 2 列对应的索引为 1，因此第 5 行代码将 ESI 初始化为 1。

每个数组元素大小为 2 字节，所以 scale 为 2。

因此计算数组元素地址的汇编语法如下，见第 9 行代码。

```
var(%ebx, %esi, 2)
```

我们使用寄存器 EBX 中存储的行基址作为判断循环是否结束的条件。第 0 行的行基址为 0，第 1 行的行基址为 6，第 2 行的行基址为 12。因此，当 EBX 小于或等于 12 时，继续循环，否则就结束循环，见第 12 ～ 13 行代码。

我们通过 make dump 指令编译并查看计算数组元素内存地址的机器码：

```
    f:        67 03 84 73 26 00 00 00    add    0x26(%ebx,%esi,2),%ax
    …
0000000000000026 <var>:
   26:        01 00                       add    %ax,(%bx,%si)
```

我们之前已经见过指令前缀 0x67 了，这是因为使用了 SIB 寻址方式，SIB 寻址方式的操作数地址是 32 位的，所以需要告知处理器。

03 是累加运算的操作码。在操作码之后的 84 是 ModR/M 字节，展开二进制为：

```
1000 0100
```

对应的 Mod、Reg 和 R/M 各域为：

```
10 000 100
```

Reg 域为 000，对应 AX 寄存器，即源码中的目的操作数为寄存器 AX。

再来看源操作数，当 Mod 域的值为 10、R/M 域的值为 100 时，对应表 4-6 的第 13 行，源操作数寻址方式为 " [--][--] + disp32"，表示 SIB + disp32。因此，紧跟在 ModR/M 之后的 73 是 SIB 字节的值，展开二进制为：

```
0111 0011
```

对应的 Scale、Index 和 Base 各域为：

```
01 110 011
```

根据表 4-3、表 4-4 和表 4-5 可见，scale 为 01，对应 2 个字节。index 为 110，对应寄存器 ESI。base 为 011，对应寄存器 EBX。指令位移字段 disp 为 0x26，正是标签 var 所在的内存地址。寻址方式与第 9 行源代码完全相符。

通过 SIB 相关的两种寻址方式，我们再次看到了编程人员只需要使用相对容易的汇编语法表达意图，汇编器就可以帮助编程人员将源代码中的操作数按照 SIB 寻址相关的约定，生成 SIB 字节。如果没有汇编器，那么编程人员就要自己查表生成 SIB 字节了。

4.10　程序运行流程控制

1966 年，科拉多·伯姆与朱塞佩·贾可皮尼在论文中提出了这样一个理论：任何一个可计算函数都可以使用顺序、选择以及循环三种控制结构组合实现，这就是结构化程序理论。因此，我们编写的所有程序，都是由这三种结构组成的。事实上，这三种结构前面我们都已经接触过，本节我们再正式地认识一下。

顺序是指处理器逐条执行指令。选择是指在某一条语句中进行条件判定，根据条件判定结果执行不同的代码分支。循环是指当条件满足时，重复执行一段代码。图 4-28 展示了这三种结构。

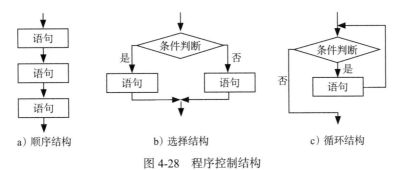

图 4-28　程序控制结构

4.10.1　选择

下面我们使用汇编语言实现一个选择结构。比较一处内存地址中的值和字符 A，当该内存中的值等于字符 A 时，向串口输出字符 A，否则向串口输出字符 B，代码如下：

```
01 .text
02 .code16
03 start:
```

```
04    mov $0x3f8, %dx
05
06    cmp $'A', var
07    jne 1f
08    mov $'A', %al
09    jmp 2f
10
11 1:
12    mov $'B', %al
13
14 2:
15    out %al, %dx
16    hlt
17
18 var:
19    .byte 0x41
```

我们在标签 var 处存储一个字节，值为 0x41，即字符 A 的 ASCII 码，见代码第 18 ～ 19 行。

接下来进行条件判断。我们使用指令 cmp 比较字符 A 和标签 var 处的值，见第 6 行代码。然后根据条件判断结果，选择相应的代码执行。如果标签 var 处的值不是字符 A，即 not equal，则第 7 行代码中的 jne 指令将向前跳转到标签 1 处。标签 1 处的第 12 行代码将字符 B 存储到寄存器 AL 中，于是第 15 行 out 指令会将字符 B 输出到串口。

如果标签 var 处存储的是字符 A，那么第 7 行指令将不进行跳转，处理器继续顺序执行其后的第 8 行代码。第 8 行代码将字符 A 存储到寄存器 AL 中，当执行到第 9 行代码时，将无条件跳转到第 15 行代码处，于是 out 指令将字符 A 输出到串口。

4.10.2 循环

本节中我们通过求自然数 1 ～ 11 的和来展示循环结构汇编程序设计。我们使用寄存器 BX 记录累加到哪一个自然数了，每循环一次，寄存器 BX 自增 1；使用指令 cmp 比较 BX 的值是否增加到了自然数 11；使用寄存器 AX 存储累加值。代码如下：

```
01 .text
02 .code16
03 start:
04    mov $1, %bx
05    mov $0, %ax
06 1:
07    add %bx, %ax
08    inc %bx
09    cmp $11, %bx
10    jbe 1b
11
12    mov $0x3f8, %dx
13    out %al, %dx
14    hlt
```

因为从自然数 1 开始累加，所以第 4 行代码将寄存器 BX 初始化为 1。同时第 5 行代码将存储累加值的寄存器 AX 初始化为 0。

第 7 行代码执行累加操作。add 指令将源操作数 BX 和目的操作数 AX 累加，然后将结果存储到目的操作数 AX 中。首次累加时，BX 中的值是 1，AX 中的值是 0，add 指令将 1 和 0 累加，并将结果 1 存储到寄存器 AX 中。

每完成一次累加，寄存器 BX 自增 1，见第 8 行代码。

寄存器 BX 自增完成后，程序需要判断 BX 中的值是否已经达到了自然数 11，第 9 行代码使用指令 cmp 比较寄存器 BX 中的值和自然数 11。然后第 10 行代码中的条件跳转指令 jbe 查看 cmp 指令的结果，如果寄存器 BX 的值小于 11，那么向后跳转到标号 1 处继续下一次循环，否则结束循环，向串口输出累加结果。

4.11 栈

对于一个复杂的问题，我们通常都是采用分而治之的方法，将复杂问题拆解为相互联系、不同层次的子问题。在程序设计中，也可以采用类似的方法，将一个复杂的程序按照功能划分为若干个小程序模块，每个小程序模块完成一个确定的功能，通过模块的相互协作实现完整功能。这种程序设计方法称为模块化程序设计。

函数是实现程序模块化的关键手段，在不同语境中也经常称为过程、子程序等。每个完整的功能都是若干个函数的集合，有的函数可能还在不同的位置被重复使用。每个函数运行时，都需要一些内存空间用于计算以及与其他模块传递信息。而且，这些空间是动态的，在函数运行时分配。图 4-29 展示了三个函数调用时内存的变化。

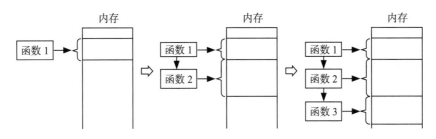

图 4-29 函数调用时内存的变化

函数执行结束后，这些临时动态分配的内存就完成了历史使命，我们需要将这些内存释放，否则内存逐渐就会被耗尽。在函数调用链中，最后调用的函数最先执行结束，因此，最后执行的函数的内存显然需要最先释放。图 4-30 展示了上述三个函数调用依次返回时内存的变化。

根据上述函数调用可见，当函数调用和返回时，内存变化的一个特点是后分配的先释放。计算机科学中将这种使用内存的方式称为栈（stack），其实不仅是函数调用场景，凡是符合后入先出规律的地方，都可以使用栈，各个体系结构几乎都在体系结构层面设计了对栈的支持。虽然栈有一个专有的名字，但是本质上，栈就是一段连续的内存区域。栈有自己专有的段，称为栈段，栈段的基址存储在段寄存器 SS 中。

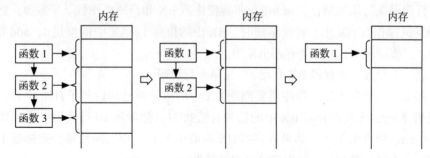

图 4-30　函数调用返回时内存的变化

在多任务系统中，每个任务都需要有自己的栈，否则不同任务间的数据就会发生冲突，因此，系统中同时存在多个栈。但在任一时刻，只有一个栈可用，SS 指向当前栈段的基址，SP 指向当前栈的栈顶，如图 4-31 所示。

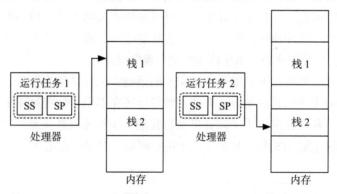

图 4-31　多个任务栈

对于 x86 架构，栈从高地址向低地址方向增长，而数据段是从低地址向高地址方向增长，所以通常程序会将栈底设置在高内存处，给栈和数据预留充足的空间。x86 提供了两个指令 push 和 pop 分别用于向栈中压入数据和从栈中弹出数据。当执行 push 指令时，处理器首先递减寄存器 SP，为压入数据腾出空间，然后将数据写入栈的新顶部，如图 4-32 所示。

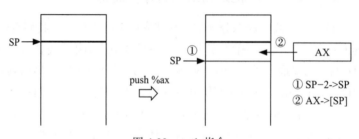

图 4-32　push 指令

pop 指令用于取出栈顶的数据，当执行该指令时，处理器首先从栈顶读取数据，然后递增寄存器 SP，如图 4-33 所示。

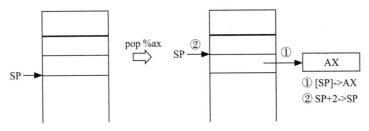

① [SP]->AX
② SP+2->SP

图 4-33 pop 指令

那么每次执行 push 或者 pop 指令时压栈或者出栈几个字节呢？每次压栈和出栈，支持 1 个字（word）、2 个字（doubleword）和 4 个字（quadword），这是基于内存对齐考虑的，后面我们会讲到为什么要内存对齐。32 位和 64 位处理器支持上述三种宽度，而 16 位处理器只支持 1 个字和 2 个字这两种宽度。push 指令和 pop 指令根据操作数的宽度决定压栈或者出栈是 1 个字还是 2 个字。比如指令：

```
push %ax
```

因为操作数宽度是 16 位的，所以压栈 1 个字。

下面的指令：

```
push %eax
```

因为操作数是 32 位的，所以压栈 2 个字。

下面的指令：

```
push %0x41
```

因为汇编器发现操作数 16 位就可以容纳了，所以压栈 1 个字。

如果我们需要压栈 2 个字，可以给 push 指令加个后缀 l，l 是单词 long 的首字母：

```
pushl %0x41
```

那么处理器是怎么知道压栈操作数是 16 位还是 32 位的呢？事实上，在讲述 SIB 寻址时，我们已经见到过了，方式是给指令加个前缀。当 16 位处理器使用 32 位操作数时，给指令增加一个 0x66 前缀。下面分别是 push 0x41 和 pushl 0x41 指令对应的机器码：

```
push 0x41 -> 6a 41
pushl 0x41 -> 66 6a 41
```

类似地，我们知道，从处理器的角度，ax 和 eax 是同一个寄存器，具体使用多少位是通过指令前缀加以区分的。下面分别是 push %ax 和 push %eax 指令对应的机器码：

```
push %ax -> 50
push %eax -> 66 50
```

我们通过一个具体的例子来体会栈的用法。我们使用 push 指令向栈中压入两个数据，然后通过 hack 的方式直接窥探内存中的值是否符合预期，最后使用 pop 指令从栈中弹出压入的值，体会一下栈的后入先出。具体代码如下：

```
01 .text
02 .code16
03 start:
04   mov $stack, %sp
05   mov $0x3f8, %dx
06
07   push $0x41
08   push $0x42
09
10   mov 0x1000 - 2, %ax
11   out %ax, %dx
12   mov 0x1000 - 4, %ax
13   out %ax, %dx
14
15   pop %ax
16   out %ax, %dx
17   pop %ax
18   out %ax, %dx
19
20   hlt
21
22 .org 0x1000
23 stack:
```

之前提到过，kvmtool 在初始化时，将所有的段寄存器都初始化为 0x1000，所以栈段寄存器 ss 也是 0x1000。

栈是从高地址处向低地址处增长的，为了避免栈的增长覆盖代码，我们将栈底设置在相对于段基址偏移 0x1000 处，见第 22 行代码，我们在此处定义了一个标签 stack，方便在代码中引用，然后第 4 行代码设置 sp 指向此处。注意，这里一定要在 stack 前面使用 $ 符号，表示取 stack 的地址，而不是取 stack 处的内存内容。此时，栈是空的。第 7 行和第 8 行代码使用 push 指令向栈中分别压入 0x41 和 0x42，此处没有给 push 指令额外增加后缀。对于 16 位系统，默认压入的是 1 个字，即 16 位。整个压栈过程如图 4-34 所示。

我们采用 hack 的方式侧面看一下压栈的内容是否符合我们的预期。push 指令每次压入 2 个字，所以字符 A 和字符 B 应该分别位于内存地址 0x1000-2 和 0x1000-4 处。我们直接通过内存地址访问这两处内存，打印其内容，见第 10~13 行代码。理论上，第 11 行代码应该打印出字符 A，第 13 行代码应该打印出字符 B。

然后我们使用 pop 指令从栈中弹出内容。因为压栈时每次压入 2 个字，显然出栈时也要以 2 个字为单位，所以 pop 指令的操作数需要使用 16 位寄存器，见代码第 15 ～ 18 行。如果一切正常，首先出栈的是字符 B，然后是字符 A，即按照后入先出的顺序出栈。整个出栈过程如图 4-35 所示。

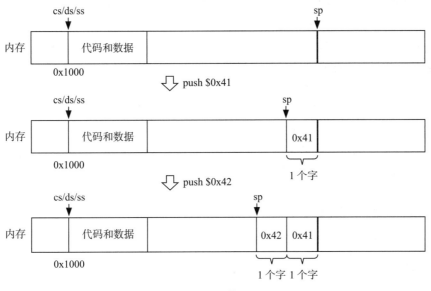

图 4-34 压栈过程

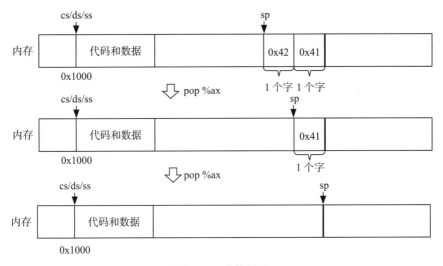

图 4-35 出栈过程

4.12 函数及 x86 调用约定

当处理一个复杂问题时，我们通常分而治之，将复杂问题拆解为若干子问题，然后逐个击破。因此，软件工程中就采用了分层、分模块的方式。x86 处理器为此设计了 call 与 ret 指令来支持模块化程序设计。利用 call 和 ret 指令，我们可以实现多个相互联系、功能独立的函数来解决一个复杂的问题。

当多个函数组合在一起完成一个复杂的功能时，我们将面临许多复杂的问题。如调用者如何将参数传递给被调用者；被调用者如何将计算结果返回给调用者；函数的局部变量在哪里分配；在不同的函数间切换时，寄存器中的值如何保存和恢复；等等。为了允许不同的程序员可以调用彼此实现的函数，显然程序开发人员需要遵循统一的调用约定。调用约定是一组规则，它明确地约定了上述问题。显然，人们可以制定多种不同的调用约定，但是"x86 C 调用约定"是使用最为广泛的调用约定，包括 32 位和 64 位体系结构的，两种调用约定基本相同，除了 64 位有更多的寄存器，使用寄存器而不是栈传递参数。本节中我们以 32 位 x86 调用约定来讨论函数及其调用，后面在 64 位模式下编程时，我们会指出它们二者的细微差异。

4.12.1　call 和 ret 指令

我们先来看一个最基本的函数调用，实现一个计算自然数的累加的函数，代码如下：

```
01 .text
02 .code16
03 start:
04   mov $stack, %sp
05   call sum
06
07   mov $0x3f8, %dx
08   mov $0x41, %al
09   out %al, %dx
10   hlt
11
12 sum:
13   mov $1, %bx
14   mov $0, %ax
15 1:
16   add %bx, %ax
17   inc %bx
18   cmp $10, %bx
19   jbe 1b
20
21   mov $0x3f8, %dx
22   out %ax, %dx
23   ret
24
25 .org 0x1000
26 stack:
```

程序代码中第 12 ～ 23 行实现了一个函数，函数主体是一个循环，将自然数 1 ～ 10 累加到寄存器 CX 中。为了后续调用，函数的开头定义了一个标签 sum，通常我们将这个标签称为函数名。

x86 提供了指令 call 用于发起函数调用，call 指令接一个操作数，即被调用函数（下文称为被调函数）的第 1 条指令的地址，这里就是标签 sum，见第 12 行代码。除了直接寻址，call 指令也支持间接寻址。

函数执行完成后，需要返回调用者。x86 提供了指令 ret，函数运行完成后，可以使用该指令返回调用者。函数 sum 完成累加运算后，第 23 行代码调用 ret 指令返回。显然，函数 sum 需要返回到主调函数 call 指令后的第 7 行代码。

事实上，在发起函数调用的那一刻，虽然表面上执行的是 call 指令，但是本质上还是通过修改指令指针跳转到目标函数的第一条指令处。而此时，在处理器执行 call 指令的这一刻，指令指针中记录的是上述代码中 call 指令之后第 7 行代码的地址，而这个地址恰恰是函数 sum 运行完毕后返回的地址。所以，在 call 指令修改指令指针之前，必须将其记录下来，否则从子函数 sum 返回时就迷路了。那么这个地址记录在哪呢？处理器在执行指令 call 时，在修改指令指针前，首先将指令指针中的地址，即第 7 行代码的地址压入栈中，然后将指令指针中的地址更新为标签 sum 处的地址，实现到函数 sum 的跳转，如图 4-36 所示。

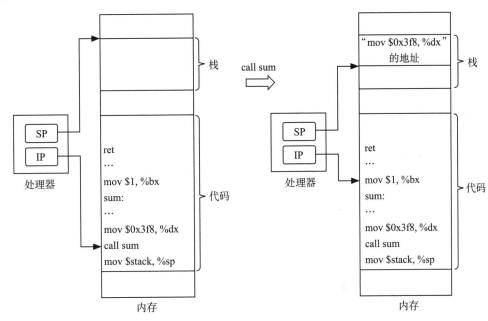

图 4-36　使用 call 指令实现函数调用

当函数 sum 执行 ret 指令时，ret 指令从栈顶弹出返回地址到指令指针寄存器，从而将程序控制流转移到第 7 行代码处，如图 4-37 所示。

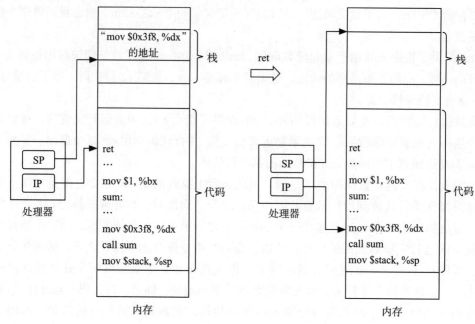

图 4-37　使用 ret 指令返回调用者

4.12.2　栈帧

本节来改造一下前面的函数调用的例子，我们在函数 sum 中将 sp 减去 8 个字节，在栈中为函数 sum 留出一段容纳局部变量的空间。代码如下：

```
01 .text
02 .code16
03 start:
04    mov $stack, %sp
05    call sum
06
07    mov $0x3f8, %dx
08    mov $0x41, %al
09    out %al, %dx
10    hlt
11
12 sum:
13    mov $1, %bx
14    mov $0, %cx
15    sub $8, %sp
16 1:
17    add %bx, %cx
18    inc %bx
19    cmp $10, %bx
20    jbe 1b
```

```
21
22    mov $0x3f8, %dx
23    mov %cx, %ax
24    out %ax, %dx
25    ret
26
27  .org 0x1000
28  stack:
```

再次使用 make run 指令编译运行，此次屏幕上会不断输出数字 0x37 及其对应的字符 7，而不会输出字符 A。为什么会这样呢？我们的代码中并没有任何循环连续输出从 1 到 10 的累加结果。

原因是在执行 ret 指令后，从栈中弹出到指令指针的值是 0。0 正好是程序代码的开头，程序又从头开始运行，当执行到第 5 行代码时会再次调用函数 sum，sum 执行完成后又返回第 4 行代码，如此往复，所以我们看到显示器上不断输出 0x37。那么为什么 4.12.1 节的例子可以正常工作呢？那是因为在前面的例子中函数 sum 没有任何关于栈的操作，栈没有变化，栈顶始终是返回地址，所以执行 ret 指令时，顺利地从栈顶弹出了返回地址。而本例中，函数 sum 的栈顶发生了变化，如图 4-38 所示。

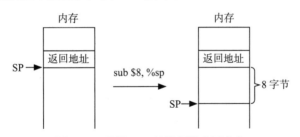

图 4-38　函数 sum 的栈顶发生了变化

显然，一个实用的函数的栈不可能不发生变化，那么怎么解决这个问题呢？首先我们来看一个概念：栈帧（stack frame）。前面我们讲述栈时提到过，每个函数在栈中都有属于自己的区域。每当调用函数时，函数将在栈中分配一块区域。当函数返回时，销毁这个区域。栈中这个属于每个函数的区域称为函数的栈帧，如图 4-39 所示。

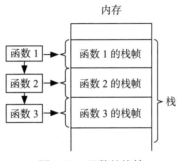

图 4-39　函数的栈帧

为了解决被调函数获取返回地址的问题，x86 调用约定规定，在被调函数开始执行时，首先使用寄存器 BP 记录下栈帧的起始位置，这也是设计基指针寄存器 BP 的初衷。但是在调用发生的一刻，寄存器 BP 记录着主调函数的栈帧基址，因此被调函数首先需要将寄存器 BP 的值压入栈中，将主调函数的栈帧基址保存起来，否则主调函数栈帧的基址就丢失了，然后才能更新其值为当前被调函数的栈帧基址。换句话说，函数的入口应该首先把 BP 压栈，保存主调函数的栈帧基址，然后将寄存器 SP 的值复制到寄存器 BP 中，记录下被调函数的栈帧基址，如图 4-40 所示。

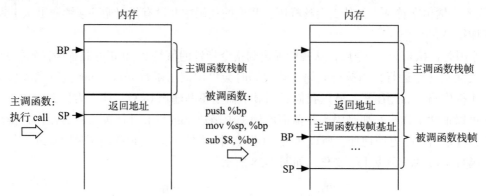

图 4-40 记录栈帧基址

在保存了栈帧基地后，在被调函数返回前，无论 SP 指向了哪里，只需执行 2 条指令就可以使 SP 指向返回地址，并销毁被调函数栈帧。第 1 条指令是将寄存器 BP 中的值复制到寄存器 SP 中，这一操作使得存储主调函数栈帧基址的位置成为新的栈顶。第 2 条指令是将栈顶的主调函数栈帧基址弹出到寄存器 BP 中，这一操作使 BP 重新指向主调函数的栈帧基址，更重要的是，该操作使得返回地址暴露在栈顶，如图 4-41 所示。此时被调函数执行 ret 指令，就可以从栈获取到正确的返回地址。

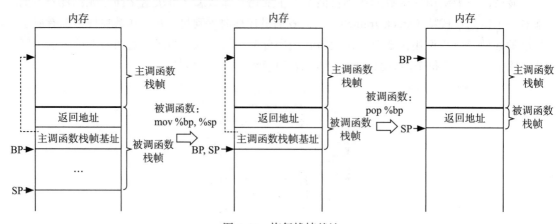

图 4-41 恢复栈帧基址

我们继续改造本节开头举的例子，增加记录和恢复被调函数的栈帧基址的指令。我们在函数 sum 的开头使用寄存器 BP 记录 sum 函数栈帧的基址。在函数 sum 返回前，恢复 SP 指向栈帧基址，见下面代码中黑色高亮的部分：

```
01 .text
02 .code16
03 start:
04   mov $stack, %sp
05   call sum
06
07   mov $0x3f8, %dx
08   mov $0x41, %al
09   out %al, %dx
10   hlt
11
12 sum:
13   push %bp
14   mov %sp, %bp
15
16   mov $1, %bx
17   mov $0, %cx
18   sub $8, %sp
19 1:
20   add %bx, %cx
21   inc %bx
22   cmp $10, %bx
23   jbe 1b
24
25   mov $0x3f8, %dx
26   mov %cx, %ax
27   out %ax, %dx
28
29   mov %bp, %sp
30   pop %bp
31   ret
32
33 .org 0x1000
34 stack:
```

再次编译运行后，程序就一切正常了。

x86 为进入栈帧时的第 13、14 行指令、离开栈帧时的第 29、30 行指令各提供了一个简化指令：enter 和 leave。后面大家在学习 C 语言时，会见到 C 编译器经常使用 leave 代替第 29、30 行的指令。

需要特别指出的是，使用寄存器 BP 记录和恢复栈帧的基址并不是唯一的方式，通常编译器为了节省指令会对此进行一些优化。有时为了便于调试，我们会在编译时给编译器传递参数禁止编译器对此进行优化。

4.12.3　多模块及符号可见性

随着程序复杂度的增加，以及多人协同开发，通常一个项目的程序代码是分布在多个源文件中的。继续以前面的例子为例，我们可以将函数 sum 拆分到另外一个源文件 sum.s 中。分拆后的 hello.s 文件如下：

```
.text
.code16
start:
  mov $stack, %sp
  call sum
  ...
  hlt

.org 0x1000
stack:
```

此时如果想要在文件 hello.s 中调用文件 sum.s 中的函数 sum，我们需要在文件 sum.s 使用伪指令".global"告知汇编器将函数 sum 定义为全局可见的符号，如下高亮代码所示。否则函数 sum 仅在文件 sum.s 内部可见，链接器链接 hello 时会找不到符号 sum。

```
.text
.code16
.global sum
sum:
  push %bp
  ...
  ret
```

将 hello.s 拆分为多个文件后，还需要调整汇编和链接命令。我们需要增加一条汇编 sum.s 的命令。链接时除了 hello.o，还需要把 sum.o 也链接上，此处我们可以体会到链接器的一个典型作用了，即合并多个目标文件。makefile 中规则 build 的命令调整如下：

```
build:
  as -o hello.o hello.s
  as -o sum.o sum.s
  ld -Ttext=0 hello.o sum.o -o hello.elf
  objcopy -O binary hello.elf hello.bin
```

4.12.4 参数传递

到目前为止，函数 sum 只是计算固定的自然数 1 到 10 的和。我们希望这个函数变得通用一点，可以计算任意自然数的和。因此，我们将其改造为一个带参数的函数，函数的参数是自然数 n。调用者调用 sum 时，可以通过传递参数的方式请求 sum 计算指定自然数的和。

函数的参数可以通过栈传递，也可以通过寄存器传递。假设函数 sum 由一位程序员开发，调用者 hello 由另外一位程序员开发，那么它们之间就需要约定如何传递参数。32 位 x86 的调用约定规定，函数之间使用栈传递参数，如果函数有多个参数，那么从最后一个参数开始压栈，最后压第一个参数，为什么这样呢？我们看图 4-42。

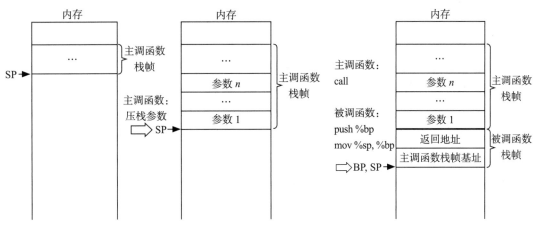

图 4-42　使用栈传参

根据图 4-42 可见，我们以寄存器 BP 为锚点，第一个参数距离 BP 最近，然后是第二个参数，依此类推。这就是为什么从最后一个参数开始压栈，最后压第一个参数的原因。

下面我们给函数 sum 增加一个参数，调用者可以通过这个参数请求函数 sum 完成指定自然数的累加。hello 在调用函数 sum 之前，将参数压入栈中，见下述代码片段中的黑色高亮部分：

```
.text
.code16
start:
  mov $stack, %sp

  push $10
  call sum

  mov $0x3f8, %dx
  mov $0x41, %al
  out %al, %dx
  hlt

.org 0x1000
stack:
```

函数 sum 可以以 BP 作为一个锚点，从栈中取出参数。栈从高地址向低地址增长，因此对于 16 位 x86，BP + 2 是返回地址，BP + 4 是第一个参数，即 4(%bp)，见下面代码中的高亮部分：

```
.text
.code16
.global sum
sum:
  push %bp
  mov %sp, %bp
```

```
    mov $1, %bx
    mov $0, %cx
    sub $8, %sp
1:
    add %bx, %cx
    inc %bx
    cmp 4(%bp), %bx
    jbe 1b

    mov $0x3f8, %dx
    mov %cx, %ax
    out %ax, %dx

    mov %bp, %sp
    pop %bp
    ret
```

除了使用栈传递参数，也可以使用寄存器传递参数。64 位 x86 相比 32 位增加了 8 个通用寄存器，显然寄存器传参要比内存传参高效，所以 x86 调用约定规定 64 位模式下依次使用寄存器 rdi、rsi、rdx、rcx、r8-9 传递参数。因此，我们改造一下代码，按照 64 位 x86 调用约定，使用寄存器 DI 传递这个自然数：

```
hello.s
    …
    mov $10, %di
    call sum
    …


sum.s
    …
    cmp %di, %bx
    jbe 1b
    …
```

4.12.5 局部变量

函数运行时，经常需要使用一些内存来存放临时数据，这些内存在函数执行完毕后，也需要释放。因为这些内存区域中的变量仅函数自己可见，所以，相对于全局变量，这些变量通常称为局部变量。根据局部变量的生命周期可见，将其分配在函数栈帧上再合适不过了。x86 调用约定规定在压栈主调函数的栈帧基址后，在栈上为函数分配局部变量所需空间，图 4-43 展示了被调函数在栈上分配了 8 字节用于存储局部变量。

我们在函数 sum 的栈帧中分配 2 个字节用于存储自然数的累加和。事实上，使用一个寄存器存储累加和更高效，不必每次都访问内存，但是为了演示使用栈中的局部变量，我们使用局部变量保存累加结果。代码如下：

```
01 .text
02 .code16
```

```
03  .global sum
04  sum:
05    push %bp
06    mov %sp, %bp
07    sub $2, %sp
08
09    mov $1, %bx
10    mov $0, -2(%bp)
11  1:
12    add %bx, -2(%bp)
13    inc %bx
14    cmp 4(%bp), %bx
15    jbe 1b
16
17    mov $0x3f8, %dx
18    mov -2(%bp), %ax
19    out %ax, %dx
20
21    mov %bp, %sp
22    pop %bp
23    ret
```

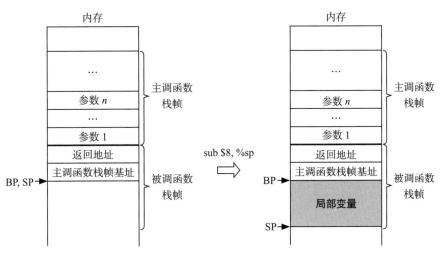

图 4-43 在栈中分配局部变量

第 7 行代码在存储主调函数的栈帧基址之后，在栈上分配 2 个字节的空间用于存储累加和。

第 12 行将自然数的和累加到这个局部变量中。我们使用栈帧的基址作为锚点，访问函数的局部变量。栈从高地址向低地址增长，所以这个局部变量相对于 BP 的值为 −2。

在函数返回前，需要将动态分配的局部变量释放。但是使用栈存储局部变量的好处就是函数无须刻意释放局部变量，在将 SP 恢复为 BP 时，即第 21 行代码，自然地就将栈帧中的局部变量释放了。

4.12.6 返回值及参数清理

显然，主调函数调用 sum 计算自然数的累加和后，需要获得这个累加结果。换句话说，函数 sum 需要将计算得出的累加值返回给调用者。x86 调用约定规定被调函数使用寄存器 AX 传递返回值。因此，函数 sum 在销毁栈帧前，需要将局部变量中的值装载到寄存器 AX 中，见下面代码中的高亮部分：

```
.text
.code16
.global sum
sum:
  push %bp
  mov %sp, %bp
  sub $2, %sp

  mov $1, %bx
  movw $0, -2(%bp)
1:
  add %bx, -2(%bp)
  inc %bx
  cmp 4(%bp), %bx
  jbe 1b

  mov -2(%bp), %ax

  mov %bp, %sp
  pop %bp
  ret
```

在主调函数中，我们刻意示范了如何使用栈中的局部变量保存函数 sum 的返回值，在主调函数栈帧中分配了 2 个字节，用来存储函数 sum 返回的累加结果，并在主调函数初始化时，将寄存器 BP 指向主调函数栈帧基址，后续就可以以 BP 作为锚点访问这个局部变量，最后将其打印出来。代码如下：

```
01 .text
02 .code16
03 start:
04   mov $stack, %sp
05   mov %sp, %bp
06   sub $2, %sp
07
08   push $10
09   call sum
10
11   mov %ax, -2(%bp)
12   add $2, %sp
13
14   mov $0x3f8, %dx
```

```
15  out %ax, %dx
16
17  hlt
18
19  .org 0x1000
20 stack:
```

第 5 行代码设置寄存器 BP 指向主调函数的栈帧基址，后面我们就可以使用 BP 作为锚点引用栈中的变量了。

第 6 行代码在主调函数的栈帧中为存储函数 sum 的返回值分配了 2 个字节的空间。

然后主调函数为调用函数 sum 准备参数，这里我们计算自然数 1 到 10 的累加值，所以第 8 行代码将自然数 10 压入栈中，然后调用函数 sum。

在从被调函数 sum 返回后，第 11 行代码将函数 sum 的返回值，即寄存器 AX 中的值，保存到主调函数的局部变量中，即 BP-2 处。

函数 sum 执行结束后，那些曾经通过栈传递给函数 sum 的参数也完成了历史使命，需要释放其占用的栈空间了。我们只需要移动栈指针略过栈帧中的参数即可。第 12 行代码将栈指针缩减 2 个字节，清除了自然数 10 占用的栈空间。

在整个过程中，主调函数栈帧变化如图 4-44 所示。

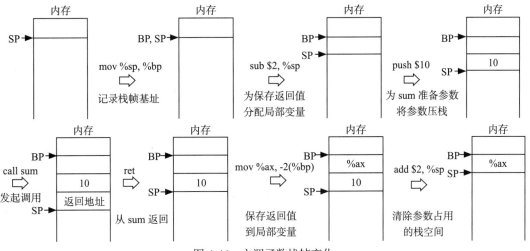

图 4-44　主调函数栈帧变化

4.12.7　寄存器保存和恢复

继续修改一下前面的例子，假设我们在主调函数中调用函数 sum 前分别向寄存器 BX 和 CX 中存入了 0x41 和 0x42，然后在函数 sum 返回后，打印出这 2 个寄存器的内容，见下面代码中的高亮部分：

```
.text
.code16
```

```
start:
  mov $stack, %sp
  mov %sp, %bp
  sub $2, %sp

  mov $0x41, %bx
  mov $0x42, %cx

  push $10
  call sum

  mov %ax, -2(%bp)
  add $2, %sp

  mov $0x3f8, %dx
  out %ax, %dx

  mov %bx, %ax
  out %ax, %dx
  mov %cx, %ax
  out %ax, %dx

  hlt

.org 0x1000
stack:
```

理论上，在输出了自然数的累加和后，屏幕上应该输出 0x41 和 0x42。但是实际输出结果却不是我们期望的结果。为什么会这样呢？原因是被调函数 sum 使用了这两个寄存器，它们中的值已经被改写了。

当主调函数调用被调函数时，有时主调者希望在被调函数返回后继续使用某些寄存器中存在的值，比如这里的 BX 和 CX 寄存器。但是被调函数可能会破坏掉这些寄存器，因此，这里就涉及寄存器的保存和恢复的问题。这些寄存器可以由主调者负责保存和恢复，也可以由被调者保存和恢复。但是，这显然需要一个统一的规范，需要大家一起来遵守。x86 调用约定规定了寄存器的保存和恢复规则，因为 64 位和 32 位 x86 处理器的寄存器不同，所以规则也不同，如表 4-7 所示。在 16 位模式下，我们的例子遵循 32 位调用约定。

表 4-7　32 位和 64 位寄存器保存约定

	调用者保存	被调者保存
32 位	eax edx ecx	ebx edi esi ebp
64 位	rdi rsi rdx rcx r8 ~ r11	rbx rbp r12 ~ 15

并不是所有的寄存器都需要保存，比如，对于被调者来说，如果它没有使用那些需要其负责的寄存器，那么就无须保存。同理，对于主调者来说，如果在被调者返回后，它并不使用其负责保存的那些寄存器，那么也无须保存。

　　那么怎样保存和恢复寄存器的值呢？显然，还需要一个第三方，对于函数来讲，这个第三方就是函数的栈。函数在使用需要其负责的寄存器前，首先将其原值存储到栈中保存起来，使用完寄存器后，再将其原值从栈中恢复。

　　我们首先来看被调函数 sum，其使用了寄存器 BP、BX 和 CX。根据表 4-7 可见，x86 调用约定规定寄存器 BP 和 BX 由被调者负责，CX 由调用者负责。函数 sum 已经保存和恢复 BP 了，那么还需要在使用 BX 前将其保存，在返回前恢复 BX，见下面代码中的高亮部分：

```
01 .text
02 .code16
03 .global sum
04 sum:
05   push %bp
06   mov %sp, %bp
07   sub $2, %sp
08
09   push %bx
10
11   mov $1, %bx
12   mov $0, %cx
13 1:
14   add %bx, -2(%bp)
15   inc %bx
16   cmp 4(%bp), %bx
17   jbe 1b
18
19   mov -2(%bp), %ax
20
21   pop %bx
22
23   mov %bp, %sp
24   pop %bp
25   ret
```

　　函数 sum 在为临时变量预留了空间后，将寄存器 BX 的值压入栈中，见第 9 行代码。在返回前，第 21 行代码从栈中弹出恢复寄存器 BX 的原值。图 4-45 展示了函数 sum 是如何在栈帧中保存寄存器 BX 的。

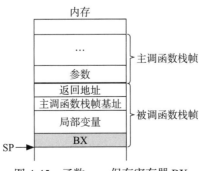

图 4-45　函数 sum 保存寄存器 BX

接下来我们来看主调函数是如何保存和恢复寄存器 CX 的。主调函数在调用 sum 之后使用了寄存器 CX，而被调函数 sum 是可能"破坏"寄存器 CX 的，因此，为了保证在调用 sum 前后寄存器 CX 中的值一致，主调函数在调用 sum 前，将 CX 中的值压入栈中保存，当被调函数返回时，从栈中恢复 CX。代码如下：

```
01 .text
02 .code16
03 start:
04   mov $stack, %sp
05   mov %sp, %bp
06   sub $2, %sp
07
08   mov $0x41, %bx
09   mov $0x42, %cx
10   push %cx
11
12   push $10
13   call sum
14
15   mov %ax, -2(%bp)
16   add $2, %sp
17
18   pop %cx
19
20   mov $0x3f8, %dx
21   out %ax, %dx
22
23   mov %bx, %ax
24   out %ax, %dx
25   mov %cx, %ax
26   out %ax, %dx
27
28   hlt
29
30 .org 0x1000
31 stack:
```

x86 调用约定规定，主调者在栈中保存寄存器在前，压入参数在后。所以第 10 行代码在向栈中压入传递给函数 sum 的参数前压栈 CX。在从被调函数返回、清理完参数后，第 18 行代码从栈中恢复 CX 的值。图 4-46 展示了主调函数保存寄存器 CX 的过程。

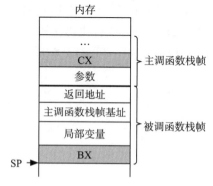

图 4-46　主调函数保存寄存器 CX

4.13　链接

程序开发人员为了将使用编程语言编写的代码翻译为机器可运行的机器码，开发了一系列工具。这些工具紧密地工作在一起，前一个工具的输出是后一个工具的输入，像一根链条一样，因此，人们也把这些工具的组合形象地称为工具链（toolchain）。前面 4.7.1 节提到，对于汇编程序来说，从源代码变成可以运行的代码，需要经过两个步骤——汇编和链接，如图 4-47 所示。

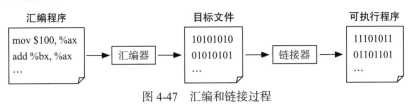

图 4-47　汇编和链接过程

前面，我们看到汇编器已经将汇编程序翻译为机器码了，那么为什么还需要链接这个过程呢？这一节，我们就来讨论链接的目的。

4.13.1　目标文件合并

一个实用的程序功能非常复杂，我们在编写程序过程中，很少把这些代码都写到一个文件中，通常会有多个源代码文件。而这些源文件通常会编译出多个目标文件，因此，在汇编后，我们需要链接器将多个目标文件合并起来。比如，我们前面举的函数调用的例子包括 hello.s 和 sum.s 两个源文件，汇编器分别将其汇编为目标文件 hello.o 和 sum.o，最后由链接器将这两个目标文件链接为一个可执行文件，如图 4-48 所示。

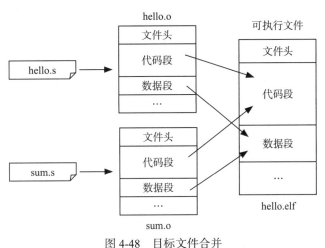

图 4-48　目标文件合并

我们以 4.12.6 节的代码为例，使用工具 readelf 分别查看目标文件 hello.o 和 sum.o 以及链接后的文件 hello.elf。注意，这里只关注代码段的大小以及其在文件中的偏移，删掉了其他不必要的信息：

```
shenghan@han:~/c4/function/ret$ readelf -S hello.o
  [号] 名称          偏移量          大小
  [ 1] .text        00000040        0000000000001000
```

```
shenghan@han:~/c4/function/ret$ readelf -S sum.o
  [ 号 ] 名称              偏移量              大小
  [ 1] .text            00000040           000000000000001f

shenghan@han:~/c4/function/ret$ readelf -S hello.elf
  [ 号 ] 名称              偏移量              大小
  [ 1] .text            00001000           000000000000101f
```

其中“偏移量”是指代码段相对于文件头的偏移字节数。在“大小”这一列，我们看到 hello.o 的代码段大小是 0x1000，转换为十进制是 4KB，我们的代码量不多，为什么会有这么大的代码段？原因是我们在其中分配了一块内存作为栈。sum.o 的代码段就比较合理了，占 0x1f 个字节。可以看到链接后 hello.elf 的代码段的大小正好是目标文件 hello.o 和 sum.o 的代码段大小之和。

使用 hexdump 可以看出目标文件 hello.o 和 sum.o 都是在距离文件头偏移 0x40 字节处出现了代码对应的机器指令：

```
shenghan@han:~/c4/function/ret$ hexdump -C hello.o

00000000  7f 45 4c 46 02 01 01 00  00 00 00 00 00 00 00 00
00000010  01 00 3e 00 01 00 00 00  00 00 00 00 00 00 00 00
00000020  00 00 00 00 00 00 00 00  68 11 00 00 00 00 00 00
00000030  00 00 00 00 40 00 00 00  00 00 40 00 08 00 07 00
00000040  bc 00 00 89 e5 83 ec 02  6a 0a e8 00 00 89 46 fe
00000050  83 c4 02 ba f8 03 ef f4  00 00 00 00 00 00 00 00
00000060  00 00 00 00 00 00 00 00  00 00 00 00 00 00 00 00
...

shenghan@han:~/c4/function/ret$ hexdump -C sum.o

00000000  7f 45 4c 46 02 01 01 00  00 00 00 00 00 00 00 00
00000010  01 00 3e 00 01 00 00 00  00 00 00 00 00 00 00 00
00000020  00 00 00 00 00 00 00 00  10 01 00 00 00 00 00 00
00000030  00 00 00 00 40 00 00 00  00 00 40 00 07 00 06 00
00000040  55 89 e5 83 ec 02 bb 01  00 b9 00 00 83 ec 08 01
00000050  5e fe 43 3b 5e 04 76 f7  8b 46 fe 89 ec 5d c3 00
00000060  00 00 00 00 00 00 00 00  00 00 00 00 00 00 00 00
...
```

链接器按照 0x1000 字节对齐，所以 hello.elf 中的代码从 0x1000 处开始。使用 hexdump 可以看出链接后的 hello.elf 在距离文件头偏移 0x1000 字节处出现了代码：

```
shenghan@han:~/c4/function/ret$ hexdump -C hello.elf

00000000  7f 45 4c 46 02 01 01 00  00 00 00 00 00 00 00 00
00000010  02 00 3e 00 01 00 00 00  00 00 00 00 00 00 00 00
...
00001000  bc 00 10 89 e5 83 ec 02  6a 0a e8 f3 0f 89 46 fe
```

```
00001010    83 c4 02 ba f8 03 ef f4    00 00 00 00 00 00 00 00
00001020    00 00 00 00 00 00 00 00    00 00 00 00 00 00 00 00
*
00002000    55 89 e5 83 ec 02 bb 01    00 b9 00 00 83 ec 08 01
00002010    5e fe 43 3b 5e 04 76 f7    8b 46 fe 89 ec 5d c3 00
00002020    00 00 00 00 00 00 00 00    00 00 00 00 00 00 00 00
...
```

目标文件 hello.o 中为栈分配了空间，栈底相对于 hello.o 代码段偏移 0x1000，所以，hello.o 中的代码加上栈总共占用了 0x1000 个字节。那么 sum.o 中的代码地址应该链接在相对于段基址偏移 0x2000 处，我们通过 hexdump 看到的也确实如此，在偏移 0x2000 处出现了 sum.o 中的代码。

4.13.2　符号解析

在 hello.s 中，我们使用标签 stack 标识栈的底部。在函数 sum 中，我们使用标签 sum 标识了函数的起始地址。通常，在链接中，我们将标签 stack、sum 等称为符号，英文单词为 symbol。

目标文件 hello.o 中有两处引用符号的地方，一处是引用标识栈底的符号 stack，一处是调用函数 sum。我们反汇编 hello.o 看一下机器码，其中高亮部分就是这两处符号引用：

```
shenghan@han:~/c4/function/ret$ objdump -d -m i8086 hello.o

0000000000000000 <start>:
   0:    bc 00 00              mov    $0x0,%sp
   3:    89 e5                 mov    %sp,%bp
   5:    83 ec 02              sub    $0x2,%sp
   8:    6a 0a                 push   $0xa
   a:    e8 00 00              call   d <start+0xd>
   d:    89 46 fe             mov    %ax,-0x2(%bp)
  10:    83 c4 02             add    $0x2,%sp
  13:    ba f8 03             mov    $0x3f8,%dx
  16:    ef                   out    %ax,(%dx)
  17:    f4                   hlt
```

根据目标文件 hello.o 的反汇编可见，其引用符号 stack 和 sum 处的地址都是空的。引用符号 sum 处的地址为空的原因是此时 hello.o 并不知道 sum 的地址。但是 hello.o 是知道 stack 的地址的，那为什么 stack 处的地址也是空的呢？因为在汇编阶段，每个目标文件中指令和符号的地址都是相对自身目标文件而言的，是一个临时的、属于每个目标文件范围内的地址。只有在链接时，链接器将多个目标文件链接后，才会为所有的符号统一分配地址。因此，只有在链接器将所有的指令和符号统一分配完地址后进行符号解析才是合理的。

那么链接器是如何知道合并后的目标文件中哪些位置需要更新符号地址的呢？汇编器在目标文件中创建了一个重定位表给链接器，链接器可以从重定位表中读取需要重定位的位置以及如何填充位置处的信息。我们可以通过工具 readelf 读出目标文件 hello.o 中重定位表的信息，这里删掉了不关注的列：

```
shenghan@han:~/c4/function/ret$ readelf -r hello.o

重定位节 '.rela.text' at offset 0x1100 contains 2 entries:
  偏移量                类型
000000000001          R_X86_64_16
00000000000b          R_X86_64_PC16
```

根据重定位表可见，目标文件 hello.o 在偏移 0x1 和 0xb 处分别需要更新符号地址。根据 hello.o 的反汇编可见，这两处正是引用符号 stack 和 sum 的地方。第 2 列指出了该符号重定位的类型，此类型表示如何在偏移处填充地址。偏移 0x1 处的类型为 R_X86_64_16，表示偏移 0x1 处需要填写操作数的 16 位绝对地址。偏移 0xb 处的类型为 R_X86_64_PC16，这里的 PC 是 IP 的同义词，PC16 表示相对指令指针的地址，宽度是 16 位的，即偏移 0xb 需要填写的地址为符号 sum 和 IP 之间的相对距离。对于寻址空间较大的处理器，显然使用相对寻址的指令长度更短。

对于我们的例子，偏移 0x1 处是 mov 指令的源操作数，mov 指令使用绝对寻址，处理器执行 mov 指令时，从指令编码中解析出操作数的绝对地址。偏移 0xb 处是 call 指令的目的操作数，call 指令使用相对寻址，处理器执行 call 指令时，从指令编码中解析出目标操作数的地址后，将其与指令指针相加得到的值作为操作数的绝对地址。假设指令中目的操作数的地址为 x，那么目的操作数的绝对地址为：

操作数的绝对地址 = x + IP

因此，在链接阶段，call 指令的目的操作数应该填充为 x，即：

x = 操作数的绝对地址 - IP

当链接器将目标文件 hello.o 和 sum.o 合并为可执行文件 hello.elf 后，其将全局统一分配各符号的地址。我们从文件 hello.elf 中查看符号 stack 和 sum 的地址，并计算一下重定位处应该填充的值。我们使用 readelf 查看，传递给 readelf 一个选项 " -s" 以告知其显示符号表信息，s 是单词 symbol 的首字母：

```
shenghan@han:~/c4/function/ret$ readelf -s hello.elf

Symbol table '.symtab' contains 10 entries:
   Num:      Value              Name
     4: 0000000000001000       stack
     5: 0000000000001000       sum
```

在符号表中，我们看到符号 stack 的地址为 0x1000，因此，链接器只需将符号 stack 的地址 0x1000 填写到 hello.o 的代码段偏移 1 处就好。x86 使用小端序，所以填写的 16 位地址应为 00 10。

符号 sum 的地址为 0x1000。有读者可能会问，0x1000 不是符号 stack 的地址吗？没错，但是 stack 只是标识栈底，栈底元素的地址是 0x1000-2，并不使用地址 0x1000，和 sum 并不冲突。对于 hello.o 的代码段偏移 0xb 处的值，因为使用指令指针相对地址，所以需要符号 sum 的地址和指令指针做差。当处理器执行指令 call 时，指令指针指向 call 指令的下一条指令，即 0xd。所以，此时填充在偏移 0xb 处的值应为：

```
0x1000 − 0xd = ff3
```

因为 x86 使用小端序，所以 ff3 的小端表示为 f3 0f。计算方式如图 4-49 所示。

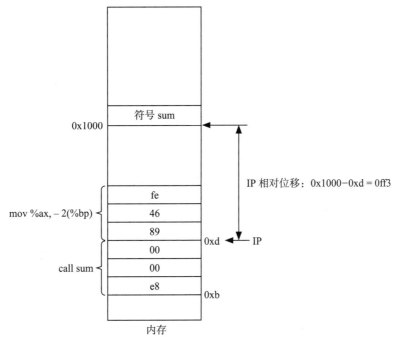

图 4-49　指令指针相对寻址的计算方式

我们使用 objdump 反汇编链接后的可执行文件 hello.elf，根据反汇编后的代码可见，链接器修订的这两处的地址和我们的分析完全相符，见下面代码的中高亮部分：

```
shenghan@han:~/c4/function/ret$ objdump -d -m i8086 hello.elf

0000000000000000 <start>:
    0:   bc 00 10            mov     $0x1000,%sp
    3:   89 e5               mov     %sp,%bp
    5:   83 ec 02            sub     $0x2,%sp
    8:   6a 0a               push    $0xa
    a:   e8 f3 0f            call    1000 <sum>
    d:   89 46 fe            mov     %ax,-0x2(%bp)
   10:   83 c4 02            add     $0x2,%sp
   13:   ba f8 03            mov     $0x3f8,%dx
   16:   ef                  out     %ax,(%dx)
```

```
  17:    f4                       hlt

0000000000001000 <sum>:
  1000:  55                       push   %bp
  ...
```

4.13.3　符号的可见性

为了在文件 hello.s 中可以引用文件 sum.s 中的符号 sum，我们使用伪指令 .global 修饰了符号 sum。如果去掉伪指令“.global sum”，那么链接时链接器将报符号 sum 未定义的错误：

```
(.text+0xb): undefined reference to `sum'
```

这是因为如果没有使用 .global 修饰符号 sum，那么其默认为目标文件 sum.o 的一个局部变量，对其他目标文件是不可见的。我们可以通过符号表查到这个符号的属性，注意 Bind 列符号 sum 的属性为 LOCAL，表示这个变量属于目标文件 sum.o 的本地局部变量，其他目标文件不可以使用：

```
shenghan@han:~/c4/function/ret$ readelf -s sum.o

Symbol table '.symtab' contains 5 entries:
  Num:    Value               Bind        Name
    4: 0000000000000000       LOCAL       sum
```

我们给符号 sum 增加一行“.global sum”修饰后，再来看符号 sum 的属性。可见其 Bind 列符号 sum 的属性已经由 LOCAL 变更为 GLOBAL 了，表示全局可见，其他目标文件可以引用这个符号：

```
shenghan@han:~/c4/function/ret$ readelf -s sum.o

Symbol table '.symtab'contains 5 entries:
  Num:    Value               Bind        Name
    4: 0000000000000000       GLOBAL      sum
```

因此，在编写程序时，如果一个符号是全局可见的，那么不允许在多个文件中使用同名符号，这样会给链接器造成困扰，不知道使用那个符号，在链接时会报符号重复定义的错误。

第 5 章 *Chapter 3*

C 语言程序设计

  汇编语言使得开发人员再也不需要使用 0 和 1 编码了。但是，开发人员还是需要记住和计算机体系结构相关的若干汇编指令及其特性，这对于开发人员而言是一个非常重的负担。另外，使用汇编语言比较刻板，需要开发人员严格按照体系结构相关的要求编写，用更接近机器的思维去编写程序，而开发人员更希望以人类思维去编写程序。更致命的一点是，不同的体系结构的汇编指令完全不同，如果一个程序需要运行在不同的体系结构中，那么开发人员需要为不同的体系结构分别编写代码。

  于是，人们又设计了与体系结构无关的、更符合人类思维的语言，称为高级语言。通过高级语言，开发人员可以使用更简洁的代码实现更复杂的逻辑，而从简洁的高级语言代码到复杂的汇编程序的过程，则由编译器这个工具帮助开发人员完成。高级语言编译器将高级语言编写的代码翻译为汇编语言，然后通过汇编器翻译为机器语言，最后使用链接器链接为可执行文件。

  1969 年，美国贝尔实验室的肯·汤普森（Ken Thompson）与丹尼斯·里奇（Dennis Ritchie）一起开发了 UNIX 操作系统。因为 UNIX 最初是用汇编语言写的，无法移植到其他计算机，所以他们决定使用高级语言重写。1972 年，丹尼斯·里奇和布莱恩·克尼汉（Brian Kernighan）设计了一种新的高级语言，称为 C 语言，并在 1973 年使用 C 语言重写了整个 UNIX 系统。此后，这种语言开始快速流传，广泛用于各种操作系统和系统软件的开发。1988 年，美国国家标准协会（ANSI）正式将 C 语言标准化，C 语言开始稳定和规范化。

  C 语言是高级语言的一种，但是 C 语言又赋予了开发人员很多直接操作底层的特性。直到今天，C 语言依然是最广泛使用、最流行的系统编程语言之一。很多操作系统的编写者依然使用 C 语言开发操作系统，比如 Linux 内核就是使用 C 语言开发的。

5.1 基本语法

C 语言并不是什么全新的事物，它是程序设计中汇编语言前的一环，使用了更接近人类思维方式的语法，由 C 编译器帮助人们将 C 代码翻译为汇编程序，如图 5-1 所示。

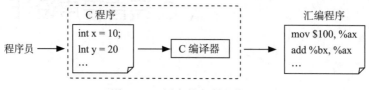

图 5-1　C 语言的角色和位置

如同自然语言由词汇、短语和句子构成一样，编程语言也有其基本的语法，这一节，我们就来介绍 C 语言的基本语法。

5.1.1　词法元素

如同汇编程序由若干汇编指令组成，C 程序由若干语句组成。每条语句由若干个词汇组成，这些词汇也称为标记（token），是组成 C 语言的最小语法单元。标记分为 5 类：关键字（keyword）、标识符（identifier）、符号（punctuator）、字符串（string）和常量（constant）。

关键字是编程语言中预先定义的有专门用途的词，每个关键字都有专有的含义，在程序中有着特定的功能，比如指定变量的类型。

标识符用作变量、函数等的命名，由程序员定义，必须以字母或下划线开头，且只能由字母、数字或下划线组成，不允许使用其他字符，不能包含空格，不能是关键字。标识符一旦声明，就可以在以后的程序语句中使用它来引用变量或者函数。

这里的符号不是链接中的符号（symbol），链接概念中的符号基本上可以等同于 C 语言中的标识符。C 语言的符号是指各种运算符以及标点符号。运算符是应用于一个或多个对象的操作，标点符号在不同的上下文有不同的作用，我们会在使用时结合上下文具体解释。图 5-2 是从 C 语言标准中截取的符号。

```
[   ]   (   )   {   }   .   ->
++  --  &   *   +   -   ~   !
/   %   <<  >>  <   >   <=  >=  ==  !=  ^   |   &&  ||
?   :   ;   ...
=   *=  /=  %=  +=  -=  <<=  >>=  &=  ^=  |=
,   #   ##
<:  :>  <%  %>  %:  %:%:
```

图 5-2　C 语言标准符号

字符串是使用双引号扩起来的字符序列，比如"Hello world"就是一个字符串。字符串在内存中使用数组的方式存储，所以字符串本质上是一个字符数组。

常量是程序中用作值的数字、字符或字符串。常量的值在编译时就已经确定下来，存储在文件中。当程序运行时，常量被加载到内存中，其所在的内存区域是只读的，不能修改。编译器在编译时也会进行检查，当检测到对常量的写操作时会停止编译。

在不能区分标记的地方，需要使用空格作为标记的分隔符，空格没有数量要求，但是为了可读性，通常使用一个空格。

另外，我们在编写代码时，有时在程序中会对某些代码进行说明，称为注释。注释能够增强程序的可读性，以方便程序员的理解和阅读。注释使用"//"开头，也可以使用"/*"和"*/"包围起来，C编译器遇到"//""/* … */"时将直接忽略，不对其进行编译：

```
int i = 10; // 这是注释
// 这是注释
// 这是注释
int j = 20;
/* 这是注释 */
int k = 30;
/*
 * 这是注释
 * 这是注释
 */
int x = 40;
```

5.1.2　表达式

在语言中，比词大的语法单位就是短语了。C语法中也有类似短语这样的概念，称为表达式（expression，简写为expr），由一系列运算符和操作数组成。比如：

```
x + y
```

是一个算术表达式，表示计算 x 和 y 的和。

```
x = y
```

是一个赋值表达式，表示取出变量 y 中的值，存储到变量 x 中。

```
x < y
```

是一个关系表达式，表示比较 x 和 y 的大小。如果 x 小于 y，则该表达式的值为 true，否则为 false。

```
x && y
```

是一个逻辑表达式，表示当 x 和 y 都为 true 时，该表达式的值才为 true。

如同在数学中进行加减乘除等混合运算时有相应的运算规则，当一个表达式由多个符号和操作数组成时，C 表达式的求值也有自己的规则，基本上是按照运算符优先顺序进行运算。比如下面的表达式涉及算术运算、关系运算和逻辑运算：

```
x > 10 && (x + y) * z > 100
```

依据 C 语言运算符的优先级顺序：算术运算 > 关系运算 > 逻辑运算。所以上述表达式首先进行算术运算 (x + y) * z。C 语言中括号的优先级最高，所以先算括号中的 x + y，然后将 x 与 y 的和与 z 相乘。完成算术运算后，接下来进行两个关系运算，即比较 (x + y) * z 的值与 100，得出 true 或者 false。同时比较 x 和 10，得出另外一个 true 或者 false。最后将这两个 bool 值进行逻辑与，求出最终表达式的值。

对于复杂的表达式，实际编程中通常使用括号确保计算按照我们预期的顺序进行，比如对于上面这个复杂的表达式，我们可以使用括号进一步明确计算顺序如下：

```
(x > 10) && (((x + y) * z) > 100)
```

5.1.3　声明

在汇编语言中，我们可以直接使用内存地址访问内存，也可以使用寄存器 BP 或者 SP 引用栈帧中的局部变量；还可以在需要引用的内存处定义一个标签，通过这个标签访问内存；等等。在 C 语言中，为了方便地引用内存，C 语言中引入了变量（variable），用来标识一个内存地址，指代内存中的一个数据对象。每个变量都有一个名字，开发人员可以直接通过变量名访问内存，C 编译器会将其转换为汇编语言中的标签或者类似 BP-4 这样的内存地址。

显然仅仅有一个冰冷的名字是不够的，比如下面给变量 i 赋值的代码：

```
i = 10;
```

这个赋值动作是给标识符 i 之后的 1 个字节、2 个字节，还是其他大小的内存赋值为 10 呢？

显然，开发人员需要告知 C 编译器关于这个变量更多的信息，如这个变量指代的数据对象在内存中占几个字节，存储的是什么类型的值等。如此，C 编译器才能将其翻译为合理的汇编语言，如对于 8 位操作数，选择使用 8 位寄存器，有的指令还需要给助记符加上后缀"b"。C 编译器还可以根据类型信息检查变量的赋值是否合理等。

C 语言为此提供了声明（declaration）来实现这一功能，下面是一个变量的声明：

```
int i;
```

这行代码声明一个整型变量。其中，int 是关键字，表示变量的类型，int 表示 32 位的整型。声明以一个分号结束。

声明也可以伴随着定义，所谓的定义，即为变量分配内存以及可能的赋值行为。比如下面代码在声明的同时，将变量 i 所在的内存赋值为 10：

```
int i = 10;
```

如果一个变量在别处有了定义，则需要使用关键字 extern 告诉编译器该变量在其他处已有定义，不要再分配内存了，直接使用即可：

```
extern int i;
```

除了变量，函数也需要声明。C 编译器需要在调用函数的地方知晓函数是否有传入的参数、参数的类型、是否有返回值以及返回值的类型等。如下是一个函数的声明，也称为函数原型：

```
bool f1(int x, short y);
```

这行代码声明了一个函数，f1 是一个标识符，称为函数名，类似于汇编程序中函数起始地址的标签。f1 接收两个参数，第一个参数是一个 32 位的整型变量，第二个参数是一个 16 位的整型变量。函数有一个 bool 类型的返回值。bool 是 C 语言中的一种类型，值为 true 或者 false。

有了函数的声明，C 编译器就可以在函数调用的地方检查传递的参数数量是否合理、参数类型是否有效，并生成传递参数的汇编代码等。

5.1.4　语句

C 语言通过声明引入数据对象后，接下来需要出场的就是对这些数据对象的各种操作，在 C 语言中称其为语句（statement）。C 语言中包含五种类型的语句：表达式语句、复合语句、选择语句、循环语句以及跳转语句。

1. 表达式语句
表达式语句就是表达式加上一个分号，比如下面的语句：

```
y = x + 1;
```

C 语言中的赋值、函数调用等都是表达式语句。

表达式语句中的表达式可以为空，当表达式为空时，称为空语句（null statement）。

2. 复合语句
复合语句也称为语句块（block），由一系列的语句和声明构成，语句块由两个大括号包围起来。比如当某个条件满足时，需要多条语句才能完成一件事，那么这时就可以将这些语句组成一个语句块，作为一个整体，当条件满足时，整个语句块中的语句都会被执行。

语句块可以嵌套，即语句块中包含语句块。比如下面的代码片段就含有两个语句块，其中一个语句块包含了另外一个语句块。

```
{
  int x = 10;
```

```
    {
      int i = 10;
      int j = i + 10;
    }
}
```

3. 选择语句

在编写程序时，我们经常会遇到需要根据判定条件来控制程序的运行流程。于是 C 语言设计了选择语句。顾名思义，选择语句就是依据条件，从多个分支中选择一个分支执行，形如：

```
if (expr) statement;
```

其中 if 为关键字，表示后面的是条件选择语句。使用圆括号括起来的表达式 expr 为条件，当其值为真时，就执行 statement 部分。statement 可以是一条语句，也可以是放在大括号里面的复合语句。if 语句可以带有 else 分支，当指定条件不成立时，执行 else 分支的代码。else 还可以与另外一条 if 语句连用，构成多重选择：

```
if (x < 10) {
  y = 100;
} else if (x > 100){
  y = 200;
} else {
  y = 300;
}
```

4. 循环语句

除了选择结构外，编写程序时常会用到的另外一种典型结构是循环结构。顾名思义，循环结构是为重复执行语句而设计的。C 语言提供了三种循环语句：while 循环、do-while 循环和 for 循环。循环语句由循环体及终止条件两部分组成。重复执行的语句称为循环体，终止条件决定是否继续重复执行。

while 循环首先计算终止条件的值，然后根据终止条件的值决定是否执行循环体。do-while 循环是 while 循环的变体，与 while 循环不同的是它先执行循环体，再进行终止条件判断。for 循环将初始化、循环条件和循环后对循环变量的修改放在一起，常用于能够预先判断循环次数的循环，如遍历一个数组。

5. 跳转语句

C 语言中有 4 条无条件跳转指令，分别是 continue、break、return 和 goto。

continue、break 都与循环有关。当在循环体内准备跳过剩余部分，回到循环体的头部，开始执行下一轮循环时，需要使用 continue 语句。而当在循环体内打算跳出循环时，使用 break 语句。除了用在循环中，break 也用在 switch 语句中，当从 switch 语句中的 case 分支跳出时，需要使用 break 语句。

当从被调函数返回调用者时，需要使用 return 语句。

C语言还提供了 goto 语句，编程人员可以使用这条语句跳转到程序的任何位置，只需要在目的位置处放置一个标签。

5.1.5 标识符

5.1.1 节已经简单介绍了标识符的定义，本节将详细介绍标识符的主要特性，主要包括作用域和链接性两个方面。

1. 标识符的作用域

我们知道，对于一个函数内的局部变量，其在函数的栈帧中只对其所属函数可见，其他函数是不可见的。如果想要一个变量对所有函数都可见，那么这个变量需要声明在函数外，编译器会将变量分配在数据段中。编程语言将变量的这种可见性称为作用域。

基本上，C语言的作用域从小到大可以划分为块作用域、函数作用域、文件作用域。对于文件作用域，还可分为本文件可见和全局可见。

标识符的可见性遵循从内到外的原则。当寻找一个标识符时，C编译器首先在当前域寻找，同域内找不到时，再向上级作用域寻找。下面的代码展示了不同作用域的标识符可见性：

```
int x; // 标识符 x 的作用域属于文件作用域，整个文件 ( 包括其他文件 ) 都可见


void f() {
  int y = x; // 标识符 y 的作用域为函数作用域，整个函数都可见，这里
             // 引用了文件作用域中的标识符 x
  {
    int z = x; // 表示符 z 的作用域为块作用域，仅在此语句块中可见
               // 这里引用了文件作用域中的标识符 x
  }
  z = 100; // 这里访问的标识 z 只在上面的代码块内可见，在此处是不可见的
           // 因此在编译时，C 编译器将报标识符 z 未声明的错误
}
```

可以在不同的作用域定义同名的标识符，但是内部作用域的标识符将屏蔽外部作用域的同名标识符，如下面的例子：

```
int x; // 标识符 x 的作用域属于文件作用域，整个文件 ( 包括其他文件 ) 都可见

void f() {
  int x = 20; // 此处声明的标识符 x 将屏蔽文件作用域的同名标识符 x
              // 在函数 f 内，所有用到标识符 x 的地方，都使用此标识符
  int y = x; // 使用函数 f 作用域内声明的标识符 x
  {
    int x = 30; // 此处声明的标识符 x 将屏蔽函数作用域和文件作用域的同名标识符 x
    int z = x; // 使用块内声明的标识符 x
  }
  int z = x; // 使用函数作用域内的标识符 x
}
```

2. 标识符的链接性

标识符的作用域和链接相关，为此，C语言定义了另外一个术语，称为链接性（linkage）。假设我们在一个文件的文件作用域内声明了一个整型变量 x，想在另外一个文件中使用：

```
//a.c
int x = 0;

int main() {
  x = 10;
}

// b.c
void f() {
  x = 20;
}
```

在编译时，文件 a.c 和 b.c 作为独立的单元分开编译，各自生成对应的目标文件，最后由链接器将多个目标文件链接为一个可执行文件。显然，在编译阶段，当 C 编译器编译文件 b.c 时，它是找不到标识符 x 的，编译器将报标识符 x 未声明的错误。

如果我们在文件 b.c 中也把 x 的声明加上：

```
// b.c
int x = 0;

void f() {
  x = 20;
}
```

这样做虽然编译阶段没有问题，但是显然目标文件 a.o 和 b.o 的符号表中分别存在一个名为 x 的标识符，链接时链接器将报标识符 x 重复定义的错误。

为此，C 语言引入标识符的链接性的概念。我们可以在文件 b.c 中标识符 x 的声明前加上一个关键字 extern，告知 C 编译器标识符 x 在其他文件中定义了。通过 extern 关键字，C 编译器即知晓了标识符 x 的类型信息，就不会再额外定义一个 x 了，这种链接性称为外部链接性：

```
// b.c
extern int x = 0;

void f() {
  x = 20;
}
```

假设文件 a.c 不想让文件 b.c 使用标识符 x，那么在文件 a.c 中可以使用关键字 static 修饰标识符 x，限制标识符 x 仅文件 a.c 内部可见，这种链接性称为内部链接性：

```
//a.c
```

```
static int x = 0;

int main() {
  x = 10;
}
```

使用关键字 static 修饰了标识符 x 后，标识符 x 不再是一个全局可见的符号，而是变成了一个 a.o 文件范围内可见的局部符号。所以链接器链接时将报标识符 x 未定义的错误。

如果文件 b.c 一定要使用一个名称为 x 的变量，那么可以在自己的文件范围内声明一个名称为 x 的变量：

```
//a.c
static int x = 0;

int main() {
  x = 10;
}

// b.c
int x = 0;

void f() {
  x = 20;
}
```

如果又有一个文件 c.c 想要使用文件 b.c 中的变量 x，那么 c.c 中需要使用 extern 声明一个外部标识符 x：

```
//a.c
static int x = 0;

int main() {
  x = 10;
}

// b.c
int x = 0;

void f() {
  x = 20;
}

// c.c
extern int x;

void f2() {
  x = 30;
}
```

文件 a.c 中的标识符 x 和文件 b.c 中的同名标识符 x 会发生冲突吗？文件 c.c 中访问的

一定是文件 b.c 中的标识符 x 吗？此时，经过 static 约束后，全局范围内只有一个符号可见，那就是文件 b.c 中的标识符 x，所以链接器一定会将文件 c.c 中访问的标识符 x 链接到文件 b.c 中的标识符 x。本质上，链接器就是将 c.c 中的标识符 x 的地址填充为 b.c 中定义的标识符 x 的内存地址。

图 5-3 展示了上述例子中内部和外部链接性的关系。

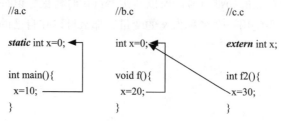

图 5-3　内部和外部链接性的关系

5.1.6　对象的存储类别

文件作用域的数据对象存储在数据段中，它们在程序初始化时创建，在程序退出时释放，它们的生命周期与程序的生命周期完全相同。在使用这种存储类型的对象时，程序不用动态地分配和释放，C 语言将这种存储类型称为静态的（static）。

与静态相对应的，就是动态分配和释放对象。动态分配又分为自动分配和手动分配。

对于函数作用域内的数据对象，它们的创建和释放是自动的，不需要编程人员干预。由编译器生成的代码在函数调用时在栈帧上分配，在函数退出时释放。C 语言将这种存储类型称为自动的（automatic）。

对于函数作用域的对象，C 语言也支持使用关键字 static 告知编译器在数据段中分配内存，而不是在栈中，语法如下：

```
void f() {
  static int i = 10;
}
```

C 语言还支持开发人员在程序运行时手动自己申请和释放内存，通常将这种由程序员手动分配内存的方式称为动态分配（allocate）。动态分配的内存也是在数据段中，全局可见，且不会随着函数退出自动消失，但是又不用一直占据着内存。也就是说，开发人员具有完全控制权，在使用时分配内存，在不使用时释放内存。动态分配的方式申请时需要一些开销，需要在数据段中寻找可用内存区域。

5.1.7　头文件

一个大的软件工程是由多个文件组成的，每个文件中都包含很多变量和函数。在一个文件中除了可能使用本文件中声明和定义的变量和函数外，还可能使用其他文件中声明和

定义的变量和函数。但是因为 C 编译器编译时各个文件是独立编译的，所以当一个文件使
用了其他文件中的符号时，C 编译器对这些符号是一无所知的，它无法将 C 语言正确地翻
译为汇编指令。为此，当文件中使用了外部符号时，首先需要将外部符号的信息引入进来。
比如下面文件 b.c 的函数 f 中使用了两个外部符号，一个是 x，另外一个是 f1，因此，在使
用这些外部符号前，需要将外部符号的声明引入进来，见下面代码中的黑体部分：

```
// b.c

extern char x = 0;
int f1();

void fb() {
  char y = x;
  int r = f1();
}
```

假设此时又有另外一个文件 c.c 也需要使用这两个符号，那么同样，c.c 也需要引入这
两个符号的外部声明：

```
// c.c

extern char x = 0;
int f1();

void fb() {
  char y = x;
  int r = f1();
}
```

我们看到，每一个文件都需要重复写一份。此时，如果编写文件 a.c 的程序员将文件中
变量 x 的声明改变了，从 char 类型变更为 int 类型，那么文件 b.c 和 c.c 中的代码全部需要
更改。更可怕的是，如果文件 c.c 中忘了更改或者更改错了 x 的声明，那么错误就发生了。
用一个字节的 char 类型的 y 去容纳 4 个字节的 int 类型的 x，就可能发生溢出。

为此，C 语言支持将一个文件中供外部使用的符号声明在一个以 ".h" 结尾的头文件中，
如果有文件需要使用这些声明，包含这个头文件即可。有了头文件后，变更变得非常容易，只
需要修改头文件即可，避免了很多重复性的工作。而且所有的声明只有一份，避免了多处声
明可能导致的不一致。比如，文件 a.c 中供其他文件使用的变量和函数声明在头文件 a.h 中：

```
// a.h

extern char x = 0;
int f1();
```

5.1.8　预处理指令

为了使用其他头文件中声明的符号，C 语言提供了预处理指令 "#include"，比如文件

b.c 要使用文件 a.h 中声明的符号，那么就可以使用 #include 将 a.h 包含进来：

```
// b.c

#include "a.h"

void fb() {
  char y = x;
  int r = f1();
}
```

在编译前，C 编译器的预处理指令 #include 会将其后面的头文件 a.h 中的内容展开到文件 b.c 中，如图 5-4 所示。因为这个过程发生在正式编译之前，所以称为预处理。

```
// a.h

extern char x= 0;
int f1();

// b.c

#include "a.h"

void fb() {
  char y = x;
  int r= f1();
}
```

预处理 ⇨

```
// b.c

extern char x = 0;
int f1();

void fb() {
  char y= x;
  int r = f1();
}
```

图 5-4　预处理指令 #include

C 语言支持多个预处理指令，#incude 只是其一。所有的预处理指令都以 # 开头，比如预处理指令 #pragma，当其后面接参数“ once”时，即“ #pragma once”，常用在头文件的开头，用于避免同一个头文件被包含多次。在大型项目中，某个头文件可能同时被不同的文件包含，最终可能在某个文件中包含多次，显然只要包含一份即可，此时，我们就可以在头文件的开头写上一条预处理指令 #pragma once，避免重复包含。

#define 是另外一个常见的预处理指令，可以定义一个宏，C 编译器在预处理时会将宏替换为其他定义。比如下面的预处理指令 #define 定义了一个宏 MAX，在编译前，预处理器会将代码中的 MAX 替换为 1000：

```
#define MAX 1000

int i = MAX;
```

经过预处理后，上述代码片段中的宏 MAX 将被替换为 1000，如图 5-5 所示。

```
#define MAX 1000
int i = MAX;
```

预处理 ⇨

```
int i = 1000;
```

图 5-5　宏替换

使用宏的一个显而易见的好处是如果程序代码中多处使用了一个值，那么就可以定义一个宏，这样当修改这个值时，只需修改宏定义，无须修改多处。

宏可以有参数，比如下面的代码中定义了一个宏 V，其接收一个参数。预处理时，V(10) 就会被替换为（1000 + 10）：

```
#define V(x) (1000 + x)

int i = V(10);
```

5.2　C语言入口

C 标准定义了两种运行环境，一种是自由环境（freestanding environment），就是程序不需要额外环境的支持，不依赖操作系统和 C 库，所有的功能都在单个程序的内部实现，直接运行在裸机（bare metal）上。另一种是宿主环境（hosted environment），针对的情况是具有操作系统的计算机系统，程序运行在操作系统之上。我们在 Linux 操作系统上运行程序就属于后者。

在宿主环境下，程序运行在操作系统之上，程序启动前和退出前需要进行一些初始化和善后工作，而这些工作与宿主环境密切相关，并且不属于某一个应用程序范畴，而是属于公共的部分，应用开发人员无须关心这些。于是 C 将这些部分抽取出来，放在了公共的代码中。这些公共代码被称为运行时启动代码（runtime startup code），其实不只是程序启动时的代码，也包括程序退出时执行的一些代码。C 标准规定用户程序的入口函数为 main，所以启动代码执行完必要的初始化后，会跳转到用户程序的入口函数 main。

C 编译器链接时，会将启动代码链接到程序的头部。在运行程序时，操作系统内核会将程序加载到内存中，接着跳转到启动代码部分的入口 _start 处，然后由启动代码跳转到用户代码入口 main 处，如图 5-6 所示。

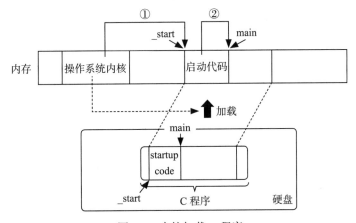

图 5-6　内核加载 C 程序

C 标准约定函数 main 的返回类型为整型（int）、没有参数，形如：

```
int main() { … }
```

或者接收 2 个参数，形如：

```
int main(int argc, char* argv[]) { … }
```

其中 int 是函数返回类型，属于语法标记中的关键字，表示 32 位的整数，写在函数的最前面。然后是函数的名字 main，main 是 C 语言中的标识符，用来标识函数，相当于汇编语言中的标签。紧接在函数名字之后的是使用圆括号扩起来的参数列表。最后是使用大括号括起来的函数体，函数体由语句组成。

5.3 第一个 C 程序

了解了 C 语言的基本语法后，本节将开启我们的 C 语言之旅。C 语言的源代码文件以 .c 结尾，我们将下面的代码录入文件 hello.c：

```
01 #include <stdio.h>
02
03 int main() {
04    int student_number = 10;
05    printf("student number: %d\n", student_number);
06    return 0;
07 }
```

第 4 ~ 6 行代码为 main 函数的函数体。第 4 行语句定义了一个整型变量 student_number，其类型为 int，int 是 C 的关键字，C 标准规定 int 的长度为 32 位。student_number 是 C 标记中的标识符，用来标识变量，我们通常将其称为变量名。C 语言中的符号"="与数学中的定义不同，这里不是等于的意思，而是表示赋值（assign），通过赋值符号为变量 student_number 赋初值 10。C 语法不要求赋值符号两侧必须有空格，但是为了易读性，我们在赋值符号两侧各放置了一个空格。最后我们按照 C 语法的规定，使用分号结束了这条语句。

第 5 行语句通过调用函数 printf 将变量 student_number 的值打印到了屏幕上。printf 是 C 标准函数库中提供的一个函数，C 库中的函数与我们自己实现一个函数并无本质区别，只不过是其他开发人员实现的，我们直接使用即可。链接时，链接器将自动链接这些标准函数所在的 C 库。

函数 printf 可以接收多个参数，并将多个参数按照指定格式连接为一个字符串输出到显示器。其中第一个参数是一个格式描述，%d 使用后面的其他参数替换，替换的参数是一个十进制整型。

C 语法要求使用函数前必须事先声明。我们前面学过汇编，从汇编的角度来看，这很容易理解。C 编译器在将函数转换为汇编中的 call 指令前，需要根据函数原型知晓如何将各个参数存入 C 调用约定的寄存器，除此之外，C 编译器还可以从语法角度帮助程序员检查传递给函数的参数类型和个数是否合理，等等。函数 printf 的声明在 C 标准头文件 stdio.h 中，所以第 1 行代码包含了头文件 stdio.h。"#include"为 C 语言的预处理指令，在正式编译前，C 预处理器会将文件 stdio.h 中的内容展开到文件 main.c 中。

在编写代码时，为了易读性，通常我们会在不同逻辑块的代码之间适当地使用空行，比如在预处理语句和 main 函数之间插入一个空行。

C 标准约定 main 函数需要返回一个 int 类型的返回值。如果程序正常结束运行，则返回 0；如果是因为错误异常终止，则返回非零值。所以第 6 行语句中使用关键字 return 从 main 返回到启动代码。看到关键字 return 是不是想起了 x86 的 call 和 ret 指令，没错，C 编译器会将关键字 return 翻译为指令 ret。

最后，我们使用 gcc 编译器进行编译：

```
shenghan@han:~/c5$ gcc hello.c -o hello.o
```

gcc 将调用 C 预处理器、C 编译器、汇编器以及链接器完成整个编译过程，生成可执行文件。如果不指定可执行文件的名字，则默认生成的可执行文件为 a.out，我们这里使用选项 -o 告诉 gcc 生成可执行文件的名字为 hello。运行 hello 就可以在屏幕上看到输出"student_number: 10"。

函数 printf 的实现在 C 库中，我们使用命令 ldd 可以清晰地看到可执行文件 hello 链接了 C 库：

```
shenghan@han:~/c5$ ldd hello
        linux-vdso.so.1 (0x00007fffd6f79000)
        libc.so.6 => /lib/x86_64-linux-gnu/libc.so.6
                (0x00007f1877b4f000)
        /lib64/ld-linux-x86-64.so.2 (0x00007f1877d5a000)
```

5.4 从 C 语言到机器语言

前面编译 C 语言程序时，我们看到在 Linux 系统上，只需使用 gcc 一条命令就可以完成整个编译过程。但是事实上，C 程序的编译过程包括多个阶段，在整个编译过程中，gcc 就像一个导演一样，调用其他相关程序完成整个编译过程，包括 C 编译器 cc1、汇编器 as 和链接器 ld。其中，cc1 完成从 C 语言到汇编语言的翻译过程。它首先分析 C 程序的词法、语法和语义，然后生成中间代码，并对中间代码进行优化，目标是使最终生成的可执行代码的执行时间更短、占用的空间更小，最后生成汇编代码。汇编器 as 和链接器 ld 我们之前已经见过了，汇编器 as 负责将汇编程序翻译为机器语言，链接器 ld 负责多个机器语言程序的合并、符号的解析定位等。整个过程如图 5-7 所示。

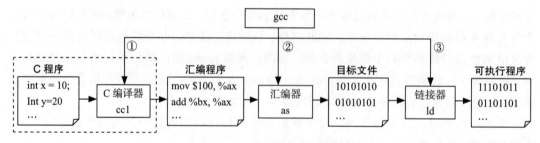

图 5-7　C 语言程序编译过程

我们可以给 gcc 传递一个参数 "-v" 打印出 gcc 编译过程各阶段的详细信息。以编译 hello.c 为例，我们可以在屏幕上看到类似如下输出：

```
shenghan@han:~/c5$ gcc -v hello.c -o hello
…
/usr/lib/gcc/x86_64-linux-gnu/9/cc1 … hello.c … -o /tmp/ccS4gkYd.s
…
as -v --64 -o /tmp/ccleoj5e.o /tmp/ccS4gkYd.s
…
/usr/lib/gcc/x86_64-linux-gnu/9/collect2 … /usr/lib/gcc/
      x86_64-linux-gnu/9/../../../x86_64-linux-gnu/crti.o
    /usr/lib/gcc/x86_64-linux-gnu/9/crtbeginS.o …
  /tmp/ccleoj5e.o … /usr/lib/gcc/x86_64-linux-gnu/9/crtendS.o
…
```

根据 gcc 编译过程的详细信息可见：

1）gcc 首先使用 C 编译器 cc1 将使用 C 语言编写的程序 hello.c 翻译为汇编语言，存储到临时文件 ccS4gkYd.s 中。

2）然后，gcc 调用汇编器 as 将汇编程序 ccS4gkYd.s 翻译为机器语言，存储在目标文件 ccleoj5e.o 中。

3）最后，gcc 调用程序 collect2，这个程序会调用链接器 ld 完成链接过程。其间，我们可以清楚地看到链接器将 crt 开头的多个目标文件和 ccleoj5e.o 链接到一起，这些以 "crt" 开头的文件就是启动代码对应的目标文件，crt 是 C RunTime 的缩写。

我们也可以给 gcc 传递参数，让 gcc 在某个编译阶段停止。比如，我们可以通过给 gcc 传递参数 "-S" 让 gcc 在 C 编译阶段后停止：

```
shenghan@han:~/c5$ gcc -S hello.c
```

然后在当前目录下就可以看到一个相应的汇编程序文件 hello.s。为了易读性，我们适当进行了删减，去除了伪指令，其内容类似如下：

```
    .text
    .globl  main
    .type main, @function
main:
```

```
pushq   %rbp
movq    %rsp, %rbp
subq    $16, %rsp
movl    $10, -4(%rbp)
movl    -4(%rbp), %eax
movl    %eax, %esi
leaq    .LC0(%rip), %rdi
movl    $0, %eax
call    printf@PLT
movl    $0, %eax
leave
ret
```

我们可以清楚地看见 C 编译器将 C 语言最终翻译为了汇编程序。

事实上，C 编译过程还可拆分为两个阶段：编译预处理和编译。在真正的编译过程，即将 C 语言翻译为汇编语言的过程之前，C 编译器首先要处理源代码中的预处理指令，为编译做一些准备工作。比如遇到预处理指令 #include，则将 stdio.h 文件包含进来。我们可以通过给 gcc 传递参数 "-E" 看到这一具体过程：

```
shenghan@han:~/c5$ gcc -E hello.c
…
typedef unsigned char __u_char;
typedef unsigned short int __u_short;
…
extern int printf (const char *__restrict __format, ...);
…
# 3 "hello.c"
int main() {
  int student_number = 10;
  printf("student number: %d\n", student_number);
  return 0;
}
```

我们可以清楚地看到，gcc 将 stdio.h 的内容展开到了我们的源码文件中。

对于编译后的可执行程序，我们可以使用 objdump 反汇编，查看 C 编译器将 C 语句翻译为哪些汇编程序及及指令。有一点需要特别指出，在编译某些代码时，C 编译器将默认安插一些栈保护的代码，给阅读反汇编后的代码带来很多干扰，所以我们可以给 C 编译器传递一个选项 "-fno-stack-protector" 关掉 C 编译器安插的栈保护代码，同时还传递了一个关闭安全相关的检查控制流的选项 "-fcf-protection=none"：

```
shenghan@han:~/c5$ gcc -fno-stack-protector -fcf-protection=nonehello.c -o
                  hello.o
```

5.5 变量

在 5.1.3 节我们初步认识了变量，这一节我们来详细讲述变量。

5.5.1 变量类型

为了描述一个变量占据的内存信息，C 语言为变量定义了类型（type）。C 标准定义了三种基本数据类型：字符型（char）、整型（int）和浮点型。其他复杂的类型都是基于基本数据类型派生的。

1）char 类型：char 在 C 语言中用于存储字符，所以称为字符型，大小为 1 个字节。因为字符在计算机内部是使用整数代表的，char 类型存储的本质上也是一个整数。因此，char 也属于整型。

2）int 类型：C 标准定义了 int 类型用于存储整数。但是整数的长度跨度比较大，如果长度太长，存储小整数时会浪费空间，如果长度太短，存储大整数时空间会不够。为此，C 定义了修饰符 short 和 long 来修饰 int，提供不同长度的整型。C 标准并没有给出每种类型占据几个字节，仅仅规定了 long ≥ int ≥ short ≥ char。具体由 C 编译器的实现者自行定义，比如在 64 位处理器上，一般 int 为 4 字节，short 为 2 字节，long 为 8 字节。

3）浮点型：浮点数就是我们说的小数，根据小数位数的不同，分为单精度浮点型（float）和双精度浮点型（double）。以 float 为例，它占用 4 个字节，其中 1 个字节存放指数的值和符号，余下的 3 个字节存放小数的值和符号。double 比 float 精度高，占用 8 个字节。

对于整型，默认其是有符号的，最高位用作符号位，最高位为 0 表示正数，最高位为 1 表示负数。事实上在某些情况下，我们只需变量存储正数，那么此时就可以把符号位节省出来，用来表示有效位数，进而使得可表示的数字个数扩大一倍。比如使用 8 位有符号类型表示正数，最多只能到 127，但是如果用无符号，则可以翻一倍，为 256。再如使用 16 位有符号数表示正数，最多表示 32768，如果无符号，则可以翻倍，表示 65536。为此，C 提供了修饰符 signed 和 unsigned 来分别表示有符号整数和无符号整数。

对于浮点类，多一位小数可以，少一位小数意义不大，因此，浮点型不支持无符号修饰符，全部按照有符号表示。

综上，表 5-1 给出了 C 语言常用的基本类型，以及在 64 位 x86 下的长度。

表 5-1　C 语言的常用基本类型以及在 64 位 x86 下的长度

类型	描述
char	字符类型，存储字符，长度为 1 字节
signed char	有符号字符类型，存储有符号小整数。占 1 个字节，存储 $-2^7 \sim (2^7-1)$，因为 0 也占据 1 个正数，所以这是减去 1 的原因，即 $-128 \sim 127$ 的小整数
unsigned char	无符号字符类型，存储无符号小整数，占 1 个字节，存储 $0 \sim (2^8-1)$ 的小整数
int signed signed int	有符号整型，存储整数，长度为 4 字节
unsigned unsigned int	无符号整型，存储非负整数，长度为 4 字节

（续）

类型	描述
short short int signed short signed short int	有符号短整型，存储整数，长度为 2 字节
unsigned short unsigned short int	无符号短整型，存储非负整数，长度为 2 字节
long long int signed long signed long int	有符号长整型，存储整数，长度为 8 字节
unsigned long unsigned long int	无符号长整型，存储非负整数，长度为 8 字节
float	单精度浮点型，存储小数，长度为 4 字节
double	双精度浮点型，存储小数，长度为 8 字节

我们再来看一下 long 类型，其在 64 位 x86 上的长度为 8 字节，而在 32 位上为 4 字节。如果要在 32 位上存储 8 字节整数，那么要定义为 long long 类型。但是如果我们的程序中一定需要使用一个 8 字节的整数，那么就要为 64 位和 32 位分别写下声明：

```
long x;
```

和

```
long long x;
```

显然，这样的代码不具有良好的移植性，因此，C 语言支持类型别名，即我们可以使用关键字 typedef 将一个类型另起一个别名，然后我们就可以使用别名声明变量。比如，我们使用 typedef 定义一个别名 int64_t：

```
#if defined(__x86_64__)
  typedef long int64_t
#elif defined(__i386)
  typedef long long int64_t
#endif
```

编译器编译时根据处理器类型定义 int64_t。如果处理器为 64 位 x86，那么 int64_t 的类型为 long；如果处理器为 32 位 x86，那么 int64_t 的类型为 long long。有了别名后，我们就可以不用为不同平台写下不同的代码，而是通过巧妙的定义别名来获得更好的移植性：

```
int64_t x;
```

5.5.2　局部变量

属于函数作用域的变量，是函数的私有变量，只在本函数内可见，相对于在整个程序内全部函数都可见的变量，称为局部变量。因为这些变量在进入函数时由 C 编译器生成的汇编代码负责在栈帧中分配，退出时随着函数栈帧的释放而自动释放，无须 C 编程人员手动申请和释放，所以也称为自动变量。

下面代码在函数 main 中定义了四个变量——x、y、z 和 m，类型分别为 char、short、int 和 long，并分别将它们初始化为 1、2、3 和 4：

```c
#include <stdio.h>

int main() {
  char x = 1;
  short y = 2;
  int z = 3;
  long m = 4;

  printf("Hello world.\n");
}
```

这四个变量都在函数 main 的内部，属于 main 函数的局部变量，分配在 main 函数的栈帧中。按照我们在第 4 章所学，理论上应该在函数 main 的栈帧中压入 BP 之后，依次分配 1 个字节给变量 x、2 个字节给变量 y、4 个字节给变量 z、8 个字节给变量 m，并使用 BP 作为锚点引用这些局部变量。我们来看看 C 编译器 gcc 是否帮我们写了这些汇编指令。将上述代码录入 hello.c 后编译，然后使用 objdump 反汇编，命令如下：

```
shenghan@han:~/c5/local-var$ gcc hello.c -o hello
shenghan@han:~/c5/local-var$ objdump -d hello
```

虽然我们的程序很短，但是因为链接器会链接启动代码，所以反汇编后会输出很多与 main 函数不相干的代码，这里我们只关注 main 函数中与局部变量相关的机器码：

```
0000000000001149 <main>:
  114d:  55                    push   %rbp
  114e:  48 89 e5              mov    %rsp,%rbp
  1151:  48 83 ec 10           sub    $0x10,%rsp
  1155:  c6 45 f1 01           movb   $0x1,-0xf(%rbp)
  1159:  66 c7 45 f2 02 00     movw   $0x2,-0xe(%rbp)
  115f:  c7 45 f4 03 00 00 00  movl   $0x3,-0xc(%rbp)
  1166:  48 c7 45 f8 04 00 00  movq   $0x4,-0x8(%rbp)
```

根据反汇编代码可见，在偏移 114d 和 114e 处将主调函数的栈帧基址 RBP 压栈并将寄存器 RBP 指向 main 函数的栈底后，偏移 1151 处的指令将栈顶指针寄存器 RSP 减去了 0x10 个字节，为函数 main 的局部变量预留了空间。根据偏移 1155 ～ 1166 处的汇编指令可见，显然这些指令是在依次初始化这些局部变量。

当不能依据操作数判断出其宽度时，AT&T 汇编语法通过给助记符添加后缀的方式告知汇编器操作数的宽度。后缀 b 表示 1 个字节，w 表示 2 个字节（1 个字），l 表示 4 字节，q 表示 8 字节。比如上面给局部变量赋值时，源操作数都是立即数，汇编器并不知晓立即数的宽度是几个字节，因此就无法确定写几个字节的内存，如图 5-8 所示。

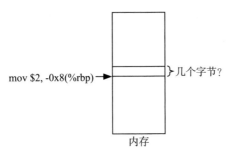

图 5-8　汇编器无法确定操作数的宽度

此时，通过在汇编指令中给助记符增加一个后缀，就可以让汇编器知道目的内存的大小，图 5-9 分别展示了后缀 b 和 w 的作用。这就是反汇编代码中 mov 指令增加了各种后缀的原因。

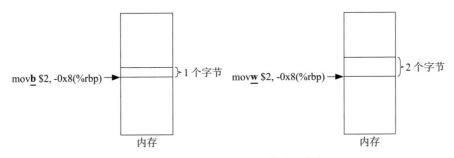

图 5-9　助记符后缀指示操作数的宽度

我们看到编译器将变量 x、y、z 和 m 分别分配在了距离 RBP 为 f、e、c 和 8 个字节的地方，如图 5-10 所示。

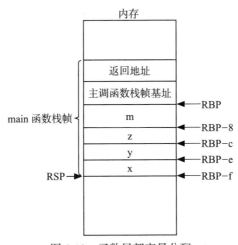

图 5-10　函数局部变量分配

5.5.3 全局变量

相比只能属于某个函数私有的局部变量，全局变量则是整个程序内任何函数都可以访问的变量。我们在文件 hello.c 中定义一个全局变量 sum，然后在 main 函数中访问这个变量，代码如下：

```c
int sum;

int main() {
  sum = 3;
}
```

全局变量不属于任何一个函数，所以全局变量分配在数据段中，而不是栈中。局部变量需要通过一个锚点如 BP 引用，全局变量直接通过地址引用就可以了。我们将上述代码录入源文件 hello.c，使用 gcc 编译后反汇编：

```
shenghan@han:~/c5/global-var$ gcc hello.c -o hello
shenghan@han:~/c5/global-var$ objdump -D hello
```

注意，这里传给 objdump 的参数和以前不同，之前我们给 objdump 传递的参数为 "-d"，表示只反汇编包含指令的代码段。但是这里我们想要看到全局变量 sum 的地址，由于 sum 在数据段，因此，我们需要给 objdump 传递参数 "-D"，表示反汇编全部段（包括代码段和数据段等）。我们关注反汇编后引用 sum 处的指令以及 sum 的地址：

```
0000000000001129 <main>:
    1131: c7 05 d9 2e 00 00 03   movl    $0x3,0x2ed9(%rip) # 4014 <sum>
    1138: 00 00
    113b: b8 00 00 00 00          mov     $0x0,%eax
    1140: 5d                      pop     %rbp
    ...
Disassembly of section .bss:

0000000000004014 <sum>:
    4014: 00 00                   add     %al,(%rax)
    ...
```

这里我们看到一个新名字 bss。有些数据段中的变量没有初值或者初值为 0，那么在文件中自然不用浪费空间为它们保存值，比如这里的 sum。ELF 文件将这些变量存放在 bss 区中，bss 属于数据段的一部分，程序启动时操作系统会将 bss 区初始化为 0。

变量 sum 为 int 类型，大小为 4 字节，我们可以看到编译器忠实地执行了我们的意图，通过给生成的汇编指令 mov 加了后缀 "l" 来表示目的操作数的宽度为 4 字节。

编译器为变量 sum 分配的地址为 0x4014，但是我们看到赋值语句对应的汇编指令中并没有这个地址，而是 0x2ed9(%rip)，这个 0x2ed9 是什么神秘数字呢？这与 64 位 x86 的寻址方式有关，为了节省指令的长度，64 位 x86 使用指令指针相对寻址，即以指令地址相对于 RIP 的偏移作为操作数。在执行给变量 sum 赋值的这条指令时，变量 sum 的地址为 0x4014，RIP 的值为下一条指令 "mov $0x0,%eax" 的地址，即 0x113b，这两个地址的相对值为：

```
0x4014 - 0x113b = 0x2ed9
```

这就是神秘数字 0x2ed9 的由来。

指令指针相对寻址的过程如图 5-11 所示。

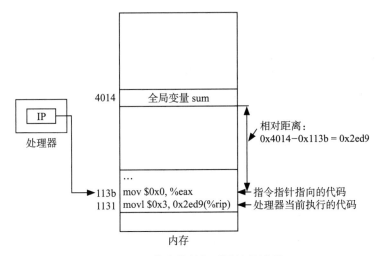

图 5-11　指令指针相对寻址的过程

5.5.4　全局变量的链接性

C 编译器在编译时，各文件独立编译，如果当前文件引用了其他文件中定义的标识符，则需要事先使用 extern 声明，否则 C 编译器将找不到符号。比如我们现在在另外一个文件 var.c 中定义一个全局变量 sum：

```
int sum;
```

那么如果在 hello.c 中直接引用 sum：

```
int main() {
  sum = 3;
}
```

当我们使用如下命令进行编译时，C 编译器将报"变量 sum 未声明"的错误。

```
shenghan@han:~/c5/global-var$ gcc hello.c var.c -o hello
```

为此，我们需要在使用 sum 之前使用关键字 extern 声明这个变量，然后就可以顺利编译通过了。

```
extern int sum;

int main() {
  sum = 3;
}
```

我们使用如下命令分别将 hello.c 和 var.c 编译为目标文件，然后观察变量 sum：

```
shenghan@han:~/c5/global-var$ gcc -c hello.c var.c
```

我们观察目标文件 hello.o 的符号表：

```
shenghan@han:~/c5/global-var$ readelf -s hello.o

Symbol table '.symtab' contains 11 entries:
  Num:    Value          Size Type   Bind    Vis      Ndx Name
   10: 0000000000000000     0 NOTYPE GLOBAL DEFAULT  UND sum
```

根据 hello.o 的符号表可见，使用 extern 声明后，目标 hello.o 的符号表中出现了符号 sum。其中 GLOBAL 表示符号 sum 是一个全局变量。Ndx 列表示符号所在区的索引，UND 是 undefined 的缩写，表示此符号未定义在此文件中。

我们再来看目标文件 var.o 的符号表：

```
shenghan@han:~/c5/global-var$ readelf -s var.o

Symbol table '.symtab' contains 9 entries:
  Num:    Value          Size Type    Bind    Vis      Ndx Name
    8: 0000000000000004     4 OBJECT  GLOBAL DEFAULT  COM sum
```

在目标文件 var.o 的符号表中我们看到了全局变量 sum。其类型为 OBJECT，英语是对象的意思，表示内存中的数据对象。Ndx 列不再是未定义了，而是 COM，是 common 的缩写，gcc 将在本文件中定义的未初始化的全局变量定义为 common。

如果文件 var.c 中的变量 sum 不希望提供给外部使用，那么可以使用关键字 static 对其进行限制：

```
static int sum;
```

我们再次将源文件编译为目标文件，看看关键字 static 对符号 sum 施加了什么魔法。

```
shenghan@han:~/c5/global-var$ gcc -c hello.c var.c
```

我们查看目标文件 var.o 中符号 sum 的变化：

```
shenghan@han:~/c5/global-var$ readelf -s var.o

Symbol table '.symtab' contains 9 entries:
  Num:    Value          Size Type    Bind   Vis      Ndx Name
    5: 0000000000000000     4 OBJECT  LOCAL DEFAULT    3 sum
```

可以看到，增加修饰符 staic 后，sum 从全局可见变成了局部可见。

5.5.5 静态局部变量

有时，我们想定义一个只在函数作用域内可见，但是又可以持续在整个程序运行期间一直存在的变量。比如我们定义一个计数器变量，在函数每次被调用时计数一次，这个计数动作发生在被调函数中。因为这个计数变量仅供函数自己使用，因此，我们不想让其全局可见，而只是限制在函数作用域内。如果我们仅定义一个局部变量，如下代码所示：

```c
#include <stdio.h>

void f() {
  int count = 0;

  count = count + 1;
  printf("%d\n", count);
}

int main() {
  f();
  f();
}
```

那么当调用两次函数 f 时，每次输出的计数次数都将是 1，并不能正确地实现计数功能。原因显而易见，每次进入函数 f 时，都在 f 的栈帧上重新分配局部变量 count，然后变量 count 随着 f 退出被释放了，累加的值自然丢失了。

C 语言支持函数作用域内的静态变量，即使用 static 修饰局部变量。静态局部变量可以跨函数调用保存变量的值。在函数作用域内，关键字 static 就不是限制变量的链接性了，而是限定了变量的存储类别。我们使用关键字 staitc 修饰变量 count：

```c
#include <stdio.h>

void f() {
  static int count = 0;

  count++;
  printf("%d\n", count);
}

int main() {
  f();
  f();
}
```

此时再次编译运行 hello，就可以看到我们实现了正确的计数功能。那么 C 语言是怎么实现这个神奇的功能呢？我们反汇编相关部分代码：

```
shenghan@han:~/c5/local-var-static$ objdump -D hello

0000000000001149 <f>:
  1151: 8b 05 bd 2e 00 00      mov 0x2ebd(%rip),%eax # 4014
                                 <count.2315>
  1157: 83 c0 01               add    $0x1,%eax
```

```
Disassembly of section .bss:

0000000000004014 <count.2315>:
  4014: 00 00                    add    %al,(%rax)
  ...
```

前面我们已经看到了，64 位 x86 使用指令指针相对寻址。当执行第 1151 行指令时，RIP 的值为下一条指令的地址 0x1157，而相对距离为 0x2ebd，所以变量 count 的内存地址为 0x1157 + 0x2ebd = 0x4014。而 0x4014 是位于数据段中的一个内存地址。也就是说，虽然我们是在函数中定义了变量 count，但是 C 编译器将其实际存储在了数据段中，以此实现变量 count 的跨函数调用的持久存储。

5.5.6　变量类型转换

C 语言允许在表达式中混合使用基本数据类型，在一个表达式中可以组合整数、浮点数，甚至字符。但是，计算机硬件是相当刻板的，各种运算都要一板一眼。比如通常要求操作数位数相同，计算机可以直接将两个 16 位整数相加，但是不能直接将 16 位整数和 32 位整数相加；再如要求存储的方式也相同，不能直接将 32 位整数和 32 位浮点数相加。

因此，当不同类型的变量一起参与运算时，C 编译器在生成汇编指令时会将某些操作数转换成不同类型。有些情况下 C 编译器会根据上下文自动完成类型转换而无须开发人员介入，这种类型转换称为隐式类型转换。隐式类型转换的原则是按照数据类型占据的字节数从窄（narrower）向宽（wider）的方向转换，以避免丢失信息。比如下面的例子，16 位整型数和 32 位整型数相加，编译器会把 16 位整型数转换成 32 位后再相加：

```
int main() {
  int x = 2;
  short y = 3;
  int z = x + y;
}
```

编译后反汇编如下，观察偏移 0x15 处的指令，我们可以清楚地看到 C 编译器首先使用指令 movswl 将 16 位的变量 y 扩展为 32 位。指令 movswl 的后缀 wl 表示源操作数长度为 w（word，一个字），目标操作数长度为 l（long，双字），s 表示从 w 扩展到 l，高位使用符号位补充。

```
0000000000000000 <main>:
   8:    c7 45 f8 02 00 00 00   movl   $0x2,-0x8(%rbp)
   f:    66 c7 45 f6 03 00      movw   $0x3,-0xa(%rbp)
  15:    0f bf 55 f6            movswl -0xa(%rbp),%edx
  19:    8b 45 f8              mov    -0x8(%rbp),%eax
  1c:    01 d0                add    %edx,%eax
```

在赋值时，当赋值号两边的变量的类型不同时，C 编译器会将赋值号右侧变量的类型转换为左侧变量的类型。需要特别注意的是，如果右侧变量的类型长度比左边长，将会丢失高位。比如下面的赋值操作就丢失了信息：

```
#include <stdio.h>

int main() {
  short y = 257;
  unsigned char x = y;
  printf("x: %d\n", x); // %d 表示使用十进制打印 x 的值
  printf("y: %x\n", y); // %x 表示使用十六进制打印 y 的值
}
```

编译后运行会看到打印出的 x 的值并不是 257，而是 1。为什么会这样呢？从接下来打印出来的十六进制 y 来看就很容易理解了，y 的十六进制为 0x101，低 8 位是 0x01，当将 y 赋值给 x 时，x 仅容纳了低 8 位的 0x01，高位的 0x100 被丢弃了，如图 5-12 所示。

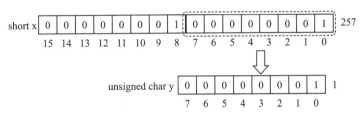

图 5-12　类型转换时丢失高位信息

除了 C 编译器自动进行的隐式类型转换，有些情况下，开发人员需要根据实际情况显式地进行类型转换，这种类型转换称为显式类型转换。显式类型转换的语法是在一个值或变量的前面，使用圆括号指定目的类型，语法如下：

(类型)(表达式)

比如下面的例子：

```
float x = 1.8 + 2.1;
float y = (int)1.8 + 2.1;
```

x 的值是 3.9，而 y 的值是 3.1。1.8 的整数部分为 1，所以 1.8 转换为整型后的值为 1。但是另外一个加数 2.1 为浮点型，所以 C 编译器隐式地将整型 1 转换为浮点型的 1.0，1.0 和 2.1 相加后的结果为 3.1。过程如下：

```
(int)1.8 + 2.1 => 1 + 2.1 => 1.0 + 2.1 => 3.1
```

事实上，变量的类型转换远不止运算的需要，随着我们学习更多复杂数据结构以及指针，我们会看到，通过变量类型转换解释内存地址处的内容，才是类型转换的精华和强大所在。

5.5.7　溢出

每一种变量根据其所属的数据类型，都有可表示的数值范围，如果存放的数值超出了这个范围，就会发生溢出（overflow）。所以我们在设计程序时需要合理地定义变量，既不

能过大，浪费存储空间，也不能过小，避免发生溢出。比如下面的代码中我们定义了一个无符号字符型 x，初始化为 255，然后进行了两次加 1 操作：

```c
#include <stdio.h>

int main() {
  unsigned char x = 255;
  x = x + 1;
  printf("%d\n", x);

  x = x + 1;
  printf("%d\n", x);
}
```

上面代码中，变量 x 第 1 次加 1 后，得到的结果不是 256，而是 0。变量 x 第 2 次加 1 后，得到的结果不是 257，而是 1。为什么是这样呢？因为 x 是无符号字符型，占 8 字节，当所有的位都是 1 时，为其可以表示的最大值，即 11111111，对应十进制的 255。此时，如果继续加 1，就会发生溢出，如图 5-13 所示。

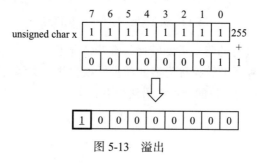

图 5-13　溢出

上述代码中变量 x 的值的变化如图 5-14 所示。

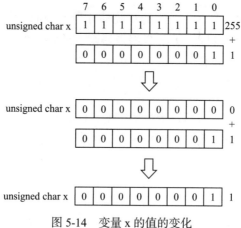

图 5-14　变量 x 的值的变化

5.6 运算

计算机的主要用途就是计算，计算是作用于变量的操作。前面已经讨论了变量，这一节我们来学习 C 语言中的各种运算，以及 C 编译器是如何将这些运算翻译为相应的汇编指令的。

5.6.1 算术运算

汇编语言为我们提供了 add、sub、mul、div 等指令用于加减乘除，C 语言则使用我们更习惯的数学中的语法 +、−、*、/，如表 5-2 所示。

表 5-2 算术运算符

运算符	描述
+	加法运算符
−	减法运算符
*	乘法运算符
/	除法运算符
%	取模运算（余数）

当然了，这些数学符号最终还是需要翻译为处理器认识的指令的，只不过编译器帮我们做了这件事。比如对于加法运算，C 编译器完成了从符号"+"到汇编指令"add"的翻译过程，汇编器完成了从汇编指令到机器指令的翻译过程。我们通过两个具体的例子来看一下 C 编译器是如何处理算术运算符的。

第一个例子是加法运算，代码如下：

```
int main() {
  int x = 2;
  int y = 3;
  int sum = x + y;
}
```

编译后反汇编，看看编译器是如何完成这个加法运算的：

```
0000000000001129 <main>:
  1131: c7 45 f4 02 00 00 00    movl    $0x2,-0xc(%rbp)
  1138: c7 45 f8 03 00 00 00    movl    $0x3,-0x8(%rbp)
  113f: 8b 55 f4                mov     -0xc(%rbp),%edx
  1142: 8b 45 f8                mov     -0x8(%rbp),%eax
  1145: 01 d0                   add     %edx,%eax
  1147: 89 45 fc                mov     %eax,-0x4(%rbp)
```

机器指令初始化了栈帧中的局部变量，并将它们分别装载到寄存器 EDX 和 EAX 中，然后调用加法指令 add 累加 EDX 和 EAX 并将结果存储到寄存器 EAX 中，最后将 EAX 中的累加和写回到栈帧的 −0x4(%rbp) 处，即局部变量 sum 中。

第二个例子是取模运算。在整数除法运算中，除了商外，我们知道还有个余数，C 语言提供了符号"%"用来求余。C 语言中也将取余称为取模，下面是一个取模的例子：

```
int main() {
  int x = 2;
  int y = 3;
  int r = x % y;
}
```

这个余数是怎么计算出来的呢？ x86 提供了汇编指令 div（或 idiv）用于除法运算，汇编指令 div（或 idiv）运行完成后，会将商保存在寄存器 AX 中，将余数保存在寄存器 DX 中。因此，对于取余运算，读出寄存器 DX 中的值即可。

编译上述代码然后反汇编后，我们可以清楚地看到机器指令将 DX 中的值保存到了局部变量 −0x4(%rbp)，即 r 中：

```
0000000000001129 <main>:
  1143: f7 7d f8            idivl   -0x8(%rbp)
  1146: 89 55 fc            mov     %edx,-0x4(%rbp)
```

5.6.2 递增和递减

C 语言还支持整数的递增和递减运算，如表 5-3 所示。

表 5-3　递增和递减运算符

运算符	描述
++	递增运算符
--	递减运算符

将一个整型变量 i 递增，可以写成 ++i，也可以写成 i++。对于 i 来讲，都是将自身的值增加 1，但是这两种写法是有区别的：++i 表示先将 i 递增然后使用，i++ 表示使用完 i 后再将 i 递增。我们分别来看一下这两种写法对应的汇编指令，先看递增运算符在变量前的：

```
int main() {
  int i = 2;
  int x = ++i;
}
```

编译后反汇编：

```
0000000000001129 <main>:
  1131: c7 45 f8 02 00 00 00  movl   $0x2,-0x8(%rbp)
  1138: 83 45 f8 01           addl   $0x1,-0x8(%rbp)
  113c: 8b 45 f8              mov    -0x8(%rbp),%eax
  113f: 89 45 fc              mov    %eax,-0x4(%rbp)
```

根据机器码可见，在对变量 i 赋初值后，使用 add 指令将变量 i 累加 1，然后再将其赋值给变量 x。根据汇编指令，可以清晰地看到"先递增再使用"的逻辑。

再来看一下递增运算符在变量后的：

```
int main() {
  int i = 2;
  int x = i++;
}
```

编译后反汇编：

```
0000000000001129 <main>:
  1131: c7 45 f8 02 00 00 00   movl   $0x2,-0x8(%rbp)
  1138: 8b 45 f8               mov    -0x8(%rbp),%eax
  113b: 8d 50 01               lea    0x1(%rax),%edx
  113e: 89 55 f8               mov    %edx,-0x8(%rbp)
  1141: 89 45 fc               mov    %eax,-0x4(%rbp)
```

显然，因为局部变量的值在使用后才能递增 1，所以，在 C 编译器将局部变量 i 赋初值后，偏移 1138 处的指令将 i 的值装载到了寄存器 EAX 中。然后在偏移 113b 处我们看见一条新的指令 lea，lea 是 load effective address 的简写，加载有效地址。该指令接收两个操作数，源操作数是一个内存操作数，目的操作数是寄存器，其功能是将源操作数的内存地址装载到目的操作数中。lea 指令和 mov 指令不同，mov 指令会访存，lea 不访存，只计算操作数的地址。这里，寄存器 RAX 存储的是变量 i 的值，所以 %rax + 1 就是 i++ 后的值。因此，执行完 lea 指令后，寄存器 EDX 中的值是 i 递增后的值。

因为先使用 i 再递增，所以不能使用指令 add 先改变 i 自身的值，这里使用了 lea 指令将 i + 1 的值装载到另外一个寄存器中，借用了指令 lea 计算操作数地址的功能。

至此，寄存器 EAX 中存储的是 i，EDX 中存储的是 i + 1。然后我们看到，偏移 113e 处的指令使用 i + 1 更新了局部变量 i，而偏移 1141 处的指令将存储在寄存器 EDX 中未递增的 i 赋值给了 −0x4(%rbp) 处的局部变量，即变量 x。

那么为什么不先将 i 赋值给 x，再将 i 加 1 呢？计算机并不像人这么聪明，人可以看到整个上下文，而计算机只能机械地一步一步计算。因为赋值运算是右结合的，需要先从右边开始算，所以在看到赋值前，计算机首先看到的是递增。

5.6.3　关系运算

编写计算机程序时，有时需要依据条件选择相应的分支，有时需要依据某些条件决策是否继续循环等。比如，计算自然数 1 到 10 的累加和，当自然数小于或等于 10 时就继续循环，这里"小于或等于 10"就是一个条件。为了表示条件，C 语言中引入了关系运算符，使用关系运算符组成的条件表达式具有一个布尔类型的值。比如假设变量 x 的值 2，变量 y 的值为 3，那么关系表达式 x < y 的值为 true，x > y 的值则为 false。C 语言支持的关系运算符如表 5-4 所示。

表 5-4　关系运算符

运算符	描述
>	大于
<	小于
>=	大于或等于
<=	小于或等于
==	相等
!=	不相等

我们看一个关系运算的例子：

```
int main() {
  int x = 2;
  int y = 3;
  int r = x < y;
}
```

编译后反汇编，看看 C 编译器是如何处理关系运算的：

```
0000000000001129 <main>:
  1131:   c7 45 f4 02 00 00 00    movl    $0x2,-0xc(%rbp)
  1138:   c7 45 f8 03 00 00 00    movl    $0x3,-0x8(%rbp)
  113f:   8b 45 f4                mov     -0xc(%rbp),%eax
  1142:   3b 45 f8                cmp     -0x8(%rbp),%eax
  1145:   0f 9c c0                setl    %al
  1148:   0f b6 c0                movzbl  %al,%eax
  114b:   89 45 fc                mov     %eax,-0x4(%rbp)
```

这里，我们接触到了两个新的指令，一个是 setl，这个指令的通用形式为 setcc，全称为 Set Byte on Condition Code，其中 cc 为 condition code 的缩写，表示条件码。该指令接收一个操作数，可以是寄存器或者内存，大小为 1 字节。其依据标志寄存器中的状态位设置目的操作数，如果条件为真，则设置目的操作数为 1，否则设置为 0。此处条件码为 l，是 less 的首字母，表示小于关系成立时，设置目的操作数为 1。

显然，setcc 指令需要和 cmp 指令配合使用。偏移 1142 处的指令 cmp 比较 x 和 y 的值，依据比较结果设置标志寄存器，然后 setl 指令根据标志寄存器设置寄存器 AL 的值。这里 x 小于 y，所以 setl 设置寄存器 AL 为 1。

理论上我们将 AL 赋值给局部变量 r 就可以了。但是由于变量 r 是 32 位的，而寄存器 AL 是 8 位的，所以需要从 1 字节扩展为 4 个字节，因此，我们看到编译器插入了一条汇编指令 movzbl，这条指令就是将 1 字节的 AL 扩充到 4 字节的 EAX。然后将扩充后的寄存器 EAX 中的 4 个字节的值赋给 32 位变量 r。指令 movzbl 是增加了后缀 bl 的指令 movz。movzx 指令的全称是 Move with Zero-Extend，也就是说，movz 指令表示将源操作数复制到目的操作数，对于目的操作数比源操作数多出的位，使用 0 扩展。这里使用后缀 bl 表示从 byte 扩展到 long。

5.6.4　逻辑运算

我们在编写程序时，很多时候需要结合多个条件做出决策，比如有时需要同时满足多个条件，有时满足若干条件其一即可，这是一种复合条件（compound condition），那么如何表达复合条件呢？ C 语言引入了逻辑运算符，使用逻辑运算符可以连接多个关系表达式组成复合条件表达式。复合条件表达式也具有一个布尔类型的值。比如假设变量 x 的值 2，变量 y 的值为 3，那么表达式 x < y && x == 2 的值为 true，x > y || x == 3 的值为 false。C 语言支持的逻辑运算符如表 5-5 所示。

表 5-5　逻辑运算符

运算符	描述
&&	逻辑与。当所有的关系表达式的值为 true 时，逻辑与表达式的值为 true
||	逻辑或。其中任一关系表达式的值为 true 时，逻辑或表达式的值为 true
!	逻辑非。一元运算符，将当前的布尔值取反。比如"!false"的值为 true

我们首先看一下逻辑与：

```
int main() {
  int x = 2;
  int y = 3;
  int z = 4;
  int r = x < y && x < z;
}
```

对于上述代码中的逻辑与表达式，只有当关系表达式"x < y"和"x < z"都成立时，逻辑与表达式的值才为 true，否则逻辑与表达式的值为 false。编译后反汇编：

```
00 0000000000001129 <main>:
01    1131:   c7 45 f0 02 00 00 00     movl    $0x2,-0x10(%rbp)
02    1138:   c7 45 f4 03 00 00 00     movl    $0x3,-0xc(%rbp)
03    113f:   c7 45 f8 04 00 00 00     movl    $0x4,-0x8(%rbp)
04    1146:   8b 45 f0                 mov     -0x10(%rbp),%eax
05    1149:   3b 45 f4                 cmp     -0xc(%rbp),%eax
06    114c:   7d 0f                    jge     115d <main+0x34>

07    114e:   8b 45 f0                 mov     -0x10(%rbp),%eax
08    1151:   3b 45 f8                 cmp     -0x8(%rbp),%eax
09    1154:   7d 07                    jge     115d <main+0x34>

10    1156:   b8 01 00 00 00           mov     $0x1,%eax
11    115b:   eb 05                    jmp     1162 <main+0x39>
12    115d:   b8 00 00 00 00           mov     $0x0,%eax
13    1162:   89 45 fc                 mov     %eax,-0x4(%rbp)
14    116a:   5d                       pop     %rbp
15    116b:   c3                       retq
```

第 5 行的指令 cmp 计算第一个关系表达式"x < y"的值，即比较变量 x 和 y，设置标

志寄存器。第 6 行的 jge 指令根据比较结果决定是否跳转，如果 x 大于或等于 y，即 x < y 不成立，则跳转到内存偏移 115d 处，该行代码将寄存器 EAX 设置为 0，并将 EAX 赋值到内存 −0x4(%rbp) 处，该内存地址对应局部变量 r，因此，最终将局部变量 r 设置为 0，函数执行完毕。另外一个比较操作 x < z 根本就没有执行。从这里我们也看出了逻辑与表达式的特性：逻辑与表达式是左结合的，也就是说，从左侧开始计算，一旦遇到不成立的条件，那么就结束逻辑表达式，以失败告终，逻辑与表达式的结果为 0。

如果 x 小于 y，那么逻辑与表达式的第一个条件成立，则第 6 行的 jge 指令不进行跳转，处理器顺序执行指令，执行到第 8 行的 cmp 指令比较 x 和 z，即计算第二个关系表达式 "x < z"，设置标志寄存器。第 9 行的 jge 指令根据比较结果决定是否跳转，如果 x 大于或等于 z，即 x < z 不成立，则也是跳转到偏移 115d 处。115d 及其之后的指令我们刚刚看过了，设置局部变量 r 为 0。可见，对于逻辑与运算，只要有一个条件不成立，逻辑与表达式的结果就为 0。

执行第 9 行的 jge 指令时，如果 x < z 成立，则不进行跳转，处理器顺序执行指令。程序运行至此，两个关系表达式的值均为 true，所以逻辑与表达式的值也为 true。因此，紧接在第 9 行之后的第 10 行指令将寄存器 EAX 设置为 1，第 11 行指令跳转到偏移 1162 处，此行指令使用 EAX 设置局部变量 r，但是在这条分支上，局部变量 r 的最终结果为 1。可见，对于逻辑与运算，只有当所有条件都成立时，逻辑与表达式的结果才为 1。

我们将上面的逻辑与改成逻辑或：

```
int main() {
  int x = 2;
  int y = 3;
  int z = 4;
  int r = x < y || x < z;
}
```

针对上述代码中的逻辑或表达式，只要关系表达式 "x < y" 和 "x < z" 中的任意一个成立，逻辑或表达式的值就为 true，否则逻辑或表达式的值为 false。编译后反汇编：

```
00 0000000000001129 <main>:
01   1131:   c7 45 f0 02 00 00 00    movl    $0x2,-0x10(%rbp)
02   1138:   c7 45 f4 03 00 00 00    movl    $0x3,-0xc(%rbp)
03   113f:   c7 45 f8 04 00 00 00    movl    $0x4,-0x8(%rbp)
04   1146:   8b 45 f0                mov     -0x10(%rbp),%eax
05   1149:   3b 45 f4                cmp     -0xc(%rbp),%eax
06   114c:   7c 08                   jl      1156 <main+0x2d>

07   114e:   8b 45 f0                mov     -0x10(%rbp),%eax
08   1151:   3b 45 f8                cmp     -0x8(%rbp),%eax
09   1154:   7d 07                   jge     115d <main+0x34>

10   1156:   b8 01 00 00 00          mov     $0x1,%eax
11   115b:   eb 05                   jmp     1162 <main+0x39>
```

```
12    115d:    b8 00 00 00 00        mov      $0x0,%eax
13    1162:    89 45 fc              mov      %eax,-0x4(%rbp)
14    1165:    b8 00 00 00 00        mov      $0x0,%eax
15    116a:    5d                    pop      %rbp
16    116b:    c3                    retq
```

第 5 行的指令 cmp 计算第一个关系表达式"x < y"的值，即比较变量 x 和 y，设置标志寄存器。第 6 行的 jl 指令根据比较结果决定是否跳转，如果 x < y 成立，则跳转到偏移 1156 处，该行代码将寄存器 EAX 设置为 1，然后接下来第 11 行的 jmp 指令跳转到 1162 行，将 EAX 赋值给内存 -0x4(%rbp) 处，该内存地址对应局部变量 r，至此函数就执行结束了。另外一个比较操作 x < z 根本就没有执行。从这里我们也看出了逻辑或表达式的特性：逻辑或表达式是左结合的，也就是说，从左侧开始计算，一旦遇到成立的条件，那么就结束逻辑表达式，以成功告终，逻辑或表达式的结果为 1。

如果 x 小于 y，那么逻辑或表达式的第一个条件不成立，则第 6 行的 jl 指令不执行跳转，处理器顺序执行指令，执行到第 8 行的 cmp 指令比较 x 和 z，即计算第二个关系表达式"x < z"，cmp 指令根据 x 和 z 的比较结果设置标志寄存器。第 9 行的 jge 指令根据比较结果决定是否跳转，如果 x < z 成立，即 x 不大于或等于 z，则不执行跳转，顺次执行到偏移 1156 处的 mov 指令，设置 EAX 为 1，然后接下来第 11 行的 jmp 指令跳转到 1162 行，将 EAX 赋值给局部变量 r。在这条路径上，局部变量 r 最终的值为 1。从这里可以看到，对于逻辑或表达式，即使前面的条件不成立，只要后面有任意一个关系成立，则逻辑或表达式的值就是 true。

如果第 9 行的 jge 指令根据比较结果判定 x < z 也不成立，即 x 大于或等于 z，则跳转到偏移 115d 处，这个刚刚我们也见过了，设置寄存器 EAX 为 0，进而将局部变量 r 设置为 0。也就是说，当逻辑或运算中的所有条件都不成立时，逻辑或表达式的结果为 false。

5.6.5 位运算

并不是所有的计算都是以字节为单位的，比如我们可能只想改变某个寄存器的某一位，再比如后面我们会看到地址中某些位被取出来作为页表索引，为此，x86 为位运算设计了相应的指令，包括按位与指令 and、按位或指令 or、异或指令 xor、按位非指令 not、逻辑左移指令 shl、逻辑右移指令 shr 等。C 语言也提供了相应的位运算符，如表 5-6 所示。

表 5-6 位运算符

运算符	描述
&	按位与
|	按位或
∧	异或
~	按位非
<<	左移
>>	右移

我们具体看一个位运算的例子。

```c
int main() {
  int x = 2; // 2 的二进制为 10

  int r = x & 0x3; // 10 & 11 => 10, 按位进行与操作
  r = x | 0x3; // 10 | 11 => 11, 按位进行或操作
  r = ~x; // ~10 => 01, 按位取反
  r = x << 3; // 10 << 3 => 10000, 左移 3 位, 右侧补 3 个 0
}
```

编译后反汇编，看看编译器是如何使用汇编指令实现位运算的：

```
00 0000000000001129 <main>:
01    1131:   c7 45 f8 02 00 00 00    movl    $0x2,-0x8(%rbp)

02    1138:   8b 45 f8                mov     -0x8(%rbp),%eax
03    113b:   83 e0 03                and     $0x3,%eax
04    113e:   89 45 fc                mov     %eax,-0x4(%rbp)

05    1141:   8b 45 f8                mov     -0x8(%rbp),%eax
06    1144:   83 c8 03                or      $0x3,%eax
07    1147:   89 45 fc                mov     %eax,-0x4(%rbp)

08    114a:   8b 45 f8                mov     -0x8(%rbp),%eax
09    114d:   f7 d0                   not     %eax
10    114f:   89 45 fc                mov     %eax,-0x4(%rbp)

11    1152:   8b 45 f8                mov     -0x8(%rbp),%eax
12    1155:   c1 e0 03                shl     $0x3,%eax
13    1158:   89 45 fc                mov     %eax,-0x4(%rbp)
```

代码中没有任何跳转，所有按位操作的指令非常清晰，除了第 1 行处的初始化外，我们使用空行分隔的每三行为一组完成一个按位操作。其中栈地址 −0x4(%rbp) 对应局部变量 r。

第 2 ~ 4 行使用指令 and 完成变量 x 与 0x3 的按位与运算；第 5 ~ 7 行使用指令 or 完成 x 与 0x3 的按位或运算；第 8 ~ 10 行使用指令 not 完成变量 x 的按位非运算；第 11 ~ 13 行使用指令 shl 完成变量 x 的左移三位运算。

5.6.6　赋值运算

假设 expr1、expr2 为表达式，op 为运算符，那么对于如下表达式：

```
expr1 = (expr1) op (expr2)
```

其中，op 是如下运算符中的一种：

```
+ - * / % << >> & ^ |
```

可以使用赋值运算符简写为：

```
expr1 op= expr2
```

其中，"op="称为赋值运算符（assignment operator），表示 expr1 和 expr2 首先进行 op
运算，然后再将结果赋值给 expr1。

下面是一个具体的例子，例子中首先将变量 x 和 3 相加，然后再将它们的和存到变量
x 中：

```
int main() {
  int x = 2;
  x += 3;
}
```

编译后反汇编，我们可以清晰地看到 C 编译器是如何处理赋值运算符"+="的。C 编
译器直接使用 add 指令将位于栈中 −0x4(%rbp) 处的局部变量 x 和数字 3 相加，并将和存储
到局部变量 x 中：

```
0000000000001129 <main>:
  1131:   c7 45 fc 02 00 00 00     movl    $0x2,-0x4(%rbp)
  1138:   83 45 fc 03              addl    $0x3,-0x4(%rbp)
```

5.6.7 运算的优先级和结合性

在数学中进行加减乘除等运算时，我们都知道需要按照"先乘方，后乘除，最后加减，
有括号的先进行括号内的计算。同级运算时，按照从左到右进行。"的约定。同理，在 C 语
言中，运算也要遵循一定的约定，比如前面的逻辑运算：

```
x < y && x < z;
```

显然，这个表达式的求值过程不应该是简单地从左至右进行运算，即计算关系表达式
"x < y"的值，然后将其与 x 进行逻辑与，最后将这个结果与 z 进行比较；而是应该首先
分别计算关系表达式"x < y"和"x < z"，然后对这两个关系表达式的值进行逻辑与运算。
上述逻辑与表达式的计算顺序如图 5-15 所示。

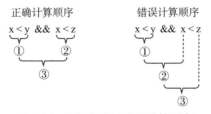

图 5-15　逻辑与表达式的计算顺序

C 语言的运算符非常多，但是没有必要背诵所有运算符的优先级。基本上，记住类别
的优先级顺序就足够了：括号 > 一元元算 > 算术运算 > 关系运算 > 逻辑运算 > 赋值运算。

对于优先级不是显而易见的，可以使用括号划分优先级，这也有利于提高代码的可读性。我们编写程序时也应尽量避免编写复杂、晦涩难懂的表达式。

5.7 程序运行流程控制

在 4.10 节我们认识了伯姆及贾可皮尼的结构化程序理论，知道了任何一个可计算函数都可以使用顺序、选择以及循环三种控制结构组合实现。这一节，我们学习 C 语言中的控制流。

5.7.1 选择

顾名思义，选择语句就是依据条件，从多个分支中选择一个分支执行，条件是通过表达式给出的。形如：

```
if (expr) statement;
```

其中 if 为关键字，表示后面的是条件选择语句。为了突出关键字 if，一般会在 if 后面使用一个空格。使用圆括号括起来的表达式 expr 为条件，当其值为真时，就执行 statement。statement 可以是一条语句：

```
if (x < 10)
  y = 100;
```

也可以是放在大括号里面的复合语句：

```
if (x < 10) {
  y = 100;
  z = 200;
}
```

如果仅有一条语句，也可以使用大括号括起来，这依赖于具体的编码风格约定。

if 语句可以带有 else 分支，指定条件为 false 时所要执行的代码：

```
if (x < 10) {
  y = 100;
} else {
  y = 200;
}
```

else 可以与另一个 if 语句连用，构成多重选择：

```
if (x < 10) {
  y = 100;
} else if (x > 100){
  y = 200;
} else {
```

```
    y = 300;
}
```

我们看一个具体的例子：

```
int main() {
  int x = 0;

  if (x < 5) {
    x++;
  } else if (x > 8) {
    x--;
  } else {
    x += 2;
  }
}
```

编译后反汇编：

```
00  0000000000001129 <main>:
01    1131:   c7 45 fc 00 00 00 00    movl    $0x0,-0x4(%rbp)

02    1138:   83 7d fc 04             cmpl    $0x4,-0x4(%rbp)
03    113c:   7f 06                   jg      1144 <main+0x1b>
04    113e:   83 45 fc 01             addl    $0x1,-0x4(%rbp)
05    1142:   eb 10                   jmp     1154 <main+0x2b>

06    1144:   83 7d fc 08             cmpl    $0x8,-0x4(%rbp)
07    1148:   7e 06                   jle     1150 <main+0x27>
08    114a:   83 6d fc 01             subl    $0x1,-0x4(%rbp)
09    114e:   eb 04                   jmp     1154 <main+0x2b>

10    1150:   83 45 fc 02             addl    $0x2,-0x4(%rbp)

11    1154:   b8 00 00 00 00          mov     $0x0,%eax
12    1159:   5d                      pop     %rbp
13    115a:   c3                      retq
```

第 2 ～ 5 行对应第 1 个 if 代码块，第 6 ～ 9 行对应第 2 个 if 代码块，第 10 行对应 else 代码块。

第 1 个 if 中的条件表达式比较变量 x 和 5，如果变量 x 不小于 5，则跳转到第 2 个 if 代码块，即偏移 1144 处。否则执行此 if 代码块内指令，递增变量 x。在执行完此 if 语句块后，if-else 语句完成使命，所以第 5 行指令跳转到偏移 1154 处，结束 if-else 语句。

第 2 个 if 代码块的逻辑与第 1 个 if 代码块的逻辑完全相同。只不过当条件不满足时，跳转的目的地址是 else 代码块。

最后是 else 代码块，else 代码块不需要进行任何条件判定，处理器将无条件执行 else 块中的指令。

C 语言也提供了另外一种语法支持多重选择分支，称为 switch 语句，语法如下：

```
switch (expr) {
  case value1:
    statement1;
    break;
  case value2:
    statement2;
    break;
  ...
  default:
    statement3;
}
```

switch 语句根据表达式 expr 的不同的值，执行对应的 case 分支。如果 expr 的值为 value1，则执行 statement1；如果 expr 的值为 value2，则执行 statement2；如果没有匹配的 case 分支，就执行 default 分支中的语句。当然，各个 case 下的分支也可以是语句块。

当每个 case 执行完后，通常使用 break 语句跳出 switch 语句。如果不使用 break，则继续执行其相邻的下一个 case 中的语句。

下面是一个具体的例子，switch 根据变量 i 的值执行相应的 case。当变量 i 的值为 1 时，执行 case 1 和 case 2 分支的语句；当变量 i 的值为 2 时，执行 case 2 分支的语句；否则执行 default 分支的语句。

```
int main() {
  int x = 2;

  switch(x) {
    case 1:
      x++;

    case 2:
      x--;
      break;

    default:
      x += 2;
  }
}
```

5.7.2 循环

C 语言提供了 3 种循环语法：while 循环、do-while 循环和 for 循环。循环中会用到跳转语句，所以本节也给出了相关介绍。

1. while 循环

下面是 while 循环的语法：

```
while (expr)
```

```
  statement;
```

while 循环执行过程如下：

1）首先计算表达式 expr 的值。

2）如果 expr 的值为 true，执行循环体 statement。statement 可以是一条语句，也可以是语句块。然后跳转到步骤 1）。

3）如果 expr 的值为 false，则结束循环。

我们来看一个基本的 while 循环的例子：

```
int main() {
  int i = 0;

  while (i < 9) {
    i++;
  }
}
```

每当变量 i 小于 9 时，就进行循环，在循环体中递增变量 i。编译后反汇编：

```
00 0000000000001129 <main>:
01    1131: c7 45 fc 00 00 00 00    movl    $0x0,-0x4(%rbp)
02    1138: eb 04                   jmp     113e <main+0x15>

03    113a: 83 45 fc 01             addl    $0x1,-0x4(%rbp)
04    113e: 83 7d fc 08             cmpl    $0x8,-0x4(%rbp)
05    1142: 7e f6                   jle     113a <main+0x11>

06    1144: b8 00 00 00 00          mov     $0x0,%eax
07    1149: 5d                      pop     %rbp
08    114a: c3                      retq
```

根据第 1 行指令可见，编译器在相对 RBP 偏移 4 字节处分配了内存给变量 i，并将其初始化为 0，然后第 2 行就跳转到偏移 113e 处。

偏移 113e 及其之后的一条指令，对应 while 循环中的条件表达式，这里用到了比较指令和跳转指令的组合。当变量 i 小于或等于 8 时，跳转到偏移 113a 处，113a 处的指令就是循环体，即递增变量 i 的语句。否则，不再跳转，结束循环。

综上可见，第 3 行指令是循环体，第 4、5 行指令是条件判断。在首次进入循环前，首先跳转到条件判断处，即第 4 行指令进行条件判断，如果条件满足，才进入循环。这也体现了 while 循环的特点，在进入循环前进行条件判断。

这个循环中的 i++ 可以简化到关系表达式中，这也是编写代码中比较常用的写法：

```
int main() {
  int i = 0;

  while (i++ < 9) ;
}
```

其中关系表达式首先比较 i 和 9，然后再递增 i，下一次进行条件判断时，i 就是已经递增过的了。

2. 跳转语句

当在循环体内打算跳出循环时，可以使用 break 语句。当在循环体内准备跳过剩余部分，回到循环体的头部，开始进行下一轮循环时，可以使用 continue 语句。

在下面的例子中，循环体中使用了 break 语句，当变量 i 的值达到 5 时，就结束循环：

```
int main() {
  int i = 0;

  while (i < 9) {
    i++;
    if (i == 5) {
      break;
    }
  }
}
```

编译后反汇编：

```
0000000000001129 <main>:
  1131: c7 45 fc 00 00 00 00   movl   $0x0,-0x4(%rbp)
  1138: eb 0a                  jmp    1144 <main+0x1b>

  113a: 83 45 fc 01            addl   $0x1,-0x4(%rbp)

  113e: 83 7d fc 05            cmpl   $0x5,-0x4(%rbp)
  1142: 74 08                  je     114c <main+0x23>

  1144: 83 7d fc 08            cmpl   $0x8,-0x4(%rbp)
  1148: 7e f0                  jle    113a <main+0x11>

  114a: eb 01                  jmp    114d <main+0x24>
  114c: 90                     nop
  114d: b8 00 00 00 00         mov    $0x0,%eax
  1152: 5d                     pop    %rbp
  1153: c3                     retq
```

与之前的 while 循环相比，这段程序增加了偏移 113e 及其之后的一条指令，对应 C 程序中的 break 语句。当变量 i 的值为 5 时，跳转到偏移 114c 处，跳出了循环。

下面是 continue 语句的例子，当变量 i 为 5 时，跳过本次循环 continue 语句之后的部分，进入下一次循环：

```
int main() {
  int i = 0;
  int sum = 0;

  while (i <= 9) {
```

```
    i++;
    if (i == 5) {
      continue;
    }
    sum++;
  }
}
```

编译后反汇编：

```
0000000000001129 <main>:
  1131: c7 45 f8 00 00 00 00    movl    $0x0,-0x8(%rbp)
  1138: c7 45 fc 00 00 00 00    movl    $0x0,-0x4(%rbp)
  113f: eb 10                   jmp     1151 <main+0x28>

  1141: 83 45 f8 01             addl    $0x1,-0x8(%rbp)

  1145: 83 7d f8 05             cmpl    $0x5,-0x8(%rbp)
  1149: 75 02                   jne     114d <main+0x24>
  114b: eb 04                   jmp     1151 <main+0x28>

  114d: 83 45 fc 01             addl    $0x1,-0x4(%rbp)

  1151: 83 7d f8 08             cmpl    $0x8,-0x8(%rbp)
  1155: 7e ea                   jle     1141 <main+0x18>

  1157: b8 00 00 00 00          mov     $0x0,%eax
  115c: 5d                      pop     %rbp
  115d: c3                      retq
```

与之前的 while 循环相比，这段程序增加了偏移 1145 及其之后的两条指令，其中偏移 114b 处的跳转指令对应 C 程序中的 continue 语句。根据偏移 1149 处的指令可见，当变量 i 的值不等于 5 时，越过地址 114b 处的 continue，继续执行循环体内的下一条语句，即递增变量 sum。否则，执行 114b 处的 continue 对应的跳转指令，跳转到偏移 1151 处，而此处的指令为循环开始的条件判断指令，也就是说，越过了 continue 之后的语句，直接进入下一次循环。

3. do-while 循环
while 循环的一个变体为 do-while 循环，其与 while 循环不同的是先执行循环体，再进行条件判断，语法如下：

```
do {
  statement;
} while (expr);
```

do-while 循环执行过程如下：

1）执行循环体语句，statement 可以是一条语句，也可以是语句块。

2）计算表达式 expr 的值。

3）如果 expr 的值为 true，跳转到步骤 1）。

4）如果 expr 的值为 false，结束循环。

4. for 循环

C 语言支持的另外一种循环语句是 for 循环，语法如下：

```
for (init-expr; cond-expr; iteration-expr)
  statement;
```

for 循环执行过程如下：

1）首先执行语句 init-expr，准备循环前必要的初始化操作，该表达式仅在循环前执行一次。

2）计算表达式 cond-expr 的值。

3）如果表达式 cond-expr 的值为 false，则结束循环。

4）如果表达式 cond-expr 的值为 true，则执行循环体 statement，循环体可以是一条语句，也可以是语句块。

5）计算表达式 iteration-expr，然后跳转到步骤（2）。

for 循环相当于如下的 while 循环：

```
init-expr;
while (cond-expr) {
  statement
  iteration-expr;
}
```

for 循环括号中的三个部分都是可选的。如果条件部分省略，由于没有判断条件，就会形成一个无限循环。

5.8 数组

假设我们要写一个程序从终端录入 3 名同学的分数，我们可以定义 3 个变量保存 3 名同学的分数，然后使用 C 库中的函数 scanf 从终端读入用户输入，代码如下：

```
#include <stdio.h>

int main() {
  int score_01;
  int score_02;
  int score_03;

  scanf("%d", &score_01);
  scanf("%d", &score_02);
```

```
    scanf("%d", &score_03);
}
```

假设现在需求变了，需要统计一个班 40 名同学的分数，那么我们要定义 40 个变量记录分数。如果是统计一个年级呢？是不是即烦琐，又无聊。在编程时，我们经常遇到类似这样的实际问题，同一类型的实体，但是有多个实例。为此，C 语言设计了数组这样一种数据结构，语法如下：

```
元素类型  数组名 [ 元素个数 ]
```

对于学生的分数，我们可以定义一个数组：

```
int score[3]
```

数组名字为 score，其中包含 3 个元素，每个元素均为 int 类型。

我们可以通过索引访问数组中的元素，数组元素的索引从 0 开始。比如 score[0] 为数组中的第一个元素，对应第一位学生的分数；score[1] 为数组中的第二个元素，对应第二位学生的分数；score[2] 为数组中的第三个元素，对应第三位学生的分数。

使用数组，上述代码可以改写如下：

```c
#include <stdio.h>

int main() {
  int score[3];
  int i = 0;

  while (i < 3) {
    scanf("%d", &score[i]);
    i++;
  }
}
```

使用数组和循环，即使有再多的学生，我们也不需要为每位学生定义一个变量记录分数。如果我们需要录入 40 位同学的分数，修改数组元素的个数即可。

事实上，从处理器的角度来看，并没有数组这样的实体，处理器看到的只是一个一个内存单元。数组是高级语言为了方便程序员设计程序而抽象出来的一种数据结构，其本质还是要落到具体的内存单元。上面的例子包含循环，反汇编后有点复杂，所以我们看一个简单一点的例子：

```c
int main() {
  int a[2];

  a[0] = 1;
  a[1] = 2;
}
```

编译后反汇编：

```
0000000000001149 <main>:
  1151: 48 83 ec 10          sub      $0x10,%rsp
  1164: c7 45 f0 01 00 00 00  movl     $0x1,-0x10(%rbp)
  116b: c7 45 f4 02 00 00 00  movl     $0x2,-0xc(%rbp)
```

我们看到在汇编语言层面，根本就没有数组这样的概念。数组 a 声明在函数 main 的栈上，所以，偏移 1151 处使用 sub 指令将栈指针减去了 0x10 个字节，相当于在栈中为数组 a 分配了空间。每个数组元素占据 32 位，地址 rbp − 0x10 对应 a[0]，rbp − 0xc 对应 a[1]，如图 5-16 所示。可见，数组中的每个元素本质上就是一块内存，与普通的变量并无二致。

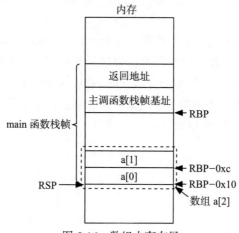

图 5-16　数组内存布局

数组元素可以是任何类型，比如 char，那么这个数组就是一个字符串；也可以是其他由基本类型派生的复杂类型，比如我们马上要学到的结构体。

继续回到我们刚刚那个问题，假设一个班的 40 名学生要分成 5 个小组统计分数，使用一维数组也可以实现这个需求，但是 C 语言支持多维数组。因此，我们可以使用一个二维数组 score[5][8] 来更好地实现这个需求，比如第 1 组中第 2 位学生的成绩可以使用元素 score[0][1] 来记录。

多维数组的内存布局和一维数组并无本质区别，比如一个 2 行 3 列的数组 a[2][3]，实际上可以看作两个一维数组，其在内存中首先存储第 1 行，然后存储第 2 行，如图 5-17 所示。

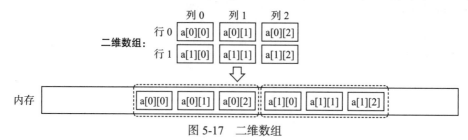

图 5-17　二维数组

5.9 结构体

接着上一节的问题，假设我们处理的不仅仅是学生的分数，还有其他信息，比如年龄、身高、体重等。显然，我们不可能为每位学生的每一项信息都定义一个单独的变量来记录，可以效仿使用数组记录分数的方式，为每一类信息都使用一个数组，比如：

```
int score[40]
int age[40];
int height[40];
int weight[40];
```

比管理繁多的变量好多了，但是我们依然需要管理多个数组，而且需要使用索引将不同数组的学生信息关联起来，比如第 1 位学生的信息是 score[0]、age[0]、height[0]、weight[0]。于是，C 语言设计了另外一种数据结构：结构体。

5.9.1 基本语法

结构体的基本语法如下：

```
struct 结构体名字 {
    成员变量;
};
```

其中 struct 是关键字，表示这是一个结构体类型；然后是结构体的名字；在名字后是使用大括号括起来的结构体包含的各成员变量；最后以分号结束。使用符号"."访问结构体中的成员。

我们使用结构体重新组织学生信息，定义一个名字为 student 的结构体：

```
struct student {
    int score;
    int age;
    int height;
    int weight;
};
```

然后以结构体 student 作为数组元素，定义一个包含 40 位学生的数组：

```
struct student s[40];
```

比如访问第 1 位学生的分数，可以使用如下语法：

```
s[0].score = 100;
```

我们也会见到匿名结构体，比如在定义结构体类型时直接定义一个变量，可以省略结构体的名字：

```
struct {
```

```
    int score;
    int age;
    int height;
    int weight;
} s[40];
```

我们来看一个具体的例子：

```
struct s {
  char x;
  int y;
};

int main() {
  struct s s1;

  s1.x = 1;
  s1.y = 2;
}
```

在上述代码中，我们声明了一个结构体 s，定义了一个结构体 s 的实例 s1，并分别为 s1 的两个成员变量赋值。

同数组一样，结构体只是高级语言层面的概念，在指令层面，根本就没有结构体这么一个实体。C 语言设计结构体完全是为了让程序员在编写代码时更好地组织数据。因此，最终还是需要 C 编译器将结构体拆解为一块一块内存。我们结合反汇编后的指令看一下：

```
0000000000001129 <main>:
  1131:   c6 45 f8 01             movb   $0x1,-0x8(%rbp)
  1135:   c7 45 fc 02 00 00 00    movl   $0x2,-0x4(%rbp)
```

根据反汇编可见，C 语法中的结构体 s 在指令层面就是一块 1 字节的内存和一块 4 字节的内存，分别在相对于 rbp 偏移 0x8 和 0x4 处。

5.9.2 内存布局

我们观察上面例子中结构体两个成员变量的内存布局，如图 5-18 所示。x 位于 rbp − 0x8 处，x 占 1 字节，那么理论上 y 的起始地址应该是 rbp−0x7 才对，为什么 C 编译器将 y 分配在了地址 rbp−0x4 处，x 和 y 之间留空了 3 个字节呢？

内存是由一个一个字节大小的单元组成的，每一个单元都对应一个地址，字节是访问内存的基本单元。但是从处理器访问内存的角度来看，为了更高的性能，处理器并不是一个一个字节访问的，它访问内存的粒度可能是 2 字节、4 字节或 8 字节等。现代处理器通常是以缓存行（cacheline）为粒度访存的，比如 64 位 x86 的缓存行大小为 64 字节。图 5-19 展示了处理器分别以 1 字节和 2 字节为粒度访问内存（简称访存）的情况。假设一个变量在内存中占 4 字节，如果处理器每次读取 1 字节，则需要访存 4 次。如果处理器每次读取 2 字节，则 2 次访存即可完成读取。

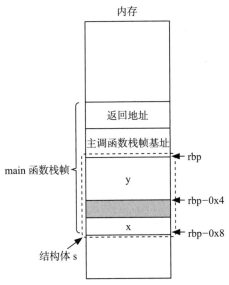

图 5-18　结构体 s 的内存布局

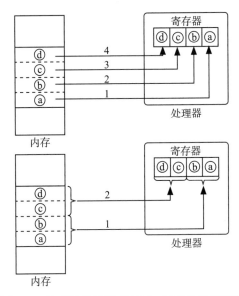

图5-19　处理器分别以1字节和2字节为粒度访存

假设一个结构体包含三个成员变量，第一个变量为 char 类型，大小为 1 字节；第二个变量为 short 类型，大小为 2 字节，第三个变量为 char 类型，大小为 1 字节。假设处理器访问内存的粒度是 2 字节，那么处理器读取结构体第二个成员变量的过程如图 5-20 所示。

因为处理器每次读取 2 个字节，而对于如图 5-20 所示的结构体，结构体的成员变量 2 包含 b 和 c。所以，处理器首先需要读取 a、b 所在的这 2 个内存单元，然后丢弃 a。接着再读取 c、d 所在的 2 个内存单元，然后丢弃 d。最后将 b 和 c 放置到寄存器中。也就是说，读取 2 字节大小的内存，访存了 2 次。

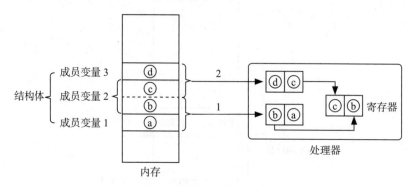

图 5-20　不对齐的结构体成员变量的访问

事实上，处理器原本可以一次读取 b 和 c，但是因为 b 和 c 跨越了处理器 2 次访存的边界，处理器只能分 2 次访问读取，再加上一些移位等操作，最后留下需要读取的部分。如果将结构体的成员变量 2 的起始地址向后移动一个字节，对齐到能被 2 整除的地址处，那么处理器就无须读取前 2 个内存单元了，一次访存即可，如图 5-21 所示。

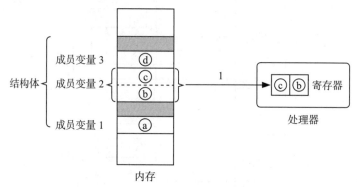

图 5-21　对齐的结构体成员变量的访问

另外，如图 5-21 所示，成员变量 3 之后还填充了一个字节，成员变量 3 后面并没有成员变量需要对齐，为什么 C 编译器还填充了一个字节呢？如果没有填充，那么结构体的大小是 5 字节。假设定义一个元素类型为该结构体的数组，因为数组的各个元素在内存中是连续分配的，假设数组中第一个结构体实例的地址为 0，那么第 2 个结构体实例地址是 5，又发生了不对齐的情况。为了避免这种情况，结构体尾部也会进行必要的填充。

可见，为了提高程序运行时访存的效率，C 编译器在为结构体实例分配内存时，默认会按照处理器的对齐要求为结构体成员变量分配内存地址。但是在某些时候，比如处理器使用的一些数据结构的各位需要紧密连接在一起，如果我们使用结构体定义这些数据结构，就不能允许 C 编译器对其进行对齐了。为此，C 编译器提供了一个类似汇编中的伪指令的语法修饰结构体，告知 C 编译器不要对结构体成员进行对齐，这就是 C 编译器的属性 __

attribute__((packed))。我们来看一个具体的例子:

```
struct s {
  char x;
  int y;
} __attribute__((packed));

int main() {
  struct s s1;

  s1.x = 1;
  s1.y = 2;
}
```

编译后反汇编:

```
0000000000001129 <main>:
  1131: c6 45 fb 01          movb    $0x1,-0x5(%rbp)
  1135: c7 45 fc 02 00 00 00 movl    $0x2,-0x4(%rbp)
```

我们看到,加了 packed 属性的修饰后,变量 y 的地址紧邻在变量 x 之后,C 编译器没有在 x 和 y 之间填充 3 个字节。

5.9.3 位域

通常结构体都是以成员变量为单位进行访问的,到后面开始写操作系统内核时,我们会看到处理器中的一些数据结构是以位为单位进行访问的。为此,C 语言支持将结构体中的成员变量切割为多个域,每个域包含不同的位,称为位域(bit-field),以位域为单位进行访问。语法如下:

```
struct 结构体名称 {
   类型 位域1:位数,位域2:位数;
};
```

我们看一个位域的具体例子:

```
struct s {
  char x: 3, y: 5;
  short m: 12, n: 4;
};

int main() {
  struct s s1;

  s1.x = 1;
  s1.y = 2;
  s1.m = 3;
  s1.n = 4;
}
```

上述代码中，结构体 s 包含 2 个成员变量，每个成员变量分别被划分为 2 个域。以第一个 char 类型的成员变量为例，其被划分为两个域——x 和 y，x 的宽度为 3 位，y 的宽度为 5 位，如图 5-22 所示。

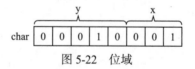

图 5-22　位域

C 编译器使用处理器的位操作指令实现位域访问的语法。将上述代码编译后反汇编：

```
00  0000000000001129 <main>:
01    1131: 0f b6 45 fc          movzbl  -0x4(%rbp),%eax
02    1135: 83 e0 f8             and     $0xfffffff8,%eax
03    1138: 83 c8 01             or      $0x1,%eax
04    113b: 88 45 fc             mov     %al,-0x4(%rbp)

05    113e: 0f b6 45 fc          movzbl  -0x4(%rbp),%eax
06    1142: 83 e0 07             and     $0x7,%eax
07    1145: 83 c8 10             or      $0x10,%eax
08    1148: 88 45 fc             mov     %al,-0x4(%rbp)
```

其中第 1 ～ 4 行是为位域 x 赋值，第 5 ～ 8 行是为位域 y 赋值。

第 1 行使用指令 movzbl 将结构体的第一个成员变量加载到寄存器 EAX。这个指令我们在前面见过，它将源操作数的 1 个字节复制到目的操作数，由于目的操作数是 32 位的，因此对于目的操作数比源操作数多出的位，使用 0 填充。后缀的“bl”表示从 byte 扩充到 long。

第 2 行的 and 将 EAX 和 0xfffffff8 进行按位与操作，f 的二进制为 1111，8 的二进制为 1000，所以这个操作其实是将寄存器 EAX 的低 3 位清零，低 3 位对应位域 x，显然这个动作相当于将位域 x 初始化为 0。然后第 3 行使用 or 指令将 1 加到寄存器 EAX 中，显然，这个操作就是将占据低 3 位的位域 x 赋值为 1。最后第 4 行指令将 EAX 中的低 8 位写回内存。

第 5 ～ 8 行对位域 y 赋值，它与对位域 x 赋值的原理完全相同。7 的二进制为 0000 0111，所以第 6 行的指令 and 就是保留低 3 位的位域 x 的值，将高 5 位的位域 y 初始化为 0。第 7 行使用 or 指令将 0x10 和寄存器 EAX 相加，0x10 的二进制为 0001 0000，去掉末尾的 3 个 0 后为 00010，所以其实就是将高 5 位的位域 y 设置为 00010，即十进制的 2，对应 C 代码中向 y 赋值 2 的语句。最后第 8 行指令将 EAX 中组装好的低 8 位写回内存。至此，结构体 s1 中第 1 个成员变量的位域赋值操作就完成了。

5.10　指针

通常，对于高级语言来说，其不能像汇编语言那样可以直接操作内存地址。但是 C 语言是一个非常特殊的语言，其就是为写 UNIX 操作系统而生的。C 语言定义了一种变量，用于存储内存地址，这类变量称为 pointer，中文翻译为指针。通过修改指针变量中的内容，我们就可以访问任意合法的内存了。

5.10.1 基本语法

对于任何一种变量而言，仅仅知道一个地址是不够的，编译器还需要知道如何解释地址处的内容，因此，定义指针变量需要一个 * 号和一个类型标识符：

1）"*"表示这是一个指针变量，变量中记录的是一个内存地址；

2）类型标识符表示指针变量中记录的内存地址处存储的数据类型。

语法如下：

类型 * 变量名；

下面的代码片段定义了一个整型变量 x，然后又定义了一个指向整型变量的指针 p。C语言定义了一元运算符 "&" 来取一个变量的地址，这里使用运算符 "&" 取变量 x 的地址，然后将这个地址赋值给指针变量 p。C语言还定义了一元运算符 "*" 来取指针变量中存储的地址，称为解引用。"&" 和 "*" 近似逆操作，"&" 是取地址填充到指针变量中，"*" 是从指针变量中取出地址。

```
01 int main() {
02   int x = 2;
03   int* p = &x;
04   int y = *p;
05 }
```

观察第 4 行代码，当对指针 p 进行 "*" 运算时，其首先从指针变量 p 中取出变量 x 的地址，然后读取地址处的 4 字节的整数，将其赋值给变量 y。图 5-23 展示了指针变量 p 和变量 x 之间的取地址以及解引用。

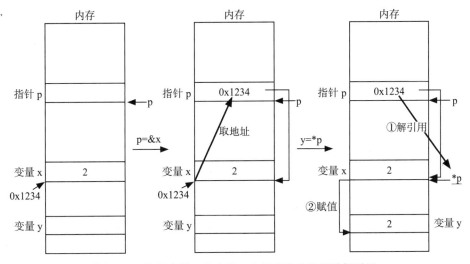

图 5-23　指针变量 p 和变量 x 之间的取地址以及解引用

编译后反汇编，看看 C 编译器是如何将指针翻译为汇编语言的：

```
00 0000000000001129 <main>:
01    1131: c7 45 f0 02 00 00 00    movl    $0x2,-0x10(%rbp)
02    1138: 48 8d 45 f0             lea     -0x10(%rbp),%rax
03    113c: 48 89 45 f8             mov     %rax,-0x8(%rbp)
04    1140: 48 8b 45 f8             mov     -0x8(%rbp),%rax
05    1144: 8b 00                   mov     (%rax),%eax
06    1146: 89 45 f4               mov     %eax,-0xc(%rbp)
07    1149: b8 00 00 00 00          mov     $0x0,%eax
```

根据第 1 行指令可见，显然 %rbp-0x10 处是局部变量 x，这行指令将其初始化为 2。

第 2 行中的指令 lea 我们之前见过，这里我们通过对比它与 mov 指令的差别来加深理解。我们先来看下面的 mov 指令：

```
mov 0x8(%bx), %ax
```

我们知道，通过括号括起来的源操作数在内存中，其内存地址为寄存器 AX 中的值加上 8。mov 指令执行时，首先计算出源操作数的内存地址，然后读取内存地址处的内容，最后将读取后的值存入寄存器 AX，如图 5-24 所示。

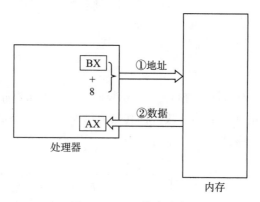

图 5-24　mov 指令访存

而如果一旦将 mov 更换为 lea：

```
lea 0x8(%bx), %ax
```

它的具体操作为前面 mov 指令的一半，lea 计算出源操作数的内存地址后，并不访存，而是将这个内存地址存入寄存器 AX，如图 5-25 所示。

理解了 lea 指令后，第 2 行指令就很容易理解了。对于 C 语言中取地址语法的汇编实现，lea 指令是不二人选。-0x10(%rbp) 对应的是变量 x 的地址，因此这里使用 lea 仅计算出变量 x 的地址，而不读取其内存中的值，然后将变量 x 的地址装载到寄存器 EAX 中。这一行汇编指令对应 C 代码中的 &x。

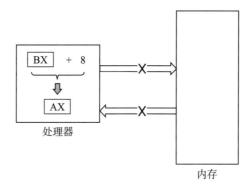

图 5-25 lea 指令取地址

第 3 行指令将寄存器 EAX 中的值赋值到地址 %rbp-0x8 处，此时 EAX 中装载的是变量 x 的地址，显然，-0x8(%rbp) 对应的是指针变量 p 的地址。所以这一行指令将变量 x 的地址赋值给了指针变量 p。因此，第 2 行和第 3 行汇编指令对应 C 语句：

```
int* p = &x;
```

第 4 行指令是取出变量 p 中的内容，也就是变量 x 的地址，然后装载到寄存器 EAX 中。

第 5 行指令中的源操作数（%rax）中的括号表示寄存器 RAX 中存储的不是一个值，而是一个内存地址，不要将这个地址直接存储到目的操作数，而是要向这个内存地址发起访存操作，将读取的值存储到目的操作数寄存器 EAX。第 6 行指令将其赋值到局部变量 y 所在的内存 %rbp-0xc 处。因此，第 5 行和第 6 行指令对应 C 语句：

```
int y = *p;
```

5.10.2 指向结构体的指针

指针不仅能指向基本类型，还能指向复杂数据类型。在下面的代码中我们声明了一个结构体类型 s，定义了一个结构体 s 的实例 s1，然后又定义了一个指向结构体类型的指针变量 p。使用运算符"&"取结构体实例 s1 的地址，然后将这个地址赋值给指针变量 p。

我们可以使符号"*"和"."结合起来访问结构体中的成员，使用 *p 取结构体实例地址，在 *p 后使用"."访问其中的成员变量。但是不能这样写：*p.。因为符号"."的优先级高于"*"，所以 C 编译器将先计算"."，再计算"*"。而我们的本意是先算"*"，再算"."，所以需要使用括号达成我们的意图：(*p).。C 语言也提供了一个运算符"->"来代替"(*p)."。"->"更符合人的思维，使用较多。下面的代码展示了这两种语法：

```
struct s {
  char x;
  int y;
};

int main() {
```

```
    struct s s1;
    struct s* p = &s1;

    char r1 = (*p).x;
    int r2 = p->y;
}
```

图 5-26 展示了指向结构体实例 s1 的指针 p 及其解引用。

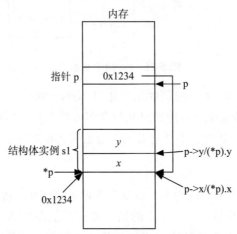

图 5-26　指向结构体的指针 p 及其解引用

我们将上述代码编译后反汇编：

```
00 0000000000001129 <main>:
01    1131: 48 8d 45 e8          lea     -0x18(%rbp),%rax
02    1135: 48 89 45 f8          mov     %rax,-0x8(%rbp)

03    1139: 48 8b 45 f8          mov     -0x8(%rbp),%rax
04    113d: 0f b6 00             movzbl  (%rax),%eax
05    1140: 88 45 f7             mov     %al,-0x9(%rbp)

06    1143: 48 8b 45 f8          mov     -0x8(%rbp),%rax
07    1147: 8b 40 04             mov     0x4(%rax),%eax
08    114a: 89 45 f0             mov     %eax,-0x10(%rbp)
```

第 1 行使用指令 lea 将 "rbp−0x18" 处的内存地址装载到寄存器 RAX，这个内存地址处就是结构体实例 s1，第 2 行指令将其赋值到内存 "rbp−0x8" 处，这个地址处是指针 p。接下来就可以使用 −0x8(%rbp) 访问结构体中的各成员变量了。

第 3 行指令将指针 p 中的值，即结构体实例 s1 的地址读取到寄存器 rax 中，然后第 4 行使用指令 movzbl 以寄存器 RAX 中的值作为内存地址，从内存中读取 1 个字节，这里读取的就是 s1 起始地址处的 1 个字节，即成员变量 x 的值，然后将高 3 个字节填充 0 后装载到 EAX 中。第 5 行指令将变量 x 的值赋值给局部变量 r1。

第 6 ～ 8 行和第 3 ～ 5 行除了访问的内存地址不同外，其他完全相同。

5.10.3　指针的 +/− 运算

当运算符 +、− 作用于指针时，要特别留意算术运算的单位。指针运算的单位为指针指向的对象的大小，可以直观地理解为指针的移动。假设指针指向了一个数据类型为结构体的数组，每个数组元素为 16 字节，指针 +1 表示将指针指向数组中的下一个结构体实例，指针 −1 表示将指针指向数组中的上一个结构体实例，如图 5-27 所示。

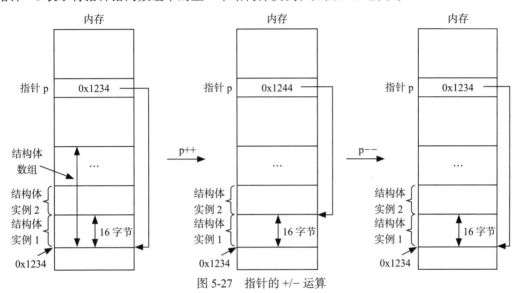

图 5-27　指针的 +/− 运算

我们看一个具体的例子，数组中的元素是结构体类型：

```c
struct s {
  long x;
  int y;
};

int main() {
  struct s a[3];
  struct s* p = &a[0];

  p++;
  long r = p->x;
}
```

我们首先将 p 指向数组 a[0]，然后对 p 进行了一次递增的算术运算，此时 p 指向了 a[1]。我们反汇编看一下 C 语法中指针算术操作的实现：

```
00 0000000000001129 <main>:
01   1131: 48 8d 45 c0           lea    -0x40(%rbp),%rax
02   1135: 48 89 45 f8           mov    %rax,-0x8(%rbp)

03   1139: 48 83 45 f8 10        addq   $0x10,-0x8(%rbp)
```

```
04    113e: 48 8b 45 f8          mov      -0x8(%rbp),%rax
05    1142: 48 8b 00             mov      (%rax),%rax
06    1145: 48 89 45 f0          mov      %rax,-0x10(%rbp)
```

在第 1 行我们又看到了熟悉的指令 lea，显然这是取 a[0] 的地址，然后第 2 行指令将 a[0] 的地址赋值给指针 p。

第 3 行指令对应 C 语法中的 p++ 操作，因为每一个结构体实例的大小为 16 个字节，对应的十六进制为 0x10，所以我们看到变量 p++ 不是加 1，而是增加了 16 字节，所以执行 p++ 操作后 p 指向了数组元素 a[1]。

第 4 ~ 6 行指令我们已经很熟悉了，取指针 p 中的值作为内存地址，读取内存中的内容，并赋值给变量 r。

5.10.4 双指针

指针这种类型可以一直套娃，比如 int*** p，我们将其称为多重指针。显然，过多重的指针会极大地降低代码的可读性，因此，我们应该避免过多重指针的使用。除了单指针外，双指针也是我们在编程中常用的一种类型。比如我们有一个数组，数组中的每个元素都是一个指向结构体 s 的指针，那么我们就可以定义一个指向结构体的双指针访问数组中的元素，如图 5-28 所示。

具体代码如下：

```c
struct s {
  char x;
  int y;
};

int main() {
  struct s s1;
  struct s s2;

  struct s* a[2];
  a[0] = &s1;
  a[1] = &s2;

  struct s** p = &a[0];

  int r = (*p)->y; // 也可以使用: (*(*p)).y
}
```

在代码中我们定义了一个数组 a，数组中的元素是一个指向结构体 s 的指针，指向结构体实例。我们定义了一个指向结构体 s 的双指针 p，将其指向数组 a 的第一个元素 a[0]。那么 *p 就是取出 p 中的内容，即 a[0] 的地址。因为数组 a 的元素也是一个指针变量，记录着结构体实例的地址，所以如果要获取结构体实例的地址，还需要对 *p 进行 * 运算，即 *(*p)。如果访问结构体实例中的成员变量 x，那么 C 语法就是 (*(*p)).x。"(*)." 也可以使

用 "->" 代替，因此 (*(*p)).x 也可以写为 (*p)->x。双指针及其解引用如图 5-29 所示。

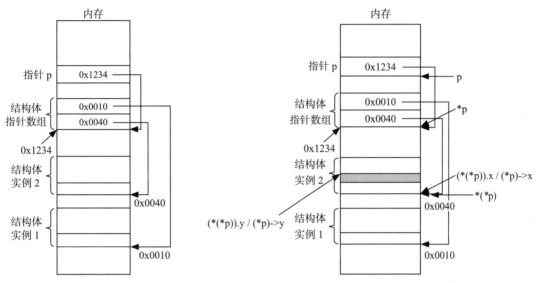

图 5-28　指向结构体的双指针　　　　　　图 5-29　双指针及其解引用

我们从汇编语言层面理解一下双指针，将上述代码编译后反汇编：

```
00 0000000000001129 <main>:
01    1131: 48 8d 45 ec          lea      -0x14(%rbp),%rax
02    1135: 48 89 45 d0          mov      %rax,-0x30(%rbp)

03    1139: 48 8d 45 e4          lea      -0x1c(%rbp),%rax
04    113d: 48 89 45 d8          mov      %rax,-0x28(%rbp)

05    1141: 48 8d 45 d0          lea      -0x30(%rbp),%rax
06    1145: 48 89 45 f8          mov      %rax,-0x8(%rbp)

07    1149: 48 8b 45 f8          mov      -0x8(%rbp),%rax
08    114d: 48 8b 00             mov      (%rax),%rax
09    1150: 8b 40 04             mov      0x4(%rax),%eax
10    1153: 89 45 f4             mov      %eax,-0xc(%rbp)
```

第 1 行和第 2 行指令是取结构体实例 s1 地址，赋值给 a[0]。

第 3 行和第 4 行指令是取结构体实例 s2 地址，赋值给 a[1]。

第 5 行和第 6 行指令是取 a[0] 的地址，赋值给指针 p。

注意第 7 ～ 10 行指令，与单指针相比，这里明显多了一次访存。在第 8 行从 a[0] 对应的内存地址中读取结构体实例 s1 的地址后，第 9 行以结构体实例 s1 的地址的偏移 4 处作为内存地址，再次访存，读取字段 y 的内容。C 编译器将 int 类型按照 4 字节对齐，所以结构体成员 y 位于相对结构体实例基址偏移 4 字节处，而不是紧接在 char 类型的 x 之后的 1 字节处。

5.10.5 void 指针

我们使用 C 库中的函数时，常会看到有的函数参数是 void* 类型，比如 memcpy：

```
void *memcpy(void *dest, const void *src, size_t n);
```

那么为什么要使用 void* 类型的参数呢？对于内存复制操作，内存区域存储的可能是任意类型，如可能是各种 C 内置类型，也可能是用户自定义的结构体，等等。我们不可能为所有的类型各定义一个 memcpy，如下：

```
memcpy(char*, char*, int);
memcpy(int*, int*, int)
...
```

这太烦琐了，而且也不可能穷尽用户自定义类型。因此，函数 memcpy 的形参需要能够接收用户传入的指向各种类型的指针。

于是，C 语言设计了 void* 类型。void 表示"无类型（no type）"，所以 void* 表示这是一个指针变量，但是并没有与具体的类型关联。void* 可以指向任意类型的指针，换句话说，void* 能接收各种类型的指针：

```
char* x;
void* y;

y = x;
```

void* 也可转换为其他任意类型的指针：

```
char* x;
void* y;

x = y;
```

需要注意的是，C 和 C++ 有细微的差别，C 不需要显式转换，C++ 对类型安全要求更严苛，需要显式转换：

```
char* x;
void* y;

x = (char*)y;
```

有了 void* 后，函数 memcpy 就可以使用 void* 作为参数，接收任何类型的指针了。因为 void* 没有类型信息，无法解释指定内存地址处的内容，void* 类型的指针不能解引用，所以在使用 void* 前，一般首先将其转换为具体的指针类型，然后再进行解引用操作。比如对于函数 memcpy，我们首先将 void* 转换为 char*，然后再进行循环复制：

```
void* memcpy(void *dest, const void *src, int n) {
  char *tmp = dest;
```

```
const char *s = src;

while (n--) {
    *tmp++ = *s++;
}

return dest;
}
```

再比如另外一个典型的例子，C 库中分配内存的函数 malloc。函数 malloc 分配了内存后，并不知道用户会用这块区域存储什么类型的变量，所以可以返回 void* 类型，由用户根据实际情况按需转换：

```
void *malloc(size_t size);
```

5.10.6　空指针

通过指针我们可以访问内存，因此，使用指针时需要特别小心。当不用时，需要将指针指向一个空地址，避免指针指向一个随机的地址，破坏内存中的内容。

为此，C 标准定义了一个空指针 NULL。NULL 使用了一个大家都认可的地址，当指针指向这个地址时就表示指针此时为空。通常编译器分配地址时会将地址 0 保留起来，不分配给指令和数据，而是用作空指针的标识。比如 gcc 定义的 NULL 为：

```
#define NULL ((void*)0)
```

当程序访问了空指针指向的内存时，操作系统内核将杀掉程序，并报告非法访问错误，也就是我们常见的段错误（segment fault）。访问空指针只是段错误的一种原因，越界访问等都将引发段错误。

5.11　函数

为了支持模块化程序设计，x86 处理器设计了 call 和 ret 指令。利用 call 和 ret 指令，我们就可以实现多个独立的函数，然后通过函数调用将它们联合起来，解决一个复杂的问题。在第 4 章我们讲述了如何使用汇编语言来实现函数，这一节我们来探讨 C 语言中的函数。

5.11.1　基本语法

C 语言中函数的语法如下：

```
返回类型 函数名 ( 类型 参数 1，类型 参数 2，…) {
    函数体 (包含声明、语句等)
}
```

其中，"参数"是主调者向被调者传递信息的主要方式。一个函数可以接收 0 个或多个参数，每个参数都包含类型信息以及名字。对于不接收参数的函数，参数列表留空即可，也可以使用关键字 void 显式告知 C 编译器该函数不接收任何参数。

"返回值"是函数返回给主调者信息的常用手段，函数需要在函数名前面声明返回值的类型。对于没有返回值的函数，需要使用关键字 void 显式声明。在函数体中，我们使用 C 语言提供的关键字 return 从函数返回到主调者，如果函数有返回值，则 return 后面还要接上返回值。如果函数没有返回值，我们也可以偷个懒，不显式地使用 return，让 C 编译器帮我们生成。

默认情况下，函数具有外部链接性。如果想要某个函数只在文件内部使用，那么可以使用 static 将函数声明为内部可见。

在发起函数调用时，主调者不需要使用任何关键字，直接写上函数的名字并传递必要的参数即可。

我们看一个具体的例子：

```c
int add(int x, int y) {
  return x + y;
}

int main() {
  int r = add(2, 3);
}
```

上述代码定义了一个函数 add，接收两个整型参数，返回值是 int 类型。该函数对参数 x 和 y 求和，然后将结果返回给主调函数。主调函数调用 add 计算整数 2 和 3 的和，使用变量 r 存储函数 add 的返回值。

我们看一下 C 编译器是如何将 C 语法中的函数翻译为汇编指令的，编译后反汇编：

```
00 0000000000001129 <add>:
01    112d: 55                    push    %rbp
02    112e: 48 89 e5              mov     %rsp,%rbp

03    1131: 89 7d fc              mov     %edi,-0x4(%rbp)
04    1134: 89 75 f8              mov     %esi,-0x8(%rbp)
05    1137: 8b 55 fc              mov     -0x4(%rbp),%edx
06    113a: 8b 45 f8              mov     -0x8(%rbp),%eax
07    113d: 01 d0                 add     %edx,%eax

08    113f: 5d                    pop     %rbp
09    1140: c3                    retq

10 0000000000001141 <main>:
11    114d: be 03 00 00 00        mov     $0x3,%esi
12    1152: bf 02 00 00 00        mov     $0x2,%edi
13    1157: e8 cd ff ff ff        callq   1129 <add>
14    115c: 89 45 fc              mov     %eax,-0x4(%rbp)
```

其中，第 1 ~ 9 行指令对应函数 add，第 11 ~ 14 行指令对应函数 main。

我们先看主调函数。根据调用约定，64 位 x86 使用寄存器 RDI 传递第一个参数，使用 RSI 传递第二个参数，所以，我们看到第 11、12 行指令在为函数 add 准备参数。因为函数 add 的两个参数为 int 类型，长度为 32 位，所以使用 32 位的 ESI 和 EDI。

第 13 行使用 call 指令调用 add 函数进行计算。64 位 x86 调用约定函数使用寄存器 RAX 保存返回值，这里返回类型是 32 位，函数 add 在返回前会将 x 和 y 的累加和保存到寄存器 EAX 中，所以在从函数 add 返回后，第 14 行指令将 EAX 中的返回值保存到函数 main 的局部变量 r 中。

再来看被调函数 add。从汇编程序的角度来看，C 语言中所谓的函数名 add 被 C 编译器翻译为汇编程序中的标签，标识程序中的一个内存地址，从这块地址开始直到 ret 指令的代码片段对应 C 函数的函数体。

在函数 add 中，C 编译器自动插入了处理栈帧的代码。第 1 行指令保存主调函数栈帧基址，第 2 行指令设置 RBP 记录函数 add 自己的栈帧基址，执行完函数后，第 8 行恢复主调函数栈帧。但是这里为什么没有类似 "mov %rbp, %rsp" 这样的指令，将栈顶指针 RSP 指向栈帧基址呢？因为函数 add 比较简单，rsp 的位置没有变，即 rsp 和 rbp 相同，所以不需要使用这条指令。

第 3、4 行指令分别从寄存器 EDI 和 ESI 中读取参数，保存到函数 add 的栈帧中，然后第 7 行调用 add 指令完成加法运算。函数 add 需要将和返回给主调函数，64 位 x86 调用约定函数使用寄存器 RAX 返回值给主调者，这里返回值是 int 类型，占 32 位，根据第 7 行指令，我们看到指令 add 将累加值保存到了目的操作数寄存器 EAX 中。

最后第 9 行的 ret 指令结束了函数 add 的运行，返回到 main 函数中的第 14 条指令处，该条指令将 EAX 中保存的返回值赋值给局部变量 r。

通过反汇编可见，C 语言层面的函数语法本质上就是 x86 的函数调用机制，只不过使用更易读的 C 语法进行了封装。C 编译器负责将 C 语言层面的函数及其调用翻译为汇编指令。

5.11.2 参数的值传递和指针传递

在 32 位 x86 机器上，32 位 x86 调用约定使用内存（栈）传递参数。64 位 x86 出现后，因为它比 32 位多了 8 个通用寄存器，所以主要使用寄存器传递参数。显然，使用寄存器传参省去了访存环节，速度更快。

但是寄存器的大小毕竟是有限的，对于结构体、数组等聚合类型，当它们的尺寸较小时，还可以勉强拆分一下，使用多个寄存器传递，比如 64 位 x86 约定，当聚合类型的尺寸小于或等于 16 字节时，使用寄存器传递。当尺寸超过 16 字节时，那么就只能通过内存（栈）传递了。比如下面的例子：

```
struct s {
  long x;
```

```
    long y;
    long z;
};

long add(struct s s1) {
    return s1.x + s1.y + s1.z;
}

int main() {
    struct s s1;
    s1.x = 1;
    s1.y = 2;
    s1.z = 3;

    int r = add(s1);
}
```

我们反汇编看一下 main 函数是如何将结构体实例 s1 传递给函数 add 的：

```
00 0000000000001129 <add>:
01    1131: 48 8b 55 10          mov      0x10(%rbp),%rdx
02    1135: 48 8b 45 18          mov      0x18(%rbp),%rax
03    1139: 48 01 c2             add      %rax,%rdx
04    113c: 48 8b 45 20          mov      0x20(%rbp),%rax
05    1140: 48 01 d0             add      %rdx,%rax

06 0000000000001145 <main>:
07    114d: 48 83 ec 20          sub      $0x20,%rsp
08    1151: 48 c7 45 e0 01 00 00 movq     $0x1,-0x20(%rbp)
09    1158: 00
10    1159: 48 c7 45 e8 02 00 00 movq     $0x2,-0x18(%rbp)
11    1160: 00
12    1161: 48 c7 45 f0 03 00 00 movq     $0x3,-0x10(%rbp)
13    1168: 00

14    1169: ff 75 f0             pushq    -0x10(%rbp)
15    116c: ff 75 e8             pushq    -0x18(%rbp)
16    116f: ff 75 e0             pushq    -0x20(%rbp)

17    1172: e8 b2 ff ff ff       callq    1129 <add>
```

根据第 7 行指令可见，编译器在函数 main 的栈帧中为局部变量 s1 分配了 0x20 个字节，然后第 8 ～ 13 行指令分别为 s1 的成员变量 x、y 和 z 赋值。

第 14 ～ 16 行为调用函数 add 准备参数，我们看到函数 main 将 s1 的各字段压入栈中。主调函数 main 在栈中再造了一个结构体实例 s1 的副本。这种传递参数的方式称为值传递，如图 5-30 所示。

然后函数 add 以寄存器 RBP 为锚点，访问参数 s1，见第 1、2、4 行指令，如图 5-31 所示。

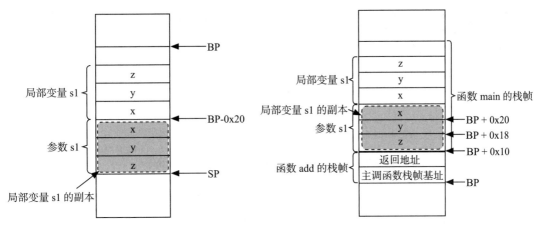

图 5-30 函数 main 准备参数   图 5-31 函数 add 访问参数

这里的结构体 s 还是一个比较小的数据结构，实际工程项目中的数据结构比这复杂得多，如果都使用这种值传递的方式，显然是非常低效的。因此，为了去掉这个参数的副本，C 函数支持使用指针传参，即只将参数的地址传递给被调函数。

我们将上面的例子改造为通过指针传递参数，代码如下：

```c
struct s {
  long x;
  long y;
  long z;
};

long add(struct s* s1) {
  return s1->x + s1->y + s1->z;
}

int main() {
  struct s s1;
  s1.x = 1;
  s1.y = 2;
  s1.z = 3;

  int r = add(&s1);
}
```

我们反汇编查看指针传递传参的本质：

```
00 0000000000001129 <add>:
01    1131: 48 89 7d f8            mov     %rdi,-0x8(%rbp)
02    1135: 48 8b 45 f8            mov     -0x8(%rbp),%rax
03    1139: 48 8b 10               mov     (%rax),%rdx
04    113c: 48 8b 45 f8            mov     -0x8(%rbp),%rax
05    1140: 48 8b 40 08            mov     0x8(%rax),%rax
06    1144: 48 01 c2               add     %rax,%rdx
```

```
07   1147: 48 8b 45 f8        mov    -0x8(%rbp),%rax
08   114b: 48 8b 40 10        mov    0x10(%rax),%rax
09   114f: 48 01 d0           add    %rdx,%rax

10 0000000000001154 <main>:
11   115c: 48 83 ec 20        sub    $0x20,%rsp
12   1160: 48 c7 45 e0 01 00 00   movq   $0x1,-0x20(%rbp)
13   1167: 00
14   1168: 48 c7 45 e8 02 00 00   movq   $0x2,-0x18(%rbp)
15   116f: 00
16   1170: 48 c7 45 f0 03 00 00   movq   $0x3,-0x10(%rbp)
17   1177: 00

18   1178: 48 8d 45 e0        lea    -0x20(%rbp),%rax
19   117c: 48 89 c7           mov    %rax,%rdi

20   117f: e8 a5 ff ff ff     callq  1129 <add>
```

这一次，我们在函数 main 中看不到制造结构体实例 s1 的副本过程了，取而代之的是第 18 行代码使用指令 lea 取出结构体实例 s1 的地址，第 19 行指令遵照 x86 调用约定将这个地址装载到了寄存器 RDI 中，因为地址是 64 位的，所以使用的是 64 位的 RDI。

在函数 add 中，从寄存器 RDI 中读出 s1 的地址，保存到自己栈帧的 −0x8(%rbp) 处，见第 1 行指令。

当处理器执行到第 3 行指令时，mov 指令从寄存器 RAX 取出 s1 的起始地址进行访存，从内存中读取出 s1 的成员变量 x。类似地，第 5、8 行指令分别从内存中读出 s1 的成员变量 y 和 z。

根据反汇编指令可见，通过指针传递参数的方式，函数 main 仅将结构体实例 s1 的地址传递给了函数 add，这个地址要比数据结构小得多。函数 add 通过 s1 的地址直接访问 s1 内的成员变量，如图 5-32 所示。

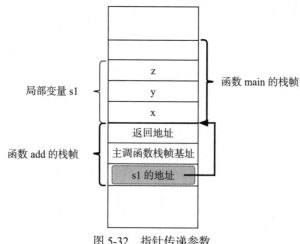

图 5-32　指针传递参数

5.11.3　const 参数

使用值传递的时候，主调函数将会为被调函数准备一个参数副本，那么即使被调函数修改了参数，也没有关系，因为参数是一个副本。但是通过指针传递参数时，参数本尊将完整地暴露给被调函数，存在参数被函数破坏的可能。为了避免这种情况，C语言提供了关键字 const。如果函数的指针参数指向的参数不希望被修改，那么就可以使用 const 将参数约束为只读的。C 编译器在编译期将会检查使用 const 修饰的参数，一旦发现函数试图修改 const 属性的参数，C 编译器将报错。

我们看一个具体的例子：

```
struct s {
  char x;
  int y;
};

void modify(const struct s* s1) {
  s1->x = 2;
}

int main() {
  struct s s1;
  modify(&s1);
}
```

这里函数 modify 的参数 s1 使用关键字 const 进行了约束，即告知编译器函数 add 不可以修改参数 s1，因此 C 编译器会帮助程序员在编译时进行检查，并报告类似如下的错误：

```
const-pointer.c: In function 'modify':
const-pointer.c:7:9: error: assignment of member 'x' in read-only object
    7 |    s1->x = 2;
      |          ^
```

5.11.4　函数指针

指针变量中除了可以存储变量的地址，也可以存储函数的地址。存储函数地址的指针称为函数指针，其语法如下：

```
函数返回类型 (* 函数指针变量名) (参数列表);
```

下面看一个例子：

```
int add(int x) {
  return x + 1;
}

int f(int (*fp) (int)) {
  return fp(3);
```

```
}

int main() {
  int (*p) (int) = add;
  f(p);
}
```

在函数 main 中，我们声明了一个函数指针 p，存储了函数 add 的地址，即其指向了函数 add。这里，函数指针 p 的返回值、参数列表必须与函数 add 完全相同。

我们定义了一个函数 f，它的参数是函数指针 fp，在 f 的函数体中通过函数指针 fp 运行了 fp 指向的具体函数。

然后在函数 main 中，我们以指向函数 add 的函数指针 p 作为参数，调用了函数 f。

函数指针的语法还是有些烦琐的，我们可以使用 typedef 为函数指针定义一个别名以简化语法，上述代码使用指针别名后更新如下：

```
typedef int (*fp) (int);

int add(int x) {
  return x + 1;
}

int f(fp p) {
  return p(3);
}

int main() {
  fp p = add;
  f(p);
}
```

其中第 1 行语句使用 typedef 定义了一个函数指针别名 fp，然后将所有的 int (*p) (int) 全部更新为 fp。显然，使用别名显著提高了函数指针语法的易读性。

我们从汇编层面看一下汇编指令是如何处理 C 语言中的函数指针的，将上述代码编译后反汇编：

```
00 0000000000001129 <add>:
01     …

02 000000000000113c <f>:
03    1148: 48 89 7d f8              mov      %rdi,-0x8(%rbp)
04    114c: 48 8b 45 f8              mov      -0x8(%rbp),%rax
05    1150: bf 03 00 00 00           mov      $0x3,%edi
06    1155: ff d0                    callq    *%rax

07 0000000000001159 <main>:
08    1165: 48 8d 05 bd ff ff ff     lea      -0x43(%rip),%rax #1129 <add>
09    116c: 48 89 45 f8              mov      %rax,-0x8(%rbp)
```

```
10    1170: 48 8b 45 f8                mov    -0x8(%rbp),%rax
11    1174: 48 89 c7                   mov    %rax,%rdi
12    1177: e8 c0 ff ff ff             callq  113c <f>
```

先来看函数 main。第 8 行指令取出函数 add 的地址，第 9 行指令将其赋值到函数指针变量 p 中。接下来函数 main 准备调用函数 f，函数 f 接收一个参数，参数类型是一个指针，只不过指针中记录的是一个函数的地址。依据 64 位 x86 调用约定，第一个参数使用寄存器 RDI 传递，所以第 11 行指令将函数 add 的地址存储到寄存器 RDI 中，第 12 行的 call 指令发起对函数 f 的调用。

再来看函数 f。首先寄存器 RDI 取出函数 add 的地址并装载到寄存器 RAX 中，第 5 行为函数 add 准备参数，将整数 3 装载到寄存器 EDI 中。第 6 行通过 call 指令发起对函数 add 的调用。其中寄存器 RAX 前的 * 是 AT&T 汇编风格的语法，表示这是一个间接调用，即函数地址不是从指令中直接获取，而是首先从寄存器 RAX 中获取，再跳转到这个地址去执行的，如图 5-33 所示。除了从寄存器中获取函数地址外，后面我们还会见到首先从内存中读取函数地址的情况，对于这种情况，处理器还要进行额外的一次访存。

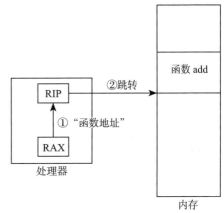

图 5-33　间接函数调用

5.12　内联汇编

显然，作为一门高级语言，C 语言不应该与某个具体的体系结构绑定，但是作为一门系统编程语言，C 语言要能够处理与体系结构体相关的命令。比如我们接下来实现操作系统时，某些操作除了使用汇编语言，别无他法。C 语言解决这个问题的办法是支持将汇编指令嵌入 C 语言中，由嵌入的汇编指令实现体系结构相关的操作。

C 语言中内联汇编的基本语法如下：

```
asm ( 汇编指令
    : 输出操作数列表
    : 输入操作数列表
    : 汇编指令修改的寄存器和内存列表
    );
```

asm 为关键字，表示接下来要嵌入汇编代码，如果 asm 与程序中其他名字冲突，可以使用 __asm__。

嵌入的汇编指令需要使用双引号括起来。如果内嵌多行汇编指令，可以把所有的指令都写在一行，使用分号分隔。更易读的方式是每条指令占 1 行，每行指令使用双引号括起来，大部分编译器都支持每条指令以后缀 "\n\t" 结尾分隔汇编指令。

内联汇编指令中的操作数可以是 C 语言中的变量，在 C 语言中，可以通过汇编指令之后的操作数列表传递 C 变量给汇编指令。操作数列表中操作数格式如下：

[汇编名字]" 约束 "（C 变量）

每个 C 变量可以指定一个汇编名字，内联汇编指令可以使用变量的汇编名字引用 C 变量，引用格式为 "%[汇编名字]"。"汇编名字"可以省略。使用序号引用 C 变量，C 变量的编号从 0 开始，输出与输入操作数统一编号，引用时以 % 开头，比如 %0 指代第一个 C 变量，%1 指代第二个 C 变量，依次类推。

每个操作数的约束部分可告知 C 编译器将这些操作数放在哪里，在内存或者寄存器中，或者是立即数。r 表示使用寄存器装载 C 变量，m 表示 C 变量在内存中。显然 r 和 m 分别来自单词 register 和 memory。

因为内联汇编代码不是 C 编译器生成的，所以 C 编译器不能掌握内联汇编指令的任何信息，因此，如果内联汇编使用了某些寄存器，那么需要将其列在汇编指令修改的寄存器列表中，这样 C 编译器就可以清楚在内联汇编指令的前后是否需要保存和恢复被内联汇编破坏的寄存器了。

下面我们使用一段内联汇编代码来求两个数的和：

```
#include <stdio.h>

int main() {
  int x = 2;
  int y = 3;
  int sum = 0;

  asm ( "mov %1, %%eax\n\t"
    "mov %[addend], %%ebx\n\t"
    "add %%ebx, %%eax\n\t"
    "mov %%eax, %0"
    : "=m"(sum)
    : "m"(x), [addend]"m"(y)
    : "eax", "ebx", "r11", "r12"
  );
}
```

上述代码中，我们使用内联汇编计算变量 x 和 y 的和，并将结果保存到变量 sum 中。sum 是输出操作数，列在输出操作数列表中。x 和 y 是输入操作数，列在输入操作数列表中。汇编指令中可以使用 %0 引用 sum，%1 引用 x，%2 引用 y。对于变量 y，我们为其定义了一个汇编名字 addend，汇编指令中也可以使用 addend 引用 y。这三个变量都在内存中，所以我们使用约束 m。当然，也可以使用 r 约束，这样，C 编译器会在内联汇编指令前，插入汇编指令将变量从内存中装载到寄存器中，然后内联汇编指令会使用寄存器作为操作数，比如我们可以使用 "a" 约束输入操作数 x，使用 "b" 约束输入操作数 y，那么就可以省去手写的前 2 条汇编指令，由编译器帮我们编写这 2 条指令并安插在内联汇编的前面。这个留给读者自行实验。

　　内联汇编指令部分比较简单，其中我们使用编号引用了操作数 sum 和 x，使用 y 的汇编名字引用了 y。我们分别将变量 x 和 y 装载到寄存器 EAX 和 EBX 中，然后使用指令 add 求 x 和 y 的和，将结果装载到寄存器 EAX 中，最后将 EAX 中的和写到变量 sum 中。

　　内联汇编指令使用了寄存器 EAX、EBX，所以我们将其列在汇编指令修改的寄存器列表中。为了展示，我们额外加入了两个寄存器（R11 和 R12）作为示范。这个函数比较简单，除了内联汇编外，其他 C 代码处没有使用这几个寄存器，所以理论上 C 编译器无须安插任何代码来保存和恢复这几个寄存器。但是，函数 main 也是一个被调函数，其并不清楚主调函数是否会使用这几个寄存器的值。根据 64 位 x86 调用约定，寄存器 RBX RBP R12-15 由被调者负责保存，因此其中的 RBX 和 R12 需要由函数 main 负责。通过编译后的反汇编，我们可以清楚地看到 C 编译器安插了代码以保存和恢复寄存器 RBX 和 R12：

```
0000000000001129 <main>:
  1129:   55                      push   %rbp
  112a:   48 89 e5                mov    %rsp,%rbp
  112d:   41 54                   push   %r12
  112f:   53                      push   %rbx
  1130:   c7 45 ec 02 00 00 00    movl   $0x2,-0x14(%rbp)
  1137:   c7 45 e8 03 00 00 00    movl   $0x3,-0x18(%rbp)
  113e:   c7 45 e4 00 00 00 00    movl   $0x0,-0x1c(%rbp)
  1145:   8b 45 ec                mov    -0x14(%rbp),%eax
  1148:   8b 5d e8                mov    -0x18(%rbp),%ebx
  114b:   01 d8                   add    %ebx,%eax
  114d:   89 45 e4                mov    %eax,-0x1c(%rbp)
  1150:   b8 00 00 00 00          mov    $0x0,%eax
  1155:   5b                      pop    %rbx
  1156:   41 5c                   pop    %r12
  1158:   5d                      pop    %rbp
  1159:   c3                      retq
```

第 6 章

32 位引导过程

我们的内核最终将运行在 x86 的 64 位模式下，但是因为历史原因，x86 处理器加电后，将进入实模式（16 位部分），从实模式到 64 位模式中间还需要经过 32 位保护模式（后续简称为保护模式）。因此，我们首先需要将 x86 处理器从实模式切换到保护模式。

在本章，我们首先介绍 x86 处理器的各种工作模式，讲述内存寻址方式的演变。为了配合 x86 从实模式到 64 位模式的过渡，内核需要为处理器在各模式下运行提供相应的代码。我们结合 x86 地址空间的历史演进，讲述内核各部分映像如何在内存中布局。本章首先实现内核的实模式部分。实模式部分将为保护模式的运行准备环境。然后使能处理器的保护模式，最后跳转到内核的保护模式部分。

6.1　实模式

1978 年，Intel 发布了第一款 16 位微处理器 8086。这款处理器有 20 根地址线，也就是说，其可以支持的地址空间可以达到 1MB（2^{20} 字节）。但是，这款处理器的数据总线的宽度是 16 位，指令指针寄存器 IP 以及其他通用寄存器也都是 16 位的，所以指令最大只能支持 64KB（2^{16} 字节）地址空间。为了解决这个问题，Intel 的工程师们引入了段的概念。8086 微处理器设计了四个段寄存器——CS、DS、ES 和 SS，每个段寄存器的宽度为 16 位，用于存储段的起始地址，其他寄存器存储的则是段内偏移。通过改变段寄存器中段的基址，我们就可以访问全部内存了。

在这种模式下，程序发起一次内存访问，使用的是如下地址格式，人们将这个地址称为逻辑地址：

段基址　：　段内偏移

处理器中的段单元（Segmentation Unit），也叫地址加法器，负责将段的基址左移 4 位，加上段内偏移，生成 20 位的物理地址，这样就可以寻址 1MB 地址空间的任何地址了：

段基址 << 4 + 段内偏移

Intel 将这种处理器直接使用真实的物理地址访问内存的模式称为实模式。实模式下的地址翻译过程如图 6-1 所示。

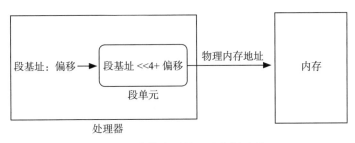

图 6-1　实模式下的地址翻译过程

6.2　保护模式

实模式的一个主要问题是程序之间的内存没有隔离，任何一个程序都可以随意更改段寄存器，进而访问任意地址的内存。换句话说，实模式允许一个程序可以随意访问或者破坏掉另一个程序的数据或代码，这是不安全的。

于是从 80286 开始，Intel 引入了一种新的模式，称为保护模式。在保护模式下，CPU 具有四个特权级：特权级 0（ring0）、特权级 1（ring1）、特权级 2（ring2）、特权级 3（ring3）。只有运行于特权级 0 的指令才有权操作关键资源。操作系统内核一般运行于特权级 0，应用程序一般运行在特权级 3。

在保护模式下，为了确保应用程序访问的内存是合法的，不会发生越界访问，x86 给段赋予了更多的属性，增加了段的界限、访问权限等。x86 设计了段描述符表来记录段的信息，它本质上就是一个数组，其中每一个元素是一个段描述符。只有运行于特权级 0 的指令才有权操作这个表，这也就意味着，只有操作系统的内核才有权操作段描述符表，内核会为各个程序分配彼此隔离的物理内存。每当应用程序访问内存时，内存管理单元将依据段描述符中的信息对其进行合法性检查，一旦发现有程序进行非法访问，则抛出异常。内存访问保护示意如图 6-2 所示。

在保护模式下，段寄存器中装载的不再是段基址，而是段描述符数组的索引。每当访问一个内存地址时，内存管理单元首先从段寄存器中取出段的索引，根据索引从段描述符表中读取对应的段描述符，然后从段描述符中取出段的基址，再加上段内偏移就生成了物理地址，如图 6-3 所示。当然，为了加快访问速度，处理器会缓存段的信息，减少耗时的访存。

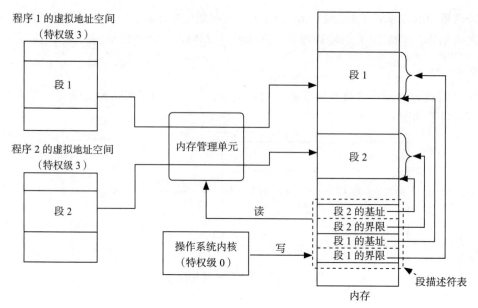

图 6-2　内存访问保护示意

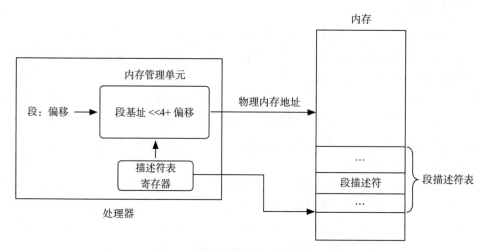

图 6-3　保护模式下的地址翻译过程

事实上，从 80386 处理器开始，除了段寄存器还是 16 位之外，数据总线和地址总线的宽度都已经扩展为 32 位。也就是说，不再需要段寄存器叠加产生更大的寻址空间，不需要分段就可以访问全部内存地址空间了。这意味着 16 位的 8086 为支持寻址 20 位的地址空间而设计的段机制其实已经不需要了。但是为了向后兼容之前写的程序，又不能将其去掉，于是 x86 建议系统设计者使用一种可以最大限度隐藏段机制的平坦模型（flat model），将段的基址设置为 0，段长设置为线性地址空间的整个长度，如图 6-4 所示。以 32 位处理器为例，线性地址空间的上限就是 4GB。

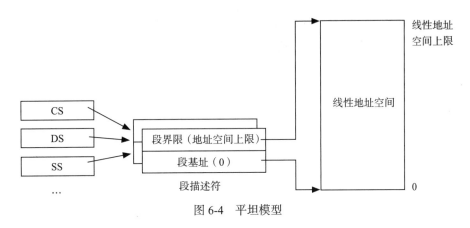

图 6-4　平坦模型

到了 64 位模式时，平坦模型又向前迈进了一步，几乎完全禁掉了分段机制。生成物理地址时，内存管理单元不再读取段描述符的段基址和段界限，段基址默认为 0，段界限默认为地址空间的长度。

6.3　内核映像组成及布局

经过前面的讨论，我们已经知道了 x86 处理器可以工作于实模式、保护模式以及支持 64 位寻址的 64 位模式。x86 处理器启动后，运行于实模式，然后可以从实模式切换至保护模式，从保护模式切换至 64 位模式。不同模式之间不能越级切换。x86 处理器工作模式之间的切换如图 6-5 所示。

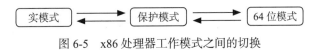

图 6-5　x86 处理器工作模式之间的切换

虽然我们的内核将运行于 64 位模式，但是 x86 处理器不支持从实模式直接切换到 64 位模式，因此，除了 64 位主体部分外，我们还需要准备分别运行于实模式以及保护模式的部分。实模式部分除了需要准备切入保护模式的代码外，还需要运行一些借助于 BIOS 的功能，比如读取内存信息、显示信息等。保护模式部分负责切入 64 位模式，并跳转到内核的 64 位主体部分。实模式部分和保护模式部分都是内核中负责启动的部分，在操作系统中通常将这个启动过程称为引导，英语为 boot，所以我们将它们分别称为 boot16 和 boot32。我们将运行于 64 位模式的内核的主体部分称为 system。因为引导部分与处理器密切相关，所以我们使用汇编语言编写，而使用 C 语言编写内核主体部分。

6.3.1　实模式地址空间

那么这三部分分别部署在内存的什么位置呢？事实上，在系统加电后、进入操作系统前，已经有一个称作 BIOS 的程序在运行了。现在新的标准称为 UEFI，它们都是类似的程序，在操作系统运行前，键盘、显示器能够工作都要归功于它们。BIOS 首先会对硬件进行基本的初始化，然后从启动设备，一般是硬盘，加载操作系统内核映像，最后跳转到内核映像的入口，所以 BIOS 会使用一部分地址空间。

除了系统 BIOS 外，还有一些硬件，比如显卡，它们也有一些内置的程序，称为显卡 BIOS，这些程序也需要占据一部分地址空间。所以我们的内核不能随意占据地址空间，不能与其他部分使用的地址空间冲突。

在实模式下，在计算机系统上电后、加载操作系统内核前，处理器可以寻址的 1MB 地址空间的使用情况如图 6-6 所示。

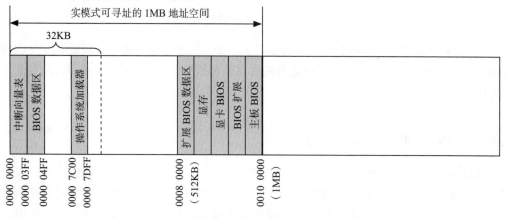

图 6-6   实模式地址空间

由图 6-6 可见，在实模式下，处理器可以寻址 1MB 地址空间，但是这 1MB 地址空间并不都是留给内存的。1MB 地址空间的高 512KB 部分是留给系统 BIOS、显卡 BIOS 以及显存的。低 32KB 主要与 DOS 相关。DOS 是 IBM PC 时代早期的一款操作系统。内存起始的 1KB 用作中断向量表，表中的每一项记录着处理器的异常或者硬件中断的处理函数的地址，其中有一部分由 BIOS 填充，指向 BIOS 中的中断处理器函数。当处理器自身发生异常或者收到外部硬件中断时，它将根据中断号到中断向量表中找到处理函数的地址，跳转到相应的处理函数处运行。

紧接在中断向量表之后的 256B 是 BIOS 用来存储探测到的各种硬件信息的区域，这部分也与操作系统密切相关，操作系统需要知道硬件的各种信息。然后就是留给 DOS 的内存。在 32KB 的末端是操作系统加载器（OS loader），大小为 1 个扇区，512B，由 BIOS 负责将其从硬盘的主引导扇区加载到内存中，然后由操作系统加载器负责完成操作系统内核映像从硬盘到内存的加载。我们看到操作系统加载器的内存地址为 0x7C00，这个魔数是怎么来的呢？因为当时最大的内存是 32KB，操作系统加载器在加载完内核后就完成使命了，可以释放其占用的内存供操作系统使用，所以 BIOS 工程师将其加载在 32KB 的最后。理论上，其实应该加载到地址 31.5KB 处，但是我们看到加载地址为 0x7C00，对应十进制

31KB，为什么不是加载到 31.5KB 处呢？因为操作系统加载器也是一个程序，运行时也需要一块内存来存储数据，所以在代码后为其保留了 512B 用来存储数据。最终操作系统加载器实际上是占据了 1KB 的内存，512B 存储代码，512B 存储数据。

当然现在内存已经远超 32KB，操作系统内核映像也远大于 32KB 了，这些如今看起来有点奇怪的地址空间的布局，都是有历史原因的。

6.3.2　内核映像的布局

在地址空间中，除了这些专用的区域外，其他区域都可以用来存储内核映像。处于实模式的处理器最多只能寻址 1MB 地址空间，所以实模式部分一定要加载在 1MB 地址空间内。而保护模式部分和 64 位模式部分就可以加载到 1MB 地址空间之上了，因为内核实模式部分会开启保护模式，而保护模式可以寻址 4GB 内存空间，更不用提保护模式开启的 64 位模式了。

不过由于保护模式也是"过客"，我们内核的保护模式部分尺寸并不大，1MB 之下的可用地址空间已经足够容纳了，所以我们将保护模式部分也加载在 1MB 之下的空间内。

64 位模式部分是我们内核的主体，占用的空间要大于 1MB，所以我们将其加载到地址空间 1MB 处，其后有大片的地址空间可以随意发挥。

我们使用 kvmtool 创建的虚拟计算机运行我们的内核，启动后，kvmtool 会将各段寄存器初始化为 0x1000，将指令指针初始化为 0。所以，虚拟计算机执行的第一条指令地址为 0x1000 << 4 + 0，即 0x10000。因此，为了让计算机启动后执行的第一条指令就是内核实模式部分的第一条指令，显然，内核的实模式部分必须部署在物理内存地址 0x10000 处，即 64KB 处。保护模式部分的起始地址就不需要这么严苛了，因为从实模式部分跳转到保护模式部分由内核自己控制。综上，我们给实模式部分留下 64KB 空间，将保护模式部分部署在 0x20000，即 128KB 处，将 64 位模式部分部署在地址空间 1MB 处，如图 6-7 所示。

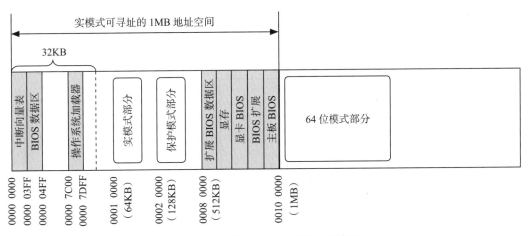

图 6-7　内核映像在地址空间中的布局

6.3.3 内核映像文件组织

我们使用一个文件将内核的三个部分组合到一起。kvmtool 启动时负责将内核文件加载到虚拟计算机的内存中。kvmtool 将内核文件加载到地址 0x10000 处，换句话讲，文件中偏移 0 处对应内存地址 0x10000。我们使用 offset 表示文件中的偏移，address 表示内存地址，那么它们的关系如下：

```
address = offset + 0x10000
```

因此，文件中的偏移 offset 可以由以下公式计算：

```
offset = address - 0x10000
```

我们按照上述公式分别计算内核中的三部分应该位于文件中偏移何处：

1）实模式部分位于地址 0x10000 处，所以，将实模式部分存放在文件中偏移 0x10000 - 0x10000 处，即文件开头。

2）保护模式部分分配在地址 0x20000 处，所以，保护模式部分应该位于文件中偏移 0x20000 – 0x10000 处。

3）类似地，64 位模式部分加载到地址 1MB 处，所以 64 位模式部分应该位于文件中偏移 0x100000 – 0x10000 处。

综上，我们的内核映像文件需要按照图 6-8 组织。

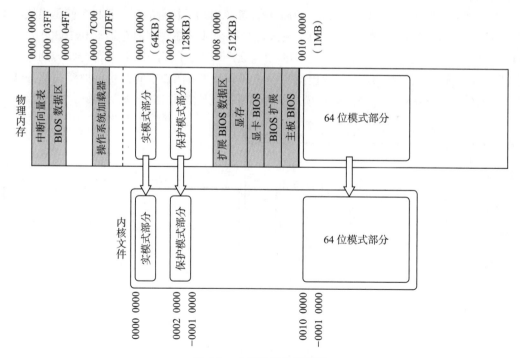

图 6-8 内核映像文件组织

6.4 创建保护模式的段描述符

确定了内核映像的组成后，接下来我们开始内核实模式部分的编写。内核实模式部分的主要使命就是将处理器切换到保护模式。保护模式与实模式的一大区别是使用段描述符表存储段信息，所以实模式部分需要在处理器切换到保护模式前，为保护模式准备好段描述符表。

6.4.1 段描述符格式

每个段描述符的长度为 64 位，包括段基址、段长度，以及段的访问权限等各种属性，如图 6-9 所示。

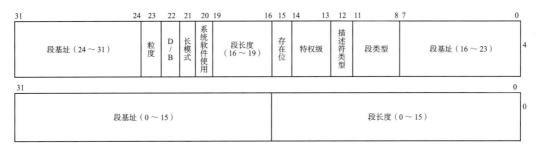

图 6-9 保护模式段描述符格式

段描述符中各字段含义如下。

段基址：顾名思义，这是段的基地址。32 位段基址分布在 64 位段描述符中的不同部分。

段长度：表示段的限长，它依赖于"粒度"字段。粒度为 0 表示段的长度以字节为单位，为 1 表示以 4KB 为单位。段长度字段占据描述中的 20 位，因此段的最大长度为 2^{20}。如果段长以字节为单位，那么段的最大长度为 1MB。如果段长以 4KB 为单位，那么段的最大长度可达 $2^{20} \times 4KB$，即 4GB。读者可能有个疑问，对于 64 位模式，可寻址的长度不是应该远远大于 4GB 吗？事实上，64 位模式基本上禁掉了段模式，处理器默认段长为整个地址空间。

D/B：对于代码段，此位取意 D，用于标识默认操作数的宽度，1 表示 32 位，0 表示 16 位；对于栈段和数据段，此位取义 B，表示 Big 的意思。对于栈段，0 表示使用寄存器 SP 作为栈指针，1 表示使用寄存器 ESP 作为栈指针。对于向下扩展的数据段，此位为 0 时，表示段的上限为 64KB；为 1 时，表示段的上限为 4GB。

长模式：这个字段仅适用于 64 位模式下的代码段。在 64 位模式下，处理器可以运行在 64 位模式，也可以运行在兼容模式。在兼容模式下可以运行 16 位和 32 位程序。如果段用于 64 位模式，则需要设置这个字段为 1。如果段用于兼容模式，则需要设置这个字段为 0。

系统软件使用：这个字段留给特殊的系统软件使用。

存在位：用于标识段是否存在于内存中。如果段在内存中，该位为 1。如果段被换出内存，该位为 0。

特权级：这个字段表示段的权限，占据 2 位，值从 0 到 3。0 表示最高优先级，3 表示最低优先级。通常，内核运行于最高的特权级 0，应用程序运行于特权级最低的 3。因此，需要将用于内核的段的特权级设置为 0，用于用户程序的段的特权级设置为 3。

描述符类型：这个字段表示段描述符的类型，1 表示是代码 / 数据段，0 表示是系统段。比如我们后面将要看到的任务段 TSS 就是系统段。

段类型：这个字段占据 4 位，表示段的类型，系统段和代码 / 数据段各有不同的值。代码段的类型字段的不同位的含义见表 6-1。

表 6-1 代码段的类型字段的不同位的含义

位 11	位 10	位 9	位 8
1	是不是一致性代码段	是否可读	是否访问过

第 11 位用来表示段为代码段或者数据段，1 表示代码段，0 表示数据段。第 10 位表示是不是一致性代码段。所谓一致性代码段，简短来说就是段是否允许运行于不同特权级的处理器访问。第 9 位表示是否可读，1 表示可读，0 表示不可读。第 8 位由处理器自动设置，初始值为 0，如果一旦段被访问了，处理器会将此位设置为 1。

数据段的类型字段的不同位的含义见表 6-2。

表 6-2 数据段的类型字段的不同位的含义

位 11	位 10	位 9	位 8
0	扩展方向	是否可写	是否访问过

对于数据段，第 11 位需要设置为 0。第 10 位表示数据段的扩展方向，0 表示从低地址到高地址方向扩展，1 表示从高地址向低地址方向扩展。第 9 位表示数据段是否可写，1 表示可写，0 表示不可写。第 8 位由处理器自动设置。

6.4.2 保护模式的内核代码段描述符

理解了段描述符各个字段的具体含义后，接下来，我们就来准备具体的段描述符了。我们使用平坦模型，典型的平坦模型包含四个段，分别为用于特权级 3 的用户代码段和数据段以及用于特权级 0 的内核代码段和数据段。因为保护模式只是一个过客，不会进入用户空间，所以我们只准备内核代码段和数据段的段描述符就可以了。

首先来看内核代码段的段基址。我们使用平坦模型，所以段基址是 0。因此低 32 位中的第 15 ～ 31 位，高 32 位中的第 0 ～ 7 位和第 24 ～ 31 位均为 0，如图 6-10 所示。

图 6-10 设置段基址字段

再来看段长度。内核的保护模式部分位于 1MB 地址空间以下，访问的最大地址也就是跳转到 1MB 起始处的 64 位模式部分。所以我们准备一个 8MB 的内核代码段，作为临时过渡使用就足够了。我们以 4KB 作为段的粒度，8MB/ 4KB= 2048，即 0 ~ 2047，2047 的十六进制为 0x7ff，所以低 32 位中的第 0 ~ 15 位的值为 0x07ff，高 32 位中的第 16 ~ 19 位为 0。同时，描述符中的粒度字段需要设置为 1，如图 6-11 所示。

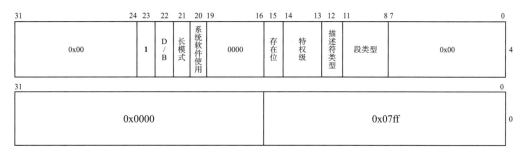

图 6-11 设置段长度及粒度

在保护模式下我们使用 32 位操作数，所以字段 D/B 需设置为 1。字段 L（长模式字段）在 64 位模式下有效，所以在保护模式下设置为 0。保留字段设置为 0 即可。段在内存中，所以第 15 位存在位字段设置为 1。内核代码段是运行在特权级 0 的，所以第 13 ~ 14 位的特权级设置为 0。第 12 位的描述符类型设置为 1，表示这是代码段，不是系统段。

第 8 ~ 11 位的段类型字段取值如表 6-3 所示。x86 规定代码段的第 11 位必须设置为 1。内核代码段显然禁止特权级为 3 的处理器访问，所以不是一致性代码段，第 10 位设置为 0。内核代码段是可读的，所以第 9 位设置为 1。第 8 位由处理器负责设置，我们将其初值置为 0。

表 6-3 代码段的段类型字段

位 11	位 10	位 9	位 8
1	是不是一致性代码段	是否可读	是否访问过
1	0	1	0

最终，内核代码段各字段值如图 6-12 所示。

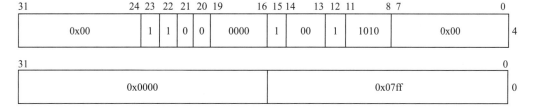

图 6-12 内核代码段各字段值

低 32 位的值很直观，高 32 位不那么直观。我们可以通过表 6-4 更清楚地看出高 32 位的值。因此，使用十六进制表示的保护模式的内核段描述符如下：

```
00c0 9a00 0000 07ff
```

表 6-4　内核代码段描述符高 32 位

段基址（24～31）	粒度	D/B	长模式	系统软件使用	长度（16～19）	存在位	特权级	描述符类型	段类型				段基址（16～23）
									1	是不是一致性代码段	是否可读	是否访问过	
0000 0000	1	1	0	0	0000	1	00	1	1	0	1	0	0000 0000
00	c				0		9		a				00
00c0 9a00													

6.4.3　保护模式的内核数据段描述符

内核数据段的描述符与代码段相似，除了高 32 位中的字段"段类型"外，其他完全相同。x86 规定数据段的第 11 位设置为 0。我们的数据段从低地址向高地址增长，即向上扩展，所以第 10 位设置为 0。数据段是可写的，所以第 9 位设置为 1。数据段的段类型字段如表 6-5 所示。

表 6-5　数据段的段类型字段

位 11	位 10	位 9	位 8
0	扩展方向	是否可写	是否访问过
0	0	1	0

内核数据段描述符高 32 位的各字段值如表 6-6 所示。

表 6-6　内核数据段描述符高 32 位的各字段值

段基址（24～31）	粒度	D/B	长模式	系统软件使用	长度（16～19）	存在位	特权级	描述符类型	段类型				段基址（16～23）
									0	扩展方向	是否可写	是否访问过	
0000 0000	1	1	0	0	0000	1	00	1	0	0	1	0	0000 0000
00	c				0		9		2				00
00c0 9200													

最终，使用十六进制表示的保护模式的内核数据段描述符如下：

```
00c0 9200 0000 07ff
```

6.4.4　创建保护模式的段描述符表

我们将实模式部分的源文件命名为 boot16.S，将段描述符表定义其中。当使用 gcc 编译器汇编程序时，如果遇到以大写 S 作为扩展名的汇编文件，那么 gcc 在调用汇编器之前，将首先调用预处理程序处理汇编文件中的预处理指令。因此使用大写的 S 作为扩展名，我们就可以使用 C 语言中的预处理语法了。

我们在段描述符表头部定义了一个标签 gdt，gdt 为 global descriptor table 的缩写，其他代码访问描述符表时直接使用这个标签就可以了。为了代码整齐美观，所有的表项都使

用 64 位，所以我们将值为 0 的项写为 16 个 0，当然也可以直接写一个 0。x86 处理器约定
段描述符表的第 0 项保留不用，所以我们将第 0 项设置为 0，将第 1 项定义内核代码段，将
第 2 项定义内核数据段：

```
// boot16.S

.text
.code16
start16:
  cli

gdt:
  .quad 0x0000000000000000
  .quad 0x00c09a00000007ff
  .quad 0x00c0920000007ff
gdt_end:
```

由于内核在初始化过程中还没有做好处理外部中断的准备，因此，我们在开启初始化过程
前首先使用指令 cli 清除掉标志寄存器中的中断位，告知处理器不要响应外部中断。实模式和保
护模式只是过渡模式，所以在这两个模式下我们不处理中断，直到 64 位模式准备好响应中断。

6.5　告知处理器段描述符表地址

准备好段描述符表后，还需要将其地址告知处理器。x86 处理器使用一个寄存器 GDTR
来记录段描述符表的地址。保护模式下寄存器 GDTR 的长度为 48 位，其中第 0 ~ 15 位记
录段描述符表的长度，第 16 ~ 47 位记录段描述符表的地址，如图 6-13 所示。

图 6-13　保护模式下寄存器 GDTR 的格式

x86 处理器提供了专用的指令 lgdt 从内存中加载段描述符表地址到寄存器 GDTR，如
图 6-14 所示。

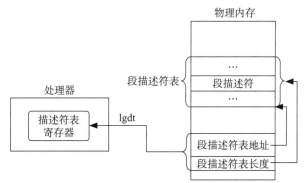

图 6-14　加载段描述符表地址到寄存器 GDTR

我们在内存中按照寄存器 GDTR 的格式准备载入 GDTR 的内容，然后使用指令 lgdt 将其加载到寄存器 GDTR：

```
01 .text
02 .code16
03 start16:
04   cli
05
06   lgdt gdtr
07
08 gdt:
09   .quad 0x0000000000000000
10   .quad 0x00c09a00000007ff
11   .quad 0x00c09200000007ff
12 gdt_end:
13
14 gdtr:
15   .word gdt_end - gdt
16   .word gdt, 0x1
```

我们在标签 gdtr 处准备加载到寄存器 GDTR 中的 6 个字节，即 48 位。

首先来看段描述符表的长度，目前我们的段描述符表中有 3 个描述符，每个描述符长度为 8 字节，所以可以设置长度为 24 字节，但是这样写的代码的扩展性很差，一旦增加了段描述符，还需要更改这个固定的值。因此，我们在段描述符表后加了一个标签——gdt_end，见第 12 行代码。标签 gdt_end 和 gdt 的差值就是描述符的长度。我们将这个差值填充到标签 gdtr 处，见第 15 行代码。我们使用伪指令 word 表示这个值占 2 个字节，即对应 GDTR 的低 16 位。

再来看段描述符表的地址。kvmtool 在创建虚拟计算机时，将各段寄存器都初始化为 0x1000，所以段描述符表在内存中的地址为 0x1000 << 4 + gdt。其中 gdt 为段内偏移地址，宽度为 16 位。我们将这个值按照 GDTR 要求的格式表示为 32 位，并拆分为 2 个 word，如图 6-15 所示。

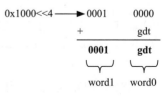

图 6-15　段描述符表地址

所以我们在第 16 行代码处填充段描述地址为 "gdt, 0x1"。

6.6　开启处理器保护模式

准备好段描述符表后，接下来就可以开启保护模式了。处理器中的控制寄存器 CR0 的第 0 位 PE（Protection Enable）用于控制处理器是否开启保护模式，如图 6-16 所示。

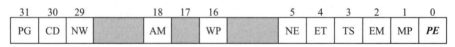

图 6-16　控制寄存器 CR0

因为 CR0 是 32 位的，所以我们首先将 CR0 的内容读取到寄存器 EAX 中，然后通过指令 or 将最后一位设置为 1，最后将设置了 PE 位的 CR0 的值写回到 CR0，将处理器切换到保护模式，见下面代码中的黑体部分：

```
.text
.code16
.start16:
  cli

  lgdt gdtr

  mov %cr0, %eax
  or $0x1, %eax
  mov %eax, %cr0

gdt:
  .quad 0x0000000000000000
  .quad 0x00c09a00000007ff
  .quad 0x00c0920000007ff
gdt_end:

gdtr:
  .word gdt_end - gdt
  .word gdt, 0x1
```

6.7　跳转到内核保护模式部分

至此，处理器已经处于保护模式，但是处理器还在运行内核实模式部分的指令，所以我们需要准备保护模式部分，然后修改指令指针前进到内核的保护模式部分。处理器不允许程序直接修改指令指针寄存器，所以我们需要通过跳转指令达成这一目的。

6.7.1　准备保护模式部分

我们将保护模式部分的代码所在的文件命名为 boot32.S。保护模式部分暂时只向串口输出一个字符"P"，然后执行 hlt 指令停止处理器运转。我们使用伪指令 .code32 告诉汇编器生成 32 位机器指令，代码如下：

```
.text
.code32
start32:
  mov $0x3f8, %dx
  mov $'P', %al
  out %al, %dx

  hlt
```

6.7.2 跳转到保护模式部分

要跳转到保护模式，需要完成两件事：

1）更新代码段寄存器 CS。之前处于实模式时，CS 中存储的是一个段基址，而切换到保护模式后，CS 需要存储的是内核代码段在段描述符表中的索引。

2）指令指针指向保护模式入口处的指令。

段描述符表中的段描述符不能简单地使用索引来引用，比如内核段描述符位于表中第 2 项，但是我们不能用 1 来索引，段寄存器有自己专门的格式。事实上，保护模式下的段寄存器分为可见部分和不可见部分。可见部分通常称为段选择子（segment selector），如图 6-17 所示。不可见部分仅供处理器内部使用，为了避免每次访问时查表，处理器在这里缓存了从段描述符表中取出的段信息。

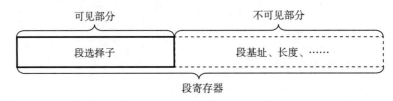

图 6-17 保护模式下的段寄存器

只有可见部分的段选择子是系统软件可以操作的。我们通过指令操作段寄存器，事实上都是在操作这 16 位可见部分，其格式如图 6-18 所示。

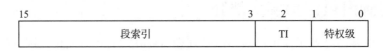

图 6-18 段选择子格式

其中第 3 ～ 15 位用于表示段在段描述符表中的索引。除了全局的段描述符表外，保护模式也支持各程序自己创建一个局部段描述符表，因此，段选择子中提供了一位，称作 TI（Table Indicator），用于标识是全局段描述符表中的段还是局部段描述符表中的段。当段在全局段描述符表中时，TI 为 0；当段在程序的段描述符表中时，TI 为 1。处理器根据 TI 的指示去相应的段描述符表中读取段描述符。除此之外，段选择子中还有一个特权级字段，00 表示特权级 0，11 表示特权级 3。

我们的内核仅使用全局段描述符表，所以 TI 为 0。我们将内核代码定义在全局段描述符表中的第 1 项位，所以索引为 1。内核代码段选择子的特权级为 0。因此，代码段选择子的值如图 6-19 所示，二进制为 1000，十六进制为 0x8。

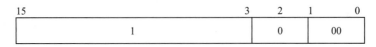

图 6-19 内核代码段选择子的值

从实模式部分跳转到保护模式部分涉及不同段间跳转，x86 将其称为长跳转，AT&T 汇编语法提供的长跳转指令为 ljmpl，第一个字母"l"取自 long 的首字母，表示长跳转。后缀"l"也是 long 的首字母，表示地址是 32 位的。指令 ljmpl 接收两个操作数，第一个操作数为段选择子，第二个操作数为段内偏移地址。此处段选择子为 0x8，保护模式部分的入口地址为 0x20000，因为段基址为 0，所以以段内偏移为 0x20000，具体跳转指令如下所示。

```
.text
.code16
.start16:
  cli

  lgdt gdtr

  mov %cr0, %eax
  or $0x1, %eax
  mov %eax, %cr0

  ljmpl $0x8, $0x20000

gdt:
  .quad 0x0000000000000000
  .quad 0x00c09a00000007ff
  .quad 0x00c09200000007ff
gdt_end:

gdtr:
  .word gdt_end - gdt
  .word gdt, 0x1
```

6.8 编译及创建内核映像文件

前文提到，内核映像包含三部分，我们采用的策略是分别实现，各自编译，最后组装在一个文件中。

6.8.1 编译内核

接下来我们来开始编译内核。编译过程与其他编译过程无异，比如编译 16 位部分，命令如下：

shenghan@han:~/hanos$ gcc -c boot16.S -o boot16.o

但是在链接时，需要特别注意地址的分配。当链接器为应用程序的指令和数据分配地址时，通常会使用一个默认起始地址。因为运行时处理器还会在此起始地址上加上段基址，所以这个起始地址其实是段内偏移。图 6-20 展示了平坦模型下程序的起始地址。

图 6-20 程序的起始地址

显然我们的内核和普通应用程序的加载位置不同，而且内核是不可重定位的。链接器的开发者早就想到了此类问题，他们为链接器定义了一个选项 -Ttext，链接时可以使用这个选项告知链接器将偏移值设置为多少。

我们先来看实模式（16 位）部分。内核的 16 位部分位于内核映像文件的开头，将被 kvmtool 加载到内存地址 0x10000 处。我们知道实模式运行时地址是由"段基址 <<4 + 段内偏移"生成的，而 kvmtool 创建虚拟计算机时，会将各段寄存器初始化为 0x1000，那么对于地址 0x10000 而言，段内偏移为 0，如图 6-21 所示。

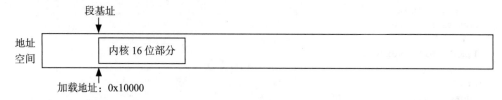

图 6-21 内核 16 位部分加载地址

因此，链接 16 位部分的内核时，需要为链接器传递选项" -Ttext=0"将偏移地址设置为 0：

```
shenghan@han:~/hanos$ ld -Ttext=0x0 boot16.o -o boot16.elf
```

再来看保护模式（32 位）部分。对于内核的 32 位部分来说，我们将其部署在内存的 0x20000 处，而保护模式下我们设置的代码段基址为 0，所以段内偏移就是 0x20000，如图 6-22 所示。

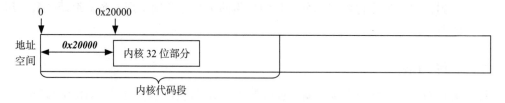

图 6-22 内核 32 位部分加载地址

以 32 位部分为例，如果链接时不给链接器传递偏移值，那么我们可以清晰地看到链接器使用的默认段内偏移为 0x401000：

```
shenghan@han:~/hanos$ ld boot32.o -o boot32.elf
shenghan@han:~/hanos$ objdump -d boot32.elf

0000000000401000 <start32>:
```

```
401000:  66 b8 10 00              mov    $0x10,%ax
401004:  8e d8                    mov    %eax,%ds
...
```

当传递了偏移值 0x20000 后，我们再次链接后查看链接地址，这一次就可以看到链接器分配的地址符合我们的预期了：

```
shenghan@han:~/hanos$ ld -Ttext=0x20000 boot32.o -o boot32.elf
shenghan@han:~/hanos$ objdump -d boot32.elf

0000000000020000 <start32>:
  20000:  66 b8 10 00              mov    $0x10,%ax
  20004:  8e d8                    mov    %eax,%ds
...
```

如同前面的程序一样，编译后的内核映像文件都是 ELF 格式，我们需要使用工具 objcopy 将 ELF 文件中的代码和数据提出来：

```
shenghan@han:~/hanos$ objcopy -O binary boot16.elf boot16.bin
shenghan@han:~/hanos$ objcopy -O binary boot32.elf boot32.bin
```

6.8.2 组装内核映像文件

kvmtool 创建虚拟计算机后，会从一个文件加载内核映像到虚拟计算机的内存中。但是我们现在的内核的实模式部分和保护模式部分是彼此独立的，所以需要将它们合并为一个内核映像文件，如图 6-23 所示。

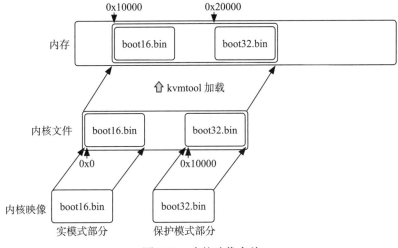

图 6-23   内核映像合并

Linux 文件系统提供了各种操作文件的函数。我们在访问一个文件前，首先需要使用函数 open 打开一个文件，然后可以使用函数 read 和 write 读写文件内容，其间还可以使用函数 lseek 指定读写的位置，访问完成后，使用函数 close 关闭文件。

函数 open 用于打开或者创建一个文件，原型如下：

```
int open(const char *pathname, int flags, mode_t mode);
```

函数 open 接收三个参数，其中第三个参数可以省略。

1）pathname：打开或者新创建的文件名，包含路径。

2）flags：文件的打开方式。常用的包括：O_RDONLY，以只读方式打开文件；O_WRONLY，以只写方式打开文件；O_RDWR，以读写方式打开文件；O_CREAT，如果文件不存在，则创建一个新的文件。

3）mode：如果文件是新创建的，需要使用第三个参数为文件设置权限。Linux 系统中的文件都有一个特定的所有者，即属主。同时，在 Linux 系统中，用户是按组分类的，一个用户可以属于一个或多个组。文件所有者以外的用户又可以分为文件所有者的同组用户和其他用户。Linux 系统按文件所有者、文件所有者同组用户和其他用户规定了文件访问权限。比如我们可以使用命令 ls -l 列出一个文件的权限：

```
shenghan@han:~/hanos$ ls -l boot16.S
-rw-rw-r-- 1 shenghan shenghan 252 Jan 20 19:11 boot16.S
```

中划线代表无权限。r 代表读，w 代表写，x 代表可执行。注意这里共有 10 个位置。第一个字符用于指定文件类型。以此处列出的文件 boot16.S 为例，属主和同组用户具有读写（rw）权限，其他用户只有只读（r）权限。

函数 open 返回文件的描述符，后面我们就可以使用文件描述符操作文件了。

函数 read 读取文件中的内容到内存中，原型如下：

```
ssize_t read(int fd, void *buf, size_t count);
```

参数 fd 是函数 open 返回的文件描述符，用来指定读取的文件。参数 buf 指向存储文件内容的内存区域。参数 count 表示希望从文件中读取的长度。函数 read 返回实际从文件读取的长度。

函数 write 将内存中的内容写入文件，参数与 read 完全相同，原型如下：

```
ssize_t write(int fd, const void *buf, size_t count);
```

Linux 文件系统还提供了函数 lseek 用于指定读写的位置，原型如下：

```
off_t lseek(int fd, off_t offset, int whence);
```

其中 offset 表示偏移的数值，这个偏移的参考点可以是文件头，也可以是文件尾，还可以是当前的读写位置，具体可以通过参数 whence 指定。

完成文件访问后，还需要调用函数 close 关闭文件，原型如下：

```
int close(int fd);
```

组装内核映像文件的过程如图 6-24 所示。

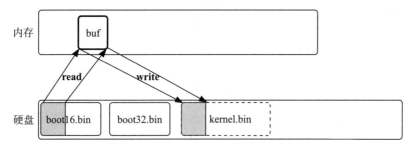

图6-24 组装内核映像文件的过程

我们用 C 语言编写一个程序来完成这个组装过程，我们将这个程序命名为 build，源代码文件为 build.c，具体代码如下：

```
01 #include <unistd.h>
02 #include <sys/types.h>
03 #include <sys/stat.h>
04 #include <fcntl.h>
05
06 int main() {
07   int fd, fd_kernel;
08   int c;
09   char buf[512];
10
11   fd_kernel = open("kernel.bin", O_WRONLY | O_CREAT, 0664);
12
13   fd = open("boot16.bin", O_RDONLY);
14   while (1) {
15     c = read(fd, buf, 512);
16     if (c > 0) {
17       write(fd_kernel, buf, c);
18     } else {
19       break;
20     }
21   };
22   close(fd);
23
24   lseek(fd_kernel, 0x20000 - 0x10000, SEEK_SET);
25
26   fd = open("boot32.bin", O_RDONLY);
27   while (1) {
28     c = read(fd, buf, 512);
29     if (c > 0) {
30       write(fd_kernel, buf, c);
31     } else {
32       break;
33     }
34   };
35   close(fd);
36
```

```
37    close(fd_kernel);
38
39    return 0;
40  }
```

第 1 ～ 4 行代码包含了声明文件访问函数的头文件。

第 11 行使用函数 open 新建了一个文件 kernel.bin 来存储最终的内核映像，我们以只写方式和创建模式打开文件。文件权限中的 664 分别表示文件属主、同组用户和其他用户的访问权限，写权限为 2，读为 4，执行为 1，所以 6 表示属主和同组用户可读写，其他用户只读。

第 13 ～ 22 行代码将实模式部分 boot16.bin 写入 kernel.bin。第 15 行是从 boot16.bin 读取文件内容，如果读取的字节数大于 0，第 17 行就将读取到的内容写入 kernel.bin。如此往复，直到读取完所有的 boot16.bin 文件。

类似地，第 26 ～ 35 行代码将保护模式部分 boot32.bin 写入 kernel.bin。我们的内核的保护模式部分将加载到内存 0x20000 处，而 kvmtool 将内核映像加载到内存偏移 0x10000 处，所以 boot32.bin 部分应该位于文件 kernel.bin 中偏移 0x20000 – 0x10000 处，即 0x10000 处。第 24 行代码使用函数 lseek 移动内核文件的写入位置到 0x10000 处，其中 SEEK_SET 表示相对于文件的开头。

我们使用 gcc 编译 build 程序，然后就可以运行 build 组装内核映像了：

```
shenghan@han:~/hanos$ gcc build.c -o build
shenghan@han:~/hanos$ ./build
```

build 会将 boot16.bin 和 boot32.bin 组装为 kernel.bin。我们使用 kvmtool 运行内核，如果一切正常，屏幕上会输出一个字符"P"：

```
shenghan@han:~/hanos$ ~/kvmtool/lkvm run -c 1 -k ./kernel.bin
```

6.9   使用 Make 构建内核

伴随着研发过程的进行，我们可能会频繁地改动程序，每次改动后都需要编译构建。如果每次都需要手动执行整个编译构建过程会非常烦琐而且无聊，所以我们使用 Make 来帮助我们执行这些重复的烦琐过程。我们编写如下的 Makefile 来实现编译过程的自动化：

```
01 kernel.bin: build boot16.bin boot32.bin
02   ./build
03
04 boot16.bin: boot16.S
05   gcc -c boot16.S -o boot16.o
06   ld -Ttext=0x0 boot16.o -o boot16.elf
07   objcopy -O binary boot16.elf boot16.bin
08
```

```
09 boot32.bin: boot32.S
10   gcc -c boot32.S -o boot32.o
11   ld -Ttext=0x20000 boot32.o -o boot32.elf
12   objcopy -O binary boot32.elf boot32.bin
13
14 build: build.c
15   gcc $< -o $@
16
17 .PHONY: clean run
18
19 run: kernel.bin
20   ~/kvmtool/lkvm run -c 1 -k ./kernel.bin
21
22 clean:
23   rm -f *.bin *.elf *.o build
```

Makefile 由若干规则组成，包括组装内核映像的 kernel.bin 的规则、构建内核实模式部分 boot16.bin 和保护模式部分 boot32.bin 的规则，以及编译组装内核映像程序 build 的规则。这些规则中的命令基本都是我们前面手动执行的那些命令。

除此之外，我们增加了两条规则 run 和 clean。run 方便运行内核运行，clean 对应的规则用来清理编译产生的各种文件。

Make 中其实有很多内置变量，适当使用这些内核变量有助于我们写出简洁通用的规则。比如使用第 15 行的" $< "来指代依赖，这里用其指代 build.c。使用" $@ "来指代目标，这里指代 build。显然，当我们修改 build.c 或者 build 的名字时，无须修改规则下的命令。

有了 Makefile 文件后，后续构建内核时，我们再也不用一行一行地重复敲命令了，只需运行一句 make 命令就可以编译出内核映像，运行 make run 命令就可以运行内核。

Chapter 7 第 7 章

64 位引导过程

在本章，我们将完成处理器初始化的第 2 阶段，从保护模式切入 64 位模式。

在 64 位模式下，处理器将使用页式寻址，因此本章将介绍为什么内存要分页，以及在分页模式下地址映射的本质，并介绍内存管理单元是如何使用页表完成虚拟地址到物理地址的翻译的。

然后，我们开始为切入 64 位模式准备环境。显然，64 位模式需要新的段描述符，因此我们为 64 位模式重新定义了段描述符，并为 64 位模式建立了页表。为了支撑处理器完成从保护模式到 64 位模式的平滑过渡，我们在页表中还建立了恒等映射。

在本章的最后，我们开启了内存分页，使能了处理器的 64 位模式，跳转到了 C 语言编写的 64 位内核部分。

7.1 内存分页

在 64 位模式下，处理器将使用页式寻址。本节讲述为什么内存要分页，以及在分页模式下虚拟地址是如何映射到物理地址的。

7.1.1 为什么要分页

以段为单位划分内存的粒度实在是太大了，以图 7-1 为例，程序 1 和程序 2 的段基本把内存空间占满了，此时如果运行程序 3，那么只能将程序 1 或者 2 的段从内存中换出。

因为段的尺寸大小不一，在系统运行一段时间后，内存中就会出现一些碎片。如图 7-2 所示，当段 2 从内存换出后，内存中有 3 块空闲空间，这 3 块空闲内存的总大小大于段 5，但是每一段的尺寸都小于段 5，所以段 5 依然不能被装载到内存中。

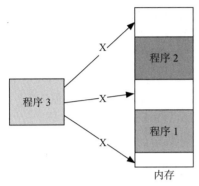

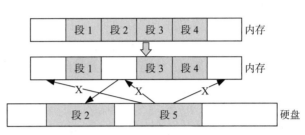

图 7-1 分段内存   图 7-2 分段模式下的内存碎片

　　事实上，程序运行时，并不是所有的部分都需要同时加载到内存中，可以在使用时按需加载，于是从 80386 开始支持粒度更小的页式内存管理方式。页式内存管理从逻辑上把内存等分成页，以页为单位来管理内存，程序运行时以页面为单位按需加载即可。采用页式内存管理后，前面的程序 3 就可以加载到内存中了，如图 7-3 所示。

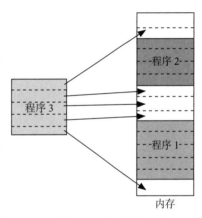

　　使用分页模式后，一旦出现内存紧张，发生内存和硬盘交换的情况时，可以不必将内存中程序的整段都交换出去，只需将必要的页面交换出去，通常内核会选择最近最少使用的页面。当需要使用程序时，又可以高效地将交换出去的页面再次加载到内存。而且，因为内存块大小一致，内存碎片也消失了，如图 7-4 所示。

图 7-3 分页内存

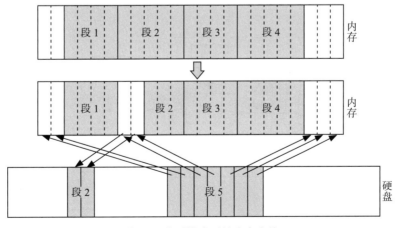

图 7-4 分页模式下的内存交换

7.1.2 分页模式下的地址翻译过程

当使用了分页机制后，每次访存时，内存管理单元（Memory Management Unit，MMU）中的段单元首先开始工作。段单元首先从段描述符表寄存器 GDTR 中取出段描述符表的地址，根据段寄存器中的索引，从段描述符表中索引到具体的段描述符，从中取出段的基址，加上偏移地址后计算出一个内存地址。当未开启分页模式时，这个地址就是物理内存地址。但是开启了分页模式后，这个地址就不再是物理地址了，而是一个中间地址，还需要经过一层映射关系，即页表，才能翻译为真实的物理地址。

相对于分段模式下一段一段的多段地址，经过段单元计算后的地址，是一个连续线性增长的地址，如 0，1，2，3，…，因此，其被称为线性地址，如图 7-5 所示。相对于实际存在的物理地址，这个中间地址只是一个虚拟的地址，因此，也称为虚拟地址。

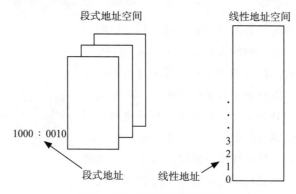

图 7-5　段式地址和线性地址

然后内存管理单元中的页单元开始工作，页单元从寄存器 CR3 中取出页表基址，根据页表将线性地址翻译为物理地址。分页模式下的地址翻译过程如图 7-6 所示。

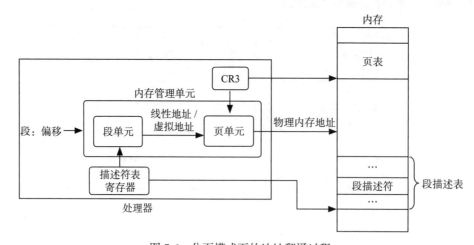

图 7-6　分页模式下的地址翻译过程

7.1.3 程序的虚拟地址空间

在分页模式下，每个程序的虚拟地址构成了自己的虚拟地址空间。尤其是在平坦模型下，段基址为 0，段的长度为最大可寻址的地址，程序的虚拟地址空间就是处理器的整个可寻址地址空间。以 32 位地址为例，程序的虚拟地址空间是 0 ～ 4GB（2^{32}）。虚拟地址空间中的每一个虚拟地址都通过程序自己的页表映射到具体的物理地址，页表由位于特权级 0 的内核管理，确保了不同程序彼此之间不会越界访问。程序的虚拟地址空间和物理内存的关系如图 7-7 所示。

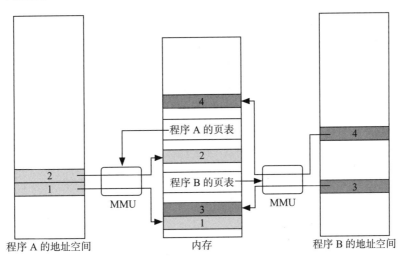

图 7-7　程序的虚拟地址空间和物理内存的关系

通过虚拟内存机制，多个进程之间可以和平共享物理内存。每个进程都有自己独立的虚拟地址空间，感觉就像自己独占物理内存一样。每个进程有自己独立的页表，通过页表，完成虚拟地址到物理地址的映射。不同进程的虚拟地址到具体物理地址的映射，由内核统筹分配。

进程有了自己独立的页表后，在某一个进程中访问任何地址时都不可能访问到另外一个进程的数据，这使得任何一个进程由于执行错误指令或恶意代码导致的非法内存访问都不会意外改写其他进程的数据，不会影响其他进程的运行。

7.1.4 分页模式下的寻址

在段式寻址下，内存以段为单位，处理器寻址时，首先找到段的基址，然后加上段内偏移得出物理地址。在分页模式下，内存不再以段为单位，而是以页为单位。处理器寻址时，首先找到虚拟地址所在的页，然后将页面基址加上页内偏移得出最终的物理地址，如图 7-8 所示。

段式寻址的段基址通过段寄存器获取，那么页式寻址下页面的基址从哪里获取呢？答案是页表。页表就是一个大数组，其中每一个表项对应一个物理页面。虚拟地址中的一部分位用于在页表中索引具体的表项，找到物理页面的基址，另外一部分位作为页内偏移，如图 7-9 所示。

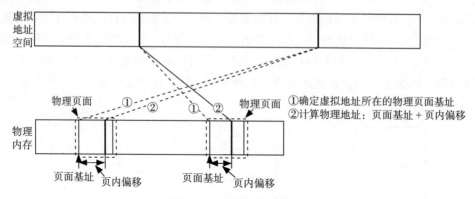

图 7-8　分页模式下的寻址

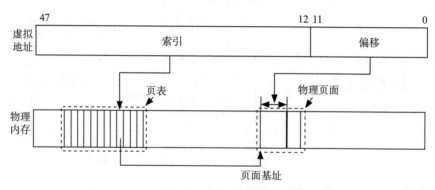

图 7-9　页表索引和页内偏移

7.1.5　页表

　　如果使用 4KB 大小的页面，因为 $2^{12} = 4096$，那么寻址页内地址需要使用 12 位，也就是说页内偏移需要占据 12 位。假设我们使用一级页表映射，64 位 x86 使用虚拟地址中的低 48 位寻址，那么余下的 36 位用作表项的索引，因此这个一级页表内将有 2^{36} 个表项。64 位模式下每个页表项占 8 个字节，那么页表的尺寸为 $2^{36} \times 8B = 512GB$，也就是一个任务中用于页面映射关系的页表就要占 512GB 内存，这太可怕了。

　　如果系统要运行多个任务，而每个任务又都有自己的页表，那就更可怕了。而且更重要的是，页表中的大部分表项可能从来不会用到，白白浪费了内存，解决这个问题的一个办法是使用多级页表。当使用多级页表时，除了最后一级页表需要预先分配外，其他级的页表都是按需分配的，不需要预先全部分配出来，极大地减少了内存的占用。假设一个程序的代码和数据大小为 4MB，如果使用一级页表，一个页表就需要占用 512GB 内存。如果使用二级页表，一个二级页表、两个一级页表就可以覆盖程序的代码和数据，整个程序的页表共需要 3 个页面，占用 12KB 内存，如图 7-10 所示。

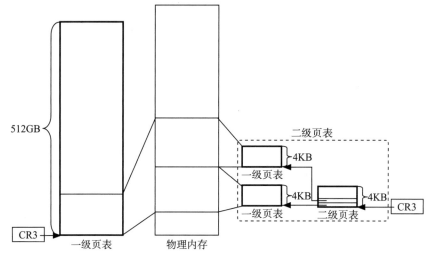

图 7-10 一级页表和二级页表占用的内存

4KB 大小的物理页可以容纳 512 个 8 字节大小的页表项。因为 $2^9 = 512$，9 位就可以索引一个页表中的 512 项，所以 64 位 x86 将 48 位线性地址划分为 4 个 9 位用于索引页表项，剩余的 12 位用作 4KB 页内偏移。这是一个四级页表，如图 7-11 所示。

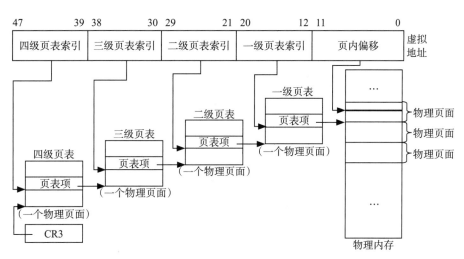

图 7-11 四级页表映射

内存管理单元 MMU 将虚拟地址翻译为物理地址的步骤如下：

1）MMU 首先从寄存器 CR3 中取出四级页表的基址。

2）MMU 提取虚拟地址的第 39 ～ 47 位，索引四级页表中的页表项，从中取出三级页表的基址。

3）MMU 提取虚拟地址的第 30 ~ 38 位，索引三级页表中的页表项，从中取出二级页表的基址。

4）MMU 提取虚拟地址的第 21 ~ 29 位，索引二级页表中的页表项，从中取出一级页表的基址。

5）MMU 提取虚拟地址的第 12 ~ 20 位，索引一级页表中的页表项，从中取出物理页帧的基址。

6）MMU 提取虚拟地址的第 0 ~ 11 位，作为物理页帧的页内偏移，将其与页帧的基址相加，计算出具体的物理内存地址。

在地址翻译过程中，如果页表项不存在，则表示这个页表项指向的下一级页表尚未分配，MMU 会抛出页面异常（page fault）。处理器收到异常后，会调用内核中的页面异常处理函数，分配页表，填充页表项，建立虚拟地址到物理地址的映射关系。

另外，为了加快地址翻译过程，MMU 会缓存虚拟地址已经翻译好的物理地址，以便不需要每次访问都重新查表，这个缓存区域称为 TLB（Translation Lookaside Buffer）。当 MMU 收到虚拟地址后，其首先在 TLB 中查找是否缓存了翻译好的物理地址，如果没有，再进行上述翻译过程。

64 位系统一个页表项大小为 64 位，一个 4KB 大小的页包含 512 个页表项。1 个四级页表项对应 1 个三级页表，1 个三级页表可对应 512 个二级页表，1 个二级页表对应 512 个一级页表，1 个一级页表指向 512 个 4KB 大小的物理页帧，所以，1 个四级页表项可以映射的内存大小为 512GB：

```
1 * 512 * 512 * 512 * 4KB = 512GB
```

1 个三级页表项可以映射的内存范围为 1GB：

```
1 * 512 * 512 * 4KB = 1GB
```

1 个二级页表项可以映射的内存范围为 2MB：

```
1 * 512 * 4KB = 2MB
```

7.2 64 位模式下程序的虚拟地址空间

内核代码和数据占据的虚拟地址以及运行时使用的各种地址构成的地址空间称为内核空间。相应地，用户程序中的指令和数据占据的空间以及运行时程序使用的各种地址构成的地址空间称为用户空间。以 Linux 系统为例，其将内核空间分配在高地址部分，将用户空间分配在低地址部分。系统运行时，通过页表将虚拟地址映射到物理内存中应用程序或者内核对应的指令。

64 位处理器支持 64 根地址线，可以寻址 2^{64} = 16EB 地址空间。这是什么概念呢？现在我们的个人计算机常用的内存大小基本在 G 的范围，一般是 8GB、16GB、32GB 等，从 G

到 E 的换算关系如下：

```
1T = 1024GB
1P = 1024TB
1E = 1024PB
```

也就是说 1 个 EB 相当于 10 亿 GB。显然，现在以及可预见的相当长一段时期，我们都不会用到这么大的内存。但是，如果把全部 64 位都用于寻址，除了徒增从虚拟地址到物理映射的复杂度以及开销外，没有任何好处。于是，64 位 x86 采用了一种称为 "canonical" 的形式，将整个地址空间分为上下两部分，使用 64 位中的低 48 位寻址。下半部分从 0 到 00007fffffffffff，第 48 ～ 63 位是第 47 位值的扩展，第 47 位为 0，所以高 12 位全部为 0。上半部分从 ffff800000000000 到 ffffffffffffffff，48 ～ 63 位是第 47 位值的扩展，第 47 位为 1，所以高 12 位全部为 1。这样的分配形式也易于在将来空间不够时，由上下两部分分别向中间扩展，如图 7-12 所示。

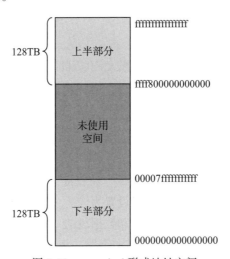

图 7-12　canonical 形式地址空间

结合 canonical 形式的地址空间规则，我们的内核采用如图 7-13 所示的虚拟地址空间。

图 7-13　程序虚拟地址空间

7.3　创建 64 位模式的临时段描述符表

64 位 x86 几乎禁用了分段机制，不再从段描述中获取段基地址、段长度等，但是处理器还是依据代码段描述符中的字段决定其运行模式及特权级等。所以，我们依然需要准备段描述符。

7.3.1 代码段

64 位模式下，处理器将不再使用段描述符中的段基址和长度等字段。也就是说，段描述符中的有些字段在 64 位模式下就不适用了。比如"粒度"这一位，原本用来表示段长的单位，但是在 64 位模式下，段长已经失效了，所以"粒度"自然也就不适用了。64 位模式下代码段描述符如图 7-14 所示，我们将不适用的字段使用"/"标识。

图 7-14　64 位模式下代码段描述符

64 位 x86 可以运行在 64 位模式和兼容模式，通过"长模式"字段控制。如果段用在 64 位模式，则需要将"长模式"字段设置为 1。

"存在位"标识段是否存在于内存中。如果段在内存中，该位为 1。如果被换出内存，该位为 0。

内核运行在特权级 0，所以内核代码段的"特权级"字段设置为 0。用户程序运行在特权级 3，所以用户代码段的"特权级"字段设置为 3。

系统段的"描述符类型"为 0，代码段和数据段的"描述符类型"都需要设置为 1。

描述符高 32 位中的第 8 ~ 11 位为段类型字段，第 11 位用来表示段为代码段或者数据段，值为 0 时表示数据段，值为 1 时表示代码段。对于代码段，第 10 位表示是否为一致性代码段。前文提到，所谓一致性代码段就是是否允许运行于不同特权级的处理器访问。内核代码段是非一致性代码段，所以第 10 位需要设置为 0。第 9 位表示段是否可读。第 8 位由 CPU 自动设置，初始时将其置为 0。

设置段描述符的值时，我们将处理器不使用的字段全部置为 0，结合前述讨论，内核代码段描述符的低 32 位全部为 0，高 32 位的值如表 7-1 所示。

表 7-1　内核代码段描述符高 32 位

段基址 (31:24)	/	/	长模式	/	长度 (19:16)	存在位	特权级	描述符类型	段类型				段基址 (23:16)
									1	一致段	可读	已访问	
0000 0000	0	0	1	0	0000	1	00	1	1	0	1	0	0000 0000
00			2		0			9			a		00
0020 9a00													

用户代码段和内核代码段类似，低32位为0，高32位唯一不同的是特权级为3，如表7-2所示。

表7-2　用户代码段描述符高32位

段基址 (31:24)	粒度	D/B	长模式	保留	长度 (19:16)	存在位	特权级	描述符类型	段类型				段基址 (23:16)
									1	一致段	可读	已访问	
0000 0000	0	0	1	0	0000	1	11	1	1	0	1	0	0000 0000
00		2		0		f			a				00
0020 fa00													

7.3.2　数据段

数据段描述符的格式和代码段描述符的类似。不同之处在于：一是数据段描述符中没有标识长模式的字段；二是段类型字段中，对于数据段，第10位表示段的增长方向，值为0时表示从低地址到高地址，值为1时表示从高地址向低地址方向扩展。

综上，内核数据段描述符的低32位全部为0，高32位的值如表7-3所示。

表7-3　内核数据段描述符高32位

段基址 (31:24)	/	/	/	/	长度 (19:16)	存在位	特权级	描述符类型	段类型				段基址 (23:16)
									0	向下扩展	读写	已访问	
0000 0000	0	0	0	0	0000	1	00	1	0	0	1	0	0000 0000
00		0			0		9			2			00
0000 9200													

用户数据段和内核数据段类似，低32位为0，高32位唯一不同的是特权级为3，如表7-4所示。

表7-4　用户数据段描述符高32位

段基址 (31:24)	/	/	/	/	长度 (19:16)	存在位	特权级	描述符类型	段类型				段基址 (23:16)
									0	向下扩展	读写	已访问	
0000 0000	0	0	0	0	0000	1	11	1	0	0	1	0	0000 0000
00		0			0		f			2			00
0000 f200													

7.3.3　为64位模式创建临时段描述符表

处理器此时运行在32位模式（保护模式），为了切入64位模式，我们需要为64位准备段描述符表。但是在进入64位模式后，保护模式部分的gdtr和gdt内存地址将不可寻址，我们需要在进入64位模式后创建一个新的全局段描述符表。因此，这个支撑从32位过渡到64位的段描述符表是一个临时表，在过渡期间内核不会切入用户空间，因此临时表中只需包含内核代码段和数据段描述符就足够了。

准备好64位模式的临时段描述表后，我们需要告知处理器使用这个新的段描述表，所以再次使用指令 lgdt 重新装载段寄存器 GDTR。这次全局段描述符表的地址相比实模式下的计算直接多了，因为段寄基址为 0，所以全局段描述符表的地址就是 gdt。我们使用伪指令 .long 告诉编译器在段描述符表长度后分配 4 字节存储段描述符表的地址：

```
// boot32.S

.text
.code32
  mov $0x10, %ax
  mov %ax, %ds

  lgdt gdtr

gdt:
  .quad 0x0000000000000000
  .quad 0x00209a0000000000
  .quad 0x0000920000000000
gdt_end:

gdtr:
  .word gdt_end — gdt
  .long gdt
```

代码中用到了如 gdtr 这样的符号，gdtr 符号是一个内存地址。我们知道，在访问这些内存地址时，处理器默认将从寄存器 DS 中获取段的信息，因此，我们需要设置段寄存器 DS 中的段选择子。我们之前已经见过段选择子的格式，如图 7-15 所示。

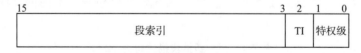

图 7-15　段选择子的格式

内核数据段描述符在全局段描述符表中，所以 TI 为 0。内核数据段位于全局段描述表的第 3 项，所以索引为 2，对应二进制 10。既然是内核数据段，显然特权级为 0。因此，内核数据段选择子的值如图 7-16 所示。

图 7-16　内核数据段选择子的值

指令 mov 不支持将立即数 0x10 直接写入段寄存器，而是需要通过通用寄存器中转一下。因此，我们首先将内核数据段的选择子 0x10 写入寄存器 AX，然后再将 AX 中的段选择子写入段寄存器 DS。

7.4　建立内核映像的虚拟地址到物理地址的映射

在 64 位模式下，Linux 将虚拟地址 0xffffffff80000000 映射到物理地址 0，并将从 0xffffffff80000000 开始的 512MB 空间用于映射物理内存中的内核映像，我们的内核也参照这个地址空间划分。我们为内核代码和数据映射 64MB 大小的物理内存区域，64MB 足以容纳我们现在的内核，如图 7-17 所示。

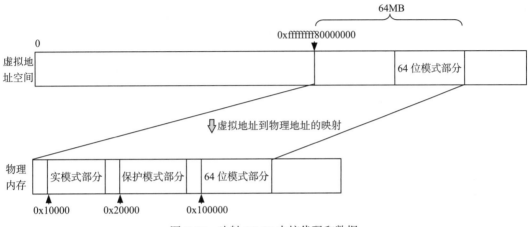

图 7-17　映射 64MB 内核代码和数据

映射 64MB 内存空间，需要 32 个一级页表，以及四级、三级、二级页表各 1 个。那我们在哪里分配这些页表呢？回忆一下 1MB 以下的地址空间的布局，我们将保护模式部分加载于地址 128KB 处，即内存地址 0x20000，从 128K 到 BIOS 起始处共 384KB（512 − 128）可供保护模式使用。因为用作临时过渡的保护模式部分尺寸不大，所以我们给保护模式预留 64KB 的内存，然后从内存地址 0x30000 处，相继分配四级、三级、二级页表各 1 个，以及 32 个一级页表，如图 7-18 所示。

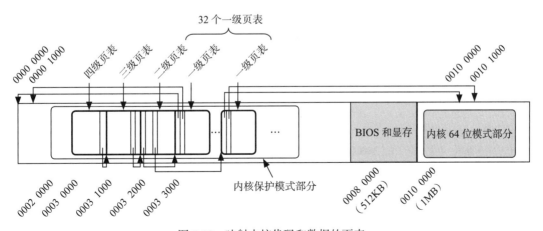

图 7-18　映射内核代码和数据的页表

以一个具体的虚拟地址 0xffffffff80000800 为例，按照前述映射关系，其将映射到物理地址 0x800 处。图 7-19 展示了这个虚拟地址经过页表后最终映射到第 0 个页面内的偏移 0x800 处的过程。我们需要在内核开启页表机制前填充必要的各级页表项，支撑前述内核映像的映射关系，接下来的几个小节将分别讲述如何建立这四个级别的页表。

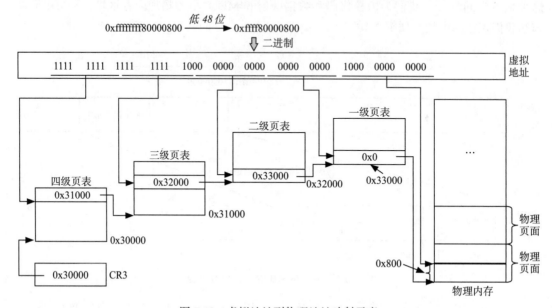

图 7-19　虚拟地址到物理地址映射示意

7.4.1　建立四级页表映射

我们从内核映像的起始虚拟地址 0xffffffff80000000 开始建立映射，其低 48 位 0xffff80000000 用于寻址，对应的二进制为：

```
1111 1111 1111 1111 1000 0000 0000 0000 0000 0000 0000 0000
```

前 9 位 "1111 1111 1" 用作四级页表的索引，十进制为 511，索引四级页表中的第 512 项。我们在四级页表之后，即地址 0x31000 处分配一个页面，用作一个三级页表，设置四级页表的第 512 项指向此三级页表。

四级页表项的格式如图 7-20 所示。

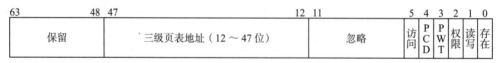

图 7-20　四级页表项的格式

页表项中的第 0 ～ 47 位记录下一级页表的地址。因为我们的页面尺寸是 4KB，也就是说从 0 开始，所有的物理地址的页面都是 4KB 对齐的。4KB 对齐意味着什么呢？这意味着页面基址的低 12 位一定是 0。利用这个特点，我们就可以使用页表项的低 12 位设置页表权限控制等属性。

无论是操作系统内核软件，还是 MMU，从页表项中提取第 0 ~ 47 位后，将第 0 ~ 11 位清零，就可以清除掉这些页面属性位，计算出页面地址。

页表项的第 0 位称为存在位，表示这个页表项是空还是指向一个已经分配好的下级页表。对于四级页表的第 512 项来说，因为其指向了一个三级页表，所以存在位需要设置为 1。

页表项的第 1 位表示读写权限，表示通过这个页表项寻址的物理页是否允许读写。如果值为 0，表示这个页表项映射的所有后续物理页面都只能读，不能写。如果值为 1，则表示允许读写。我们这里是可读写的，所以设置为 1。

页表项的第 2 位是权限控制位，表示是否允许访问该页表项映射的物理内存。0 表示只允许内核访问，1 表示用户可访问。内核映像是不允许用户程序访问的，所以此位需要设置为 0。

页表项中的访问位，由 MMU 负责设置。如果页表项参与了地址翻译过程，那么 MMU 就将访问位设置为 1。可以看到，页表项中这些位并不都由操作系统进行更新，MMU 硬件也将更新某些位。我们将它们的初值设置为 0 即可。

其他的位我们暂时不用，所以不一一介绍了，包括保留位、忽略位等，全部都设置为 0，如图 7-21 所示。

图 7-21　四级页表项的值

我们为保护模式部分预留 64KB，然后开始分配四级页表。64K 对应十六进制 0x10000，所以我们使用伪指令 .org 0x10000 定位到四级页表的基址处，使用伪指令 .fill 填充 511 项空白项后，将最后一个页表项填充为如图 7-21 所示的值：

```
.org 0x10000
  .fill 511, 8, 0
  .quad 0x0000000000031003
```

7.4.2　建立三级页表映射

我们从虚拟地址 0xffffffff80000000 的低 48 位 0xffff80000000 中取三级页表的索引：

```
1111 1111 1111 1111 1000 0000 0000 0000 0000 0000 0000 0000
```

其中第 2 个 9 位 "111 1111 10" 用作三级页表的索引，十进制为 510，索引三级页表中的第 510 项。我们在三级页表之后，即地址 0x32000 处分配一个页面，用作一个二级页表，设置三级页表的第 510 项指向此二级页表。

三级页表项的格式如图 7-22 所示。

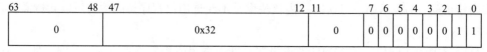

图 7-22 三级页表项的格式

与四级页表项不同，三级页表项多了一个页面尺寸位，事实上，x86 可以支持不同尺寸的物理页面，典型的包括 1GB、2MB 和 4KB。该位的值为 1 时表示物理页面尺寸为 1GB，为 0 时表示其他尺寸。我们的内核使用 4KB 大小的页面，所以将该位设置为 0。综上，三级页表项的值如图 7-23 所示。

63	48	47	12	11		7	6	5	4	3	2	1	0
0		0x32		0		0	0	0	0	0	0	1	1

图 7-23 三级页表项的值

我们在四级页表后分配一个三级页表，使用伪指令 .org 0x11000 定位到三级页表的基址处，将第 510 项填充为如图 7-23 所示的值，使用伪指令 .fill 将其他 511 个页表项填充为 0：

```
.org 0x10000
  .fill 511, 8, 0
  .quad 0x0000000000031003

.org 0x11000
  .fill 510, 8, 0
  .quad 0x0000000000032003
  .fill 1, 8, 0
```

7.4.3　建立二级页表映射

我们从虚拟地址 0xffffffff80000000 的低 48 位 0xffff80000000 中取二级页表的索引：

1111 1111 1111 1111 10**00 0000 000**0 0000 0000 0000 0000 0000

其中第 3 个 9 位"00 0000 000"用作二级页表的索引，十进制为 0，索引二级级页表中的第 0 项。映射 64MB 内存需要 32 个一级页表，所以我们在二级页表之后即地址 0x33000 处依次分配 32 个页面，用作 32 个一级页表，然后设置二级页表的第 0 ~ 31 页表项依次指向这 32 个一级页表。

二级页表项的格式与三级页表项的格式完全相同，如图 7-24 所示。

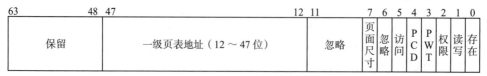

图 7-24　二级页表项的格式

除了指向一级页表的地址外，二级页表项的值与三级页表项的值也完全相同，如图 7-25 所示。

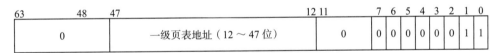

63	48	47		12 11		7	6	5	4	3	2	1	0
0		一级页表地址（12～47位）		0		0	0	0	0	0	0	1	1

图 7-25 二级页表项的值

如果 32 个二级页表项都通过手动创建，那么就太烦琐了，因此，我们先分配页面，使用伪指令 .fill 预先将页表项全部清零，然后写一段代码自动完成二级页表项的填充。我们在三级页表后分配 1 个二级页表，在二级页表后分配 32 个一级页表：

```
.org 0x10000
  .fill 511, 8, 0
  .quad 0x0000000000031003

.org 0x11000
  .fill 510, 8, 0
  .quad 0x0000000000032003
  .fill 1, 8, 0

.org 0x12000
  .fill 512, 8, 0

.org 0x13000
  .fill 512 * 32, 8, 0
```

我们写一个循环，从地址 0x32000 处开始，填充第 0 ～ 31 项。这 32 个一级页表都位于内存的低地址处，页表地址的高 4 字节全部为 0，所以我们仅需要填充这 32 个页表项的低 4 字节，高 4 字节保留初始值 0 即可。第 0 项指向第 1 个一级页表，地址为 0x33000，其他位的值为 3，所以第 0 项填充的值为 0x33003。以此类推，一共填充 32 项，如图 7-26 所示。

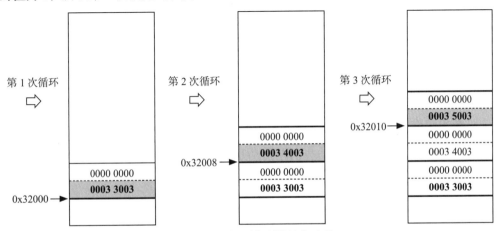

图 7-26 二级页表项的填充过程

填充二级页表项的程序流程如图 7-27 所示。

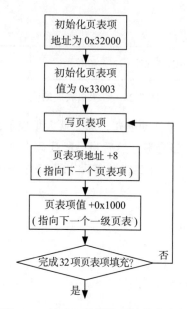

图 7-27　填充二级页表项的程序流程

上述循环的核心操作是将页表项的值写到页表项中。x86 提供了一个指令 stos 用来将寄存器的内容写到内存中。在保护模式下，指令 stos 可以将寄存器 AL/AX/EAX 中的内容写到指定内存地址处。以写 4 字节为例，stos 指令将寄存器 EAX 中的值存储到内存地址 ES:EDI 处。因为平坦模式下 ES 为 0，所以实际上就是存储到寄存器 EDI 中记录的内存地址处。每执行一次存储动作后，如果标志寄存器中的 DF 位为 0，则 stos 指令将寄存器 EDI 中的值增加一个操作数的宽度；如果标志寄存器中的 DF 位为 1，则将寄存器 EDI 中的值减少一个操作数的宽度。可以通过指令 std 和 cld 设置 DF 位，默认 DF 位为 0。我们从低地址向高地址填充，保持 DF 位为默认值即可。

结合 stos 指令的行为，我们使用寄存器 EAX 存储低 32 位页表项的值，初始时设置为第一个页表项的值 0x33003。然后将 EDI 初始化为第一个页表的地址 0x32000。最后执行 stos 指令完成一次填充页表项的动作。因为操作数宽度为 32 位，所以需要给指令 stos 加个后缀 "l"。然后我们更新 EAX 和 EDI，进行下一次循环。具体代码如下：

```
1    mov $0x32000, %edi
2    mov $0x33000 + 3, %eax
3 1:
4    stosl
5    add $0x1000, %eax
6    add $4, %edi
7
8    cmp $(0x32000 + 31 * 8), %edi
9    jle 1b
```

第 1 ～ 2 行代码分别用于初始化寄存器 EAX 和 EDI。

第 3 行代码处标记了一个标签，用于标记循环体的起始。

第 4 行代码调用 stosl 指令，将寄存器 EAX 中的值存储到寄存器 EDI 中记录的内存地址处，完成页表项的填充。同时，该指令会将 EDI 中记录的地址自动增加 4 个字节。指令的后缀 l 是单词 long 的首字母，表示操作数的宽度为 4 字节。

第 5 行代码更新 EAX 为下一个一级页表的地址。一个页表大小为 4KB，十六进制为 0x1000。

除了增加寄存器 EAX 的值，还需要更新 EDI 以指向下一个页表项。指令 stosl 执行后 EDI 的中值已经增加了 4 字节，但是一个页表项为 8 字节，所以 EDI 中的地址还需要增加 4 字节，这就是第 6 行代码的目的。

第 8 行和第 9 行代码使用指令 cmp 和 jle 的组合判断是否完成了所有页表项的填充。如果没有完成，则向后跳转到标签 "1" 处，继续填充下一个页表项，直到最后一个页表项填充完成。第 1 个二级页表项的地址为 0x32000，所以第 32 个二级页表项的地址为 0x32000 + 31 × 8。

7.4.4 建立一级页表映射

我们从虚拟地址 0xffffffff80000000 的低 48 位 0xffff80000000 中取一级页表的索引：

1111 1111 1111 1111 1000 0000 0000 **0000 0000** 0000 0000 0000

其中第 4 个 9 位 "0 0000 0000" 用于一级页表的索引，十进制为 0，索引一级页表中的第 0 项。

第 1 个一级页表的第 0 项需要指向从物理地址 0x0 开始的第 1 个 4KB 页面，第 1 项需要指向从物理地址 0x1000 开始的第 2 个 4KB 页面，依此类推，直到完成全部 32 个一级页表的填充。

一级页表项的格式如图 7-28 所示。

63	48	47	12	11		8	7	6	5	4	3	2	1	0
保留		物理页面地址（12 ～ 47 位）		忽略		全局映射	PAT	脏页	访问	PCD	PWT	权限	读写	存在

图 7-28　一级页表项的格式

页表项中的脏页位，由 MMU 负责设置。如果发生了写内存操作，则 MMU 将脏页位设置为 1。我们将其初值设置为 0 即可。第 7、8 位的特性我们均不使用，都设置为 0。因此，一级页表项的值如图 7-29 所示。

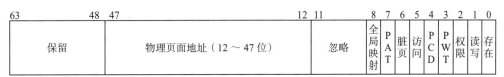

63	48	47	12	11		8	7	6	5	4	3	2	1	0
0		物理页面地址（12 ～ 47 位）		0		0	0	0	0	0	0	0	0	1	1

图 7-29　一级页表项的值

由于每个一级页表有 512 项，32 个一级页表有 16384 项，手动填写几乎是不可能完成的任务，因此我们写段代码来自动完成一级页表项的填充。同填充二级页表项类似，我们使用指令 stos 完成填充。填充一级页表项的程序流程如图 7-30 所示。

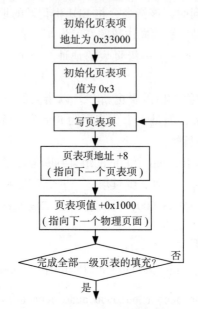

图 7-30 填充一级页表项的程序流程

具体的程序与填充二级页表项类似，只是将寄存器 EAX 的值初始为第 1 个物理页面的地址，然后将 EDI 初始指向第 1 个一级页表的第 0 个页表项，即地址 0x33000 处，最后执行 stos 指令完成一次填充页表项的动作。接着更新 EAX 和 EDI，进行下一次循环。具体代码如下：

```
1    mov $0x33000, %edi
2    mov $0x0 + 3, %eax
3 2:
4    stosl
5    add $0x1000, %eax
6    add $4, %edi
7
8    cmp $(0x33000 + 512 * 8 * 32 - 8), %edi
9    jle 2b
```

7.5 建立恒等映射

在未开启分页时，经过段式地址计算后，内存管理单元输出的是物理地址。在内核开启分页、准备跳转到 64 位内核部分的一瞬间，负责完成向 64 位模式过渡的指令和数据的物理地址会自动被处理器当作虚拟地址，还要再经过页单元的一次翻译，如图 7-31 中所示的地址 0x20100。

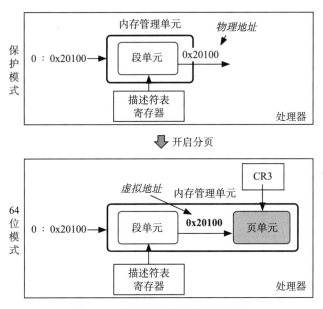

图 7-31　物理地址被当作虚拟地址

　　显然在开启分页后，内存管理单元最后输出的物理地址仍然需要是 0x20100。也就是说，虚拟地址 0x20100 通过页单元翻译后，依然需要翻译为与虚拟地址相等的物理地址 0x20100，如图 7-32 所示。

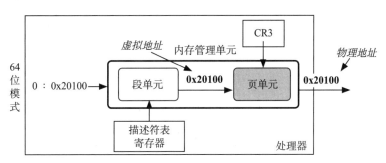

图 7-32　虚拟地址翻译为相等的物理地址

　　但是前面我们只建立了虚拟地址从 0xffffffff80000000 开始的区域到内核映像的映射关系，页表中没有这段因为开启分页后出现的临时虚拟地址到内核映像的映射关系，如图 7-33 所示。

　　因此，我们需要在页表中把这个映射关系也建立起来，支撑从保护模式到 64 位模式的平滑过渡。显然，过渡期间虚拟地址到物理地址的关系是"物理地址 = 虚拟地址"，因此，这种映射关系称为恒等映射（identity map），如图 7-34 所示。

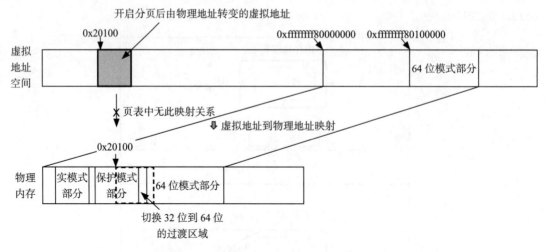

图 7-33 过渡区域的地址映射关系缺失

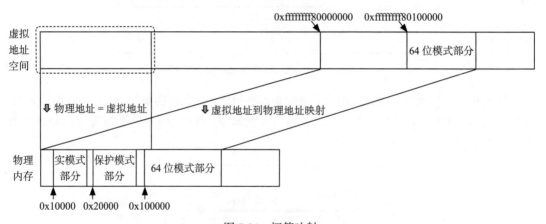

图 7-34 恒等映射

恒等映射部分能够覆盖内核过渡部分的代码和数据即可，一个一级页表可以覆盖 2MB 内存，所以我们映射一个一级页表就够了，可以覆盖 0 ～ 2MB 的内存。我们以虚拟地址 0x20100 为例，其对应的 48 位二进制及各级页表的索引值如图 7-35 所示。

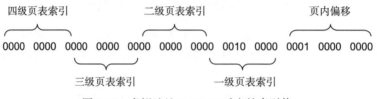

图 7-35 虚拟地址 0x20100 对应的索引值

可见，恒等映射部分需要填充四级、三级以及二级页表的第 0 项。

整个页表仅使用 1 个四级页表，所以无须新分配四级页表。恒等映射部分的一级页表，复用前面映射内核映像的第 1 个一级页表即可。因此，只需为恒等映射额外分配 1 个三级页表和 1 个二级页表，如图 7-36 所示。

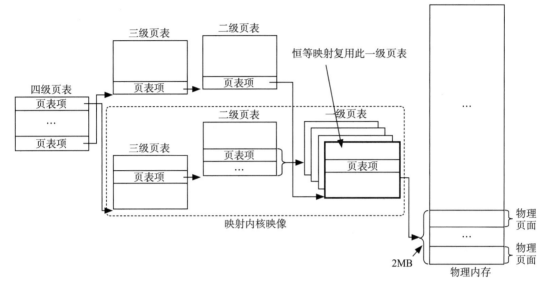

图 7-36　恒等映射的页表

我们在 32 个一级页表之后分别分配 1 个三级页表和 1 个二级页表，地址分别为 0x33000和 0x34000。当然，这两个值只是相对于保护模式的起始点，使用这些地址时，我们还要给它们加上偏移 0x20000。然后设置各级页表的页表项：

1）首先设置四级页表的第 0 项指向三级页表 0x53000。

2）然后设置三级页表的第 0 项指向二级页表 0x54000。

3）最后设置二级页表的第 0 项指向映射内核映像的第 1 个一级页表 0x33000。

具体代码如下：

```
.org 0x10000
  .quad 0x0000000000053003
  .fill 510, 8, 0
  .quad 0x0000000000031003

.org 0x11000
  .fill 510, 8, 0
  .quad 0x0000000000032003
  .fill 1, 8, 0

.org 0x12000
  .fill 512, 8, 0

.org 0x13000
  .fill 512 * 32, 8, 0
```

```
.org 0x33000
  .quad 0x0000000000054003
  .fill 511, 8, 0

.org 0x34000
  .quad 0x0000000000033003
  .fill 511, 8, 0
```

7.6 切入 64 位模式

至此，我们已经准备好段描述符表，也准备好页表了。接下来，我们就着手切入 64 位模式。根据 x86 手册，从保护模式切入 64 位模式的步骤如下：

1）设置控制寄存器 CR4 的 PAE 位，使能 x86 的物理地址扩展功能。

2）设置控制寄存器 CR3 指向页表。

3）设置扩展功能使能寄存器 EFER（Extended Feature Enable Register）的 LME 位为 1，使能 64 位模式。LME 是 Long Mode Enable 的首字母缩写。

4）设置控制寄存器 CR0 的 PG 位开启分页。

7.6.1 使能 PAE

PAE 是 Physical Address Extension 的首字母缩写，是 x86 处理器的物理地址扩展特性。当使能这一特性时，x86 处理器就可以寻址超过 32 位的物理地址了。显然 64 位模式下要求 PAE 扩展必须开启，x86 处理器约定通过设置控制寄存器 CR4 中的第 5 位使能 PAE 扩展。

x86 处理器提供了指令 bts 来设置位串中的某一位为 1。目的操作数是需要设置的位串，源操作数指出设置位串中的哪一位。指令 bts 不能直接操作控制寄存器，因此，我们首先将控制寄存器 CR4 中的内容读到寄存器 EAX 中，然后使用 bts 指令将第 5 位设置为 1，最后将设置好的值写回到控制寄存器。因为操作数是 32 位的，所以指令 bts 增加了后缀 "l"。具体代码如下：

```
mov %cr4, %eax
btsl $5, %eax
movl %eax, %cr4
```

7.6.2 设置 CR3 指向页表

x86 处理器中设计了一个控制寄存器 CR3，用来记录根页表的物理地址。当翻译地址时，内存管理单元从 CR3 中获取页表地址。

保护模式部分加载在内存地址 0x20000 处，我们给代码和数据预留了 64KB 后，在地址 0x30000 处分配一个四级页表，所以将 CR3 设置指向这个四级页表：

```
movl $0x30000, %eax
movl %eax, %cr3
```

7.6.3　使能 64 位模式

为了支持 64 位模式，x86 处理器引入了一个 MSR 寄存器 EFER，格式如图 7-37 所示。AMD 将 64 位模式称为长模式，Intel 称其为 IA-32e 模式。

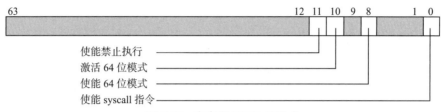

图 7-37　寄存器 EFER 的格式

其中第 8 位用于使能 64 位模式，但是设置了该位仅仅表示开启但并未激活 64 位模式。在开启分页后，处理器才能从保护模式进入 64 位模式。未开启分页前，处理器还是处于保护模式。系统软件可以通过读取第 10 位确认 64 位模式是否已激活，此位由处理器自动维护，当设置 CR3 的 PG 位时处理器会自动设置该位。

在 64 位模式下，x86 提供了两条用于快速执行系统调用的指令——syscall 和 sysret。如果希望使用这两条指令，需要设置第 0 位。

每个 MSR 寄存器的宽度为 64 位，有一个 32 位地址，x86 提供了指令 rdmsr/wrmsr 访问 MSR 寄存器。当读取 MSR 寄存器时，rdmsr 首先从寄存器 ECX 中读出 MSR 寄存器的地址，然后读取 MSR 的低 32 位到寄存器 EAX 中，读取 MSR 的高 32 位到 EDX 寄存器中。当写 MSR 寄存器时，wrmsr 首先从寄存器 ECX 中读出 MSR 的寄存器地址，然后将寄存器 EAX 中内容写到 MSR 的低 32 位，将寄存器 EDX 中的内容写到 MSR 的高 32 位。

EFER 的地址为 0xc0000080，我们首先使用 rdmsr 读取 EFER 的内容，然后使用位操作指令 bts 分别设置 64 位使能位和快速系统调用使能位，最后使用 wrmsr 指令将设置好的值写回 EFER：

```
mov  $0xc0000080, %ecx
rdmsr
bts  $8, %eax
bts  $0, %eax
wrmsr
```

7.6.4　开启分页

根据 x86 手册，从保护模式切入 64 位模式的最后一步是设置 CR0 的 PG 位，开启分页。控制寄存器 CR0 的格式如图 7-38 所示。我们仅关注第 31 位，暂时忽略不使用的其他位。

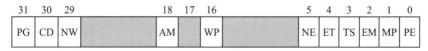

图 7-38　控制寄存器 CR0 的格式

我们首先读取寄存器 CR0 的内容到寄存器 EAX，使用指令 bts 将第 31 位设置为 1，然后写回寄存器 CR0，开启分页，激活 64 位模式。代码如下：

```
mov %cr0, %eax
bts $31, %eax
mov %eax, %cr0
```

7.6.5　跳转到 64 位部分

一切准备就绪，接下来，我们就需要跳转到内核的 64 位模式部分了。但是等等，我们现在还缺少一个 64 位模式部分，所以首先需要准备一段 64 位模式代码。在进入 64 位模式后，还有一些简单的与处理器密切相关的操作，包括为使用 C 语言准备栈等环境。所以内核 64 位部分的开头还是使用汇编语言编写。

我们将 64 位部分开头部分的汇编文件命名为 head64.S，输出一个字符"L"后，执行 hlt 指令停止处理器的运转：

```
// head64.S

.text
.code64

  mov $0x3f8, %dx
  mov $'L', %ax
  out %ax, %dx

  hlt
```

内核映像新增了 64 位部分，所以我们还需要修改 Makefile 来编译 64 位部分，并将 64 位部分组装到内核映像中。我们将内核 64 位部分命名为 system，这个 system 由 head64.S 以及后续的各种 C 文件组成。内核映像的虚拟地址起始于 0xffffffff80000000，该地址映射到物理内存地址 0 处，其中 64 位部分位于物理内存 0x100000 处，所以 64 位部分起始虚拟地址为 0xffffffff80000000 + 0x100000，即 0xffffffff80100000，如图 7-39 所示。

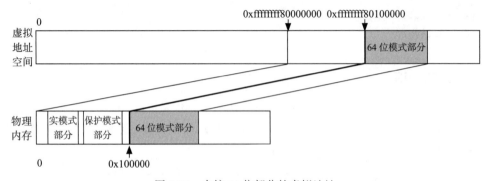

图 7-39　内核 64 位部分的虚拟地址

因此我们需要告知链接器为内核 64 位部分分配的起始虚拟地址为 0xffffffff80100000。
Makefile 中新增编译内核 64 位部分的规则如下：

```
kernel.bin: build boot16.bin boot32.bin system.bin

system.bin: head64.S
  gcc -c head64.S -o head64.o
  ld -Ttext=0xffffffff80100000 head64.o -o system.elf
  objcopy -O binary system.elf $@
```

最后，我们还需要修改工具 build，将 64 位部分 system.bin 组装到内核映像中：

```
// build.c

  lseek(fd_kernel, 0x100000 - 0x10000, SEEK_SET);

  fd = open("system.bin", O_RDONLY);
  while (1) {
    c = read(fd, buf, 512);
    if (c > 0) {
      write(fd_kernel, buf, c);
    } else {
      break;
    }
  };
  close(fd);
```

万事俱备，只欠东风了。我们通过一条长跳转指令 ljmp 开启这一历史时刻。指令 ljmp
接收 2 个操作数，第 1 个操作数是段选择子。内核代码段描述符是全局段描述符表中的第
1 项，所以索引为 1。TI 和特权级均为 0。所以内核代码段选择子的值为 0x8，如图 7-40
所示。

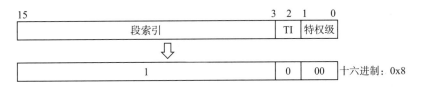

图 7-40 内核代码段选择子的值

指令 ljmp 的第 2 个操作数为段内偏移地址。64 位部分的起始物理地址为 0x10000，此
时，有两个虚拟地址可以映射到物理地址 0x10000，一个是已经建立的内核映像映射中的
0xffffffff80100000，另一个是恒等映射部分的 0x10000，如图 7-41 所示。

显然，我们希望直接使用 0xffffffff80100000，这样，经此一跳后，寄存器 IP 中的指令
地址将切入真正的内核空间，像下面这样：

```
ljmp $0x8, $0xffffffff80100000
```

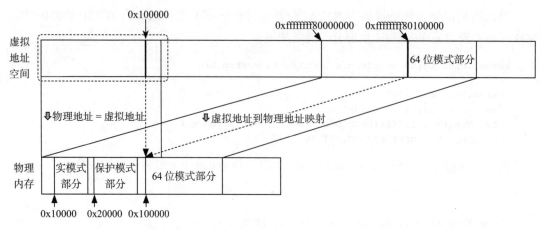

图 7-41　物理地址 0x10000 对应的两个虚拟地址

但是，在保护模式下，段内偏移地址最大为 4GB（2^{32}），所以不可能使用这个 64 位地址。即使在代码里面写这个地址，最后也会被截断为低 32 位的 0x80100000，这显然不符合预期。因此，我们使用 0x100000：

```
ljmp $0x8, $0x100000
```

0x100000 属于恒等映射的地址范围，通过恒等映射后，虚拟地址 0x100000 被翻译为物理地址 0x100000。

除了跳转到 64 位部分，这一跳也清除了处理器中前面预取的 32 位指令。经过一个稍显漫长的旅途，处理器终于进入最终工作的模式。运行 make run 指令，如果一切顺利，我们将在屏幕上看到 64 位部分输出一个字符"L"。

7.7　走进内核 64 位部分

进入 64 位模式后，实模式部分和保护模式部分已经完成了历史使命，可以退出历史舞台了。同时，在完成协助模式过渡的使命后，页表中的恒等映射部分后续也不再保留，保护模式部分的 gdtr 和 gdt 中的内存地址将不再可寻址。因此，我们需要在 64 位模式创建一个完整的全局段描述符表，然后为 C 程序准备栈空间，最后跳到 C 程序。后续我们的内核代码基本全部使用 C 语言编写。

7.7.1　创建 64 位模式段描述符表

理论上，在平坦模型下，段描述符表只需定义如下段描述符：

```
空描述符（保留不用）
内核代码段描述符
内核数据段描述符
```

用户代码段描述符
用户数据段描述符

在 64 位模式下，处理器还可以运行 32 位程序。因此，用户空间的代码段需要准备两个，一个是 64 位代码段，另一个是 32 位代码段。而对于用户空间的数据段，32 位和 64 位数据段的段描述符的格式并无差别，所以准备一个就可以了。

32 位用户代码段和 64 位用户代码段在段描述表中的位置不是任意分配的，而是有顺序的。64 位 x86 要求 64 位用户代码段跟随在 32 位用户代码段和数据段之后。因此，段描述符表定义如下。

空描述符（保留不用）
内核代码段描述符
内核数据段描述符
32 位用户代码段描述符
用户数据段描述符
64 位用户代码段描述符

我们暂不支持运行 32 位程序，即不会使用 32 位用户代码段描述符，所以我们在 32 位用户代码段描述符所在位置放置了一个空描述符。前面我们已经讨论过各段描述符的值，这里我们重新将它们组织在 64 位部分的段描述符表中，并更新段描述符表寄存器指向新的段描述符表：

```
// head64.S

.text
.code64

  lgdt gdtr

.align 64
gdt:
  .quad   0x0000000000000000   /* reserved */
  .quad   0x00209a0000000000   /* kernel cs */
  .quad   0x0000920000000000   /* kernel ds */
  .quad   0x0000000000000000   /* user32 cs */
  .quad   0x0000f20000000000   /* user ds */
  .quad   0x0020fa0000000000   /* user64 cs */
  .fill 128, 8, 0
gdt_end:

gdtr:
  .word gdt_end - gdt
  .quad gdt
```

各段对应的选择子的值如图 7-42 所示。我们把段描述符全部放置在全局段描述表，所以所有段的 TI 均为 0。内核段的特权级为 0，用户段的特权级为 3。

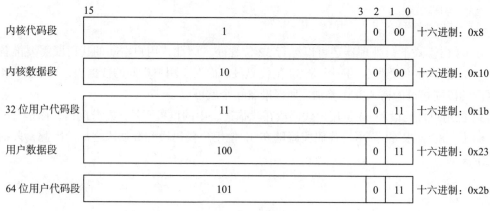

图 7-42　段选择子的值

各段选择子对应的十六进制为 0x8、0x10、0x1b、0x23、0x2b，这些十六进制看起来是不是又像天书一样？为了方便后续引用这些段选择子以及代码的易读性，我们建立一个 C 语言头文件 segment.h，在其中使用 C 语言分别为这些段选择子定义对应的宏，代码如下：

```
// include/segment.h:

#define KERNEL_CS 0x8
#define KERNEL_DS 0x10

#define USER32_CS 0x1b
#define USER_DS   0x23
#define USER_CS   0x2b
```

除了代码段寄存器外，其他几个段寄存器也需要初始化。它们都是与数据相关的，因此，我们使用内核数据段选择子初始化它们。为了使用段选择子宏，我们在 head64.S 中包含了文件 segment.h，代码如下：

```
// head64.S

#include "include/segment.h"

.text
.code64

  lgdt gdtr

  mov $KERNEL_DS, %ax
  mov %ax, %ds
  mov %ax, %ss
  mov %ax, %es
  mov %ax, %fs
  mov %ax, %gs
```

7.7.2　转换到内核地址空间

接下来，我们就要进入高级语言部分，可以使用更接近自然语言的 C 语言编码了，历史性的一刻即将开启。我们首先准备一段 C 代码，入口为 main。

```c
// main.c

int main() {
  __asm__ ("mov $0x3f8, %dx\n\t"
           "mov $'M', %ax\n\t"
           "out %ax, %dx\n");
  __asm__ ("hlt");
}
```

怎么跳转到 C 函数 main 呢？除了处理器不允许直接使用 mov 指令修改 RIP 外，理论上我们可以使用 call、jmp 以及 push/ret 等指令合作模拟一个函数调用返回到函数 main。但是此刻的跳转是一个特殊的跳转，并不是每一种方式都可以正常工作。事实上，我们现在虽然处于内核 64 位部分，但是指令的地址并不是内核空间的地址。回顾一下从保护模式进入 64 位模式的语句：

```
ljmp $0x8, $0x100000
```

经过这条语句后，指令指针寄存器 RIP 的值为：

内核代码段的基址 + $0x100000 = 0 + $0x100000 = $0x100000

而内核映像的起始地址为 0xffffffff80000000。在编译内核 64 部分时，我们已经明确告知链接器为内核 64 位部分指令分配的地址从 0xffffffff80000000 开始，而且我们可以看到链接器给 main 函数分配的地址也确实处于内核空间了：

```
objdump -d system.elf

ffffffff8010247a <main>:
ffffffff8010247a: 55                         push    %rbp
```

我们希望这一次跳转能将 RIP 中的指令地址切换到内核地址，如图 7-43 所示。

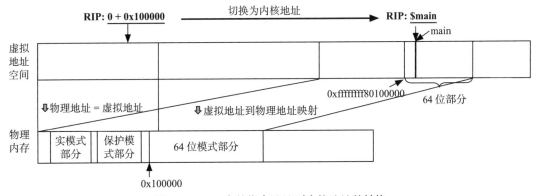

图 7-43　RIP 中的指令地址到内核地址的转换

在 32 位模式下，部分比如 call 等控制程序流程的指令，使用的是 IP 相对寻址。也就是说，操作数的地址不是相对于段基址的地址，而是相对于指令指针的地址。64 位 x86 将 IP 相对寻址作为默认的寻址方式。因为程序大小一般不超过 4GB，所以 32 位操作数就足够了。显然，使用 32 位操作数要比 64 位操作数节省指令的长度。如果操作数的宽度超过了 32 位，那么可以通过指令前缀控制操作数的宽度。

如果使用 call 指令，那么因为使用的是 IP 相对寻址，所以代码：

```
call main
```

跳转到的指令的地址为：

```
rip + "rip 和 main 之间的相对距离"
```

我们使用 call 指令进行跳转，编译后使用 objdump 查看机器指令：

```
objdump -d system.elf

ffffffff80100030: e8 15 08 40 00      callq   ffffffff8050084a
                                              <main>

ffffffff80100035: 66 66 2e 0f 1f 84 00
```

其中，0x400815 是 RIP 和 main 函数之间的距离，此时，RIP 的值为 0x100035，那么执行 call 指令跳转到的目的地址为：

```
0x100035 + 0x400815 = 0x50084a
```

显然，通过相对跳转不能实现指令地址到内核地址的转换。类似地，jmp 指令也是相对跳转。

根据内核地址 0xffffffff80100000 可见，其高 32 位为 ffffffff，那么如何做才能将 RIP 的高 32 位地址全部填充为 1 呢？x86 有一项称为符号位扩展（sign-extened）的技术，它使用符号位去填充更高位。而 push 指令是支持符号位扩展的，因此，我们可以结合使用 push 和 ret 指令完成绝对跳转，代码如下：

```
push $main
ret
```

这里需要注意 main 前面的符号 "$"，表示这是压栈符号 main 的地址。如果不带符号 "$"，则表示将内存地址 main 处的内容压栈。

编译后，我们使用 objdump 查看机器指令：

```
ffffffff80100030: 68 4a 08 50 80      pushq $0xffffffff8050084a
ffffffff80100035: c3                  retq
```

64 位模式下 push 指令的操作数宽度是 64 位，当压栈的源操作数为 32 位立即数时，push 指令会使用符号位填充压栈的 64 位中的高 32 位。这里，push 指令后接的 32 位操作数为

0x8050084a，其第31位为1，所以push指令将使用1填充64位的高32位，如图7-44所示。

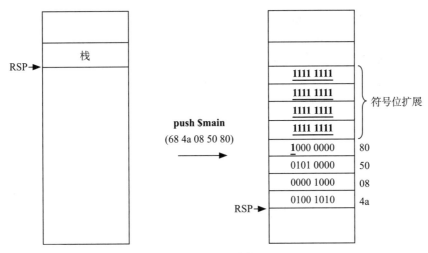

图7-44 符号位扩展

然后，当执行ret指令后，64位地址0xffff ffff 8050 084a将被弹出到RIP中。通过这样的"魔法"，我们成功地将RIP指向了内核地址空间。回头看内核地址0xffffffff80000000，这个地址显然不是随随便便分配的，而是巧妙地将符号位设计为1。

既然涉及压栈，那么我们需要准备一个栈空间。我们在段描述符表之后分配一个4KB的栈空间，这个栈除了在初始化时使用外，后面也会作为0号任务的内核栈，这也是标号中task0_stack的用意。0号任务称为空闲任务，在操作系统没有任务可以运行时，将运行0号任务。注意RSP初始指向栈底，代码如下：

```
// head64.S

#include "include/segment.h"

.text
.code64
  …
  mov $task0_stack, %rsp

  push $main
  ret
  …
gdtr:
  .word gdt_end - gdt
  .quad gdt

// 4kb
  .fill 4096, 1, 0
task0_stack:
```

7.7.3　构建内核 64 位部分

我们的内核代码中又有新的成员加入了——main.c 函数，其是内核 64 位部分的组成部分，因此，我们需要修改 Makefile，编译链接文件 main.c。后续会有更多的 C 文件加入进来，如果需要为每个 C 文件都写一条规则，那就太烦琐了，幸运的是，Make 支持内置的隐式规则。

我们在使用 Make 时，会经常用到一些规则，比如，将 C 的源程序编译为目标文件，将汇编程序编译为目标文件等。为此，Make 为我们内置了常用规则，这些规则不需要我们显式地写出来，所以称为隐式规则。比如：

```
main.o : main.c
  gcc $(CFLAGS) -c -o main.o main.c
```

隐式规则会使用一些环境变量，比如上面命令中的 CFLAGS，我们通过修改 CFLAGS 的值就可以控制编译时传递给编译器的参数。

有了隐式规则，我们就无须显式定义生成 head64.o 的规则，也无须显式定义编译 C 文件的规则了：

```
kernel.bin: build boot16.bin boot32.bin system.bin
  ./build

boot16.bin: boot16.S
  gcc -c boot16.S -o boot16.o
  ld -Ttext=0x0 boot16.o -o boot16.elf
  objcopy -O binary boot16.elf boot16.bin

boot32.bin: boot32.S
  gcc -c boot32.S -o boot32.o
  ld -Ttext=0x20000 boot32.o -o boot32.elf
  objcopy -O binary boot32.elf boot32.bin

CFLAGS = -std=c11 -I. -fno-pic -mcmodel=kernel \
         -fno-stack-protector -fcf-protection=none

system.bin: head64.o main.o
  ld -Ttext=0xffffffff80100000 $^ -o system.elf
  objcopy -O binary system.elf $@

build: build.c
  gcc $< -o $@

.PHONY: clean run

run: kernel.bin
  ~/kvmtool/lkvm run -c 1 -k ./kernel.bin

clean:
  rm -f *.bin *.elf *.o build
```

其中，Make 的内置变量 $< 和 $@ 我们已经见识过了，分别标识第一个依赖文件和目标文件，这里又见到了一个新的内置变量 $^，表示所有的依赖文件，这里代表 head64.o 和 main.o。

接下来，我们看看通过变量 CFLAGS 给 C 编译器传递的几个选项。"-std=c11"表示使用 C 语言标准 C11。

"-I"取自 Include 的首字母，用于告诉预处理器处理"#include"指令时，从哪些目录搜索头文件。预处理器搜索头文件时，基本按照如下顺序搜索：

1）首先从文件所在的目录开始寻找；

2）然后再到选项 -I 指定的目录寻找；

3）最后到系统目录如 /usr/include 下寻找。

假设有一个如图 7-45 所示的目录结构。

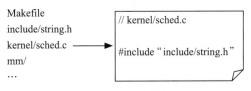

图 7-45　目录结构

文件 sched.c 中包含了文件 include/string.h，预处理器首先从文件 sched.c 所在的目录开始寻找，即寻找文件 kernel/include/string.h。但是目录 kernel 下并没有 include/string.h，所以预处理器从选项 -I 指定的目录下继续寻找，如果此时通过 -I 选项传递了目录"."，即"-I."，那么告知预处理器在 C 编译器运行的目录下寻找。假设我们在 Makefile 所在的目录下执行 make 指令，此时 gcc 也在该目录下运行，那么这就是目录"."，显然在当前目录下可以找到 include/string.h。

选项"-fno-pic"中的 PIC 的全称为 Position-Independent Code，表示位置无关代码。位置无关代码可以加载在程序地址空间中的任何位置，典型的是多个程序使用的共享库，在内存中的同一份代码可以映射到不同程序地址空间中的不同位置，如图 7-46 所示。

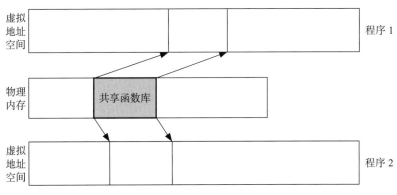

图 7-46　位置无关代码

那么，怎么做到位置无关呢？简单来讲，就是程序代码中没有绝对寻址，所有的寻址都使用相对寻址。显然，我们的内核是不需要位置无关的，所以我们给 gcc 传递参数 -fno-pic，表示不必生成位置无关代码。

当我们使用 gcc 编译程序时，gcc 生成代码时将会在必要的地方安插代码以调用 C 库中的栈溢出检查函数 __stack_chk_fail，检查代码中是否有潜在的栈溢出。内核不链接 C 库，因此，我们给 gcc 传递选项 -fno-stack-protector，告知其关闭栈溢出检查，不要安插代码调用函数 __stack_chk_fail。

默认情况下，gcc 编译器将在函数入口处安插代码检查程序流，我们并不需要 gcc 安插这些检查代码，所以通过参数 -fcf-protection=none 关掉 gcc 的这个特性。

最后我们看一个稍微复杂一点的选项 "-mcmodel=kernel"。通常，2GB 的虚拟地址空间就够用了，如果程序代码加载在内存地址低 2GB 处，gcc 就可以生成使用 32 位寻址的指令。如果程序大小超过 2GB，32 位地址不够寻址了，那么 gcc 就需要使用 64 位寻址。

显然使用 32 位地址指令长度更小，能使用 32 位就不使用 64 位，于是，gcc 提供了一个代码模型（code model），使得程序员可以通过代码模型这个参数指示 gcc 如何生成汇编代码。比如代码模型为 small，则告之编译器生成的汇编指令使用 32 位寻址操作数；代码模型为 large，则告之编译器生成的汇编指令使用 64 位寻址操作数。

我们的内核映像位于 64 位地址空间的最高 2GB 处，显然不能使用 32 位地址。但是这个虚拟地址有个特点，以 0xffffffff80000000 为例，它们的低 32 位的符号都是 1，因此，生成的汇编代码可以使用 32 位，但需要借助符号位扩展，最终实现 64 位地址。于是 gcc 特别为 Linux 内核设计了代码模型 kernel，kernel 在 large 模型的基础上进行了改进，尽可能地借助符号位扩展实现可寻址 64 位地址以减少指令长度。

我们看一下具体的例子。第一个是 small 模型和 large 模型的对比：

```
// hello.c

int a = 10;

int main() {
  int *p = &a;
}
```

我们使用 small 模型编译，并查看赋值语句对应的汇编代码：

```
gcc -mcmodel=small -fno-pic -c hello.c -o hello.o
ld hello.o -o hello.elf
objdump -d hello.elf

0000000000401000 <main>:
  401008:  48 c7 45 f8  00 40 40  movq   $0x404000,-0x8(%rbp)
  40100f:  00
```

我们看到 gcc 生成的是 RIP 相对寻址，偏移地址是 32 位的。

我们再使用 large 模型编译：

```
gcc -mcmodel=large -fno-pic -c hello.c -o hello.o
ld hello.o -o hello.elf
objdump -d hello.elf

0000000000401000 <main>:
  401008:   48 b8 00 40 40 00 00   movabs $0x404000,%rax
  40100f:   00 00 00
```

可以见到 large 模型使用了 64 位地址。

现在，我们将代码的起始地址设置为 0xffffffff80100000，告知 gcc 使用 large 模型，其翻译的汇编程序为：

```
gcc -mcmodel=large -fno-pic -c hello.c -o hello.o
ld -Ttext=0xffffffff80100000 hello.o -o hello.elf
objdump -d hello.elf

ffffffff80100000 <main>:
ffffffff80100008: 48 b8 00 30 10 80 ff   movabs $0xffffffff80103000,%rax
ffffffff8010000f: ff ff ff
```

由代码可见，gcc 按照我们的预期，使用了 64 位地址。

一旦我们将代码模型改为 kernel：

```
gcc -mcmodel=kernel -fno-pic -c hello.c -o hello.o
ld -Ttext=0xffffffff80100000 hello.o -o hello.elf
objdump -d hello.elf

ffffffff80100000 <main>:
ffffffff80100008: 48 c7 45 f8 00 30 10   movq $0xffffffff80103000,-0x8(%rbp)
ffffffff8010000f: 80
```

那么 gcc 生成的代码则不再使用 64 位，而是使用 32 位操作数。但是 gcc 使用了符号扩展指令，指令中的操作码"48 c7"是告之处理器使用符号扩展将 32 位操作数扩展为 64 位。

Chapter 8 第 8 章

内存管理

内存，作为计算系统中非常重要的资源，需要操作系统内核统一管理和分配。各种任务需要使用内存，操作系统内核自己也需要使用内存。

在页式内存管理下，内核需要将物理内存划分为多个逻辑意义上的物理页，内核以页面为单位为各任务分配内存。为此，内核需要记录每个物理页面的状态，如已经被使用或者空闲状态，并提供申请和归还的接口。

除了页面粒度的管理外，程序经常使用的一些数据对象，比如内核中代表一个进程的结构体实例，其尺寸远小于一个页面，如果每次都为其分配一个页面，那么内存浪费得就太严重了。为此，内核还需要支持块粒度的内存管理。内核预先将页面划分为一些大小不同的块，然后根据需求方申请的数据对象的大小，为其分配合适尺寸的内存块。

在 64 位模式下，处理器通过虚拟地址访问物理内存，所以为了实现对物理内存的访问，每个物理内存地址都需要有一个对应的虚拟地址。本章在地址空间中将为物理内存分配相应的虚拟地址，并在页表中建立这些虚拟地址到物理内存的映射。

8.1 获取内存信息

既然要管理内存，操作系统首先需要获取计算机物理内存的大小。在系统启动时，BIOS将初始化内存，将内存的信息保存在 BIOS 的数据区中。BIOS 也为系统软件提供了接口以获取内存信息。因此，我们的内核通过 BIOS 获取物理内存信息。

8.1.1 BIOS 简介

计算机运行的程序都存储在内存中，当计算机启动时，内存还没有被初始化，是不能使用的。因此,计算机系统工程师开发了一个程序,称为 BIOS。BIOS 被固化到计算机主板上的一个 ROM 芯片中,所以也称为固件。除了主板的 BIOS,还有一些外设上也有固件,比如显卡。

计算机系统启动后,会将主板 BIOS 映射到处理器的地址空间 0x000F0000～0x000FFFFF,并将处理器的 CS 寄存器和指令指针 IP 分别设置为 0xF000 和 0xFFF0,因此,处理器的第一条指令将从地址 0xF000:0xFFF0,即 ROM 芯片上的 BIOS 程序中读取。换句话说,计算机上电后,从 BIOS 开始执行。

BIOS 中的程序负责开机后自检以及各种设备的初始化,各种外设经过初始化后就可以正常使用了。最后 BIOS 加载操作系统加载器,将控制权交给操作系统加载器,由它完成操作系统的加载。

BIOS 为上层系统软件提供了接口,系统软件可以通过 BIOS 提供的接口访问和控制硬件。系统软件调用 BIOS 的接口就像使用指令 call 发起函数调用,但是从 BIOS 的角度看类似外部来的一个中断,因此,处理器访问 BIOS 中的函数的指令为 int,其执行过程与指令 call 类似。指令 int 的操作数是一个索引,用于从中断向量表对应的表项中取出 BIOS 服务的地址,并跳转到具体函数处运行。与函数调用类似,系统软件也可以通过寄存器向 BIOS 函数传递参数。比如,有的 BIOS 函数需要返回信息给系统软件,系统软件可以通过传参的方式告知其存储信息的地址。当执行 int 指令时,处理器首先将 int 指令后的地址压栈作为返回地址,处理器执行完 BIOS 中的函数后,返回到 int 指令后的指令处继续执行,如图 8-1 所示。

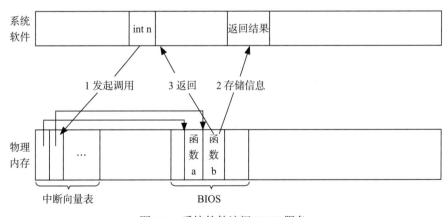

图 8-1 系统软件访问 BIOS 服务

在初始化时,BIOS 将建立中断向量表,设置各表项指向 BIOS 中具体的函数。中断向量表中的每个表项占 4 字节,高 2 字节为段地址,低 2 字节为偏移地址。比如第 0x15 表项指向 BIOS 中查询内存信息函数的地址。BIOS 还将初始化各外设,将收集到的信息记录在 BIOS 数据区,如图 8-2 所示。

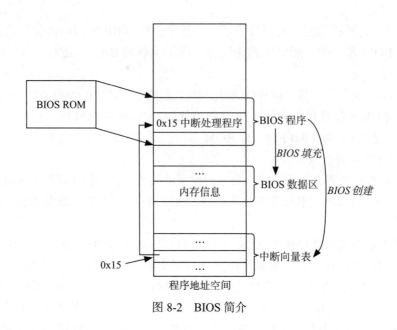

图 8-2　BIOS 简介

8.1.2　读取内存信息

之前我们在讨论内核映像的布局时见到过，内存的地址空间分为多段，比如有的地址区间用作 BIOS 代码，有的用作 BIOS 数据区，有的用作中断向量表等，BIOS 使用一个称为 E820 的数据结构实例来表示内存地址的每一个段。每一条 E820 记录使用 20 字节描述每个内存段的信息，第 1 个 8 字节表示内存段的起始地址，第 2 个 8 字节表示段的尺寸，剩下的 4 字节表示段的类型。

图 8-3 展示了 3 条 E820 记录。第 1 条记录对应的起始内存地址为 0，一直到 BIOS 数据区，这块内存属于传统意义上的常规内存区，其类型标记为可用内存，包含位于 0 处的实模式使用的中断向量表。第 2 条记录对应 BIOS 数据区，这部分数据可能是系统软件经常取用的数据，所以保留。第 3 条记录对应的起始内存为主板 BIOS 结束处，即内存地址 1MB 处，一直到物理内存的最大地址，传统意义上称为扩展内存，是我们主要使用的内存区。

在 BIOS 中，中断向量表中第 0x15 表项指向的 BIOS 函数为系统软件提供探测内存的服务。该函数执行时，将查询寄存器 EAX，依据其中的值返回内存相关的信息。比如当 EAX 中的值为 0xe820 时，该函数将返回完整的内存信息。

每执行一次指令 int，BIOS 将返回一条 E820 记录。因此，每次调用时，调用者需要告知 BIOS 读取哪条 E820 记录，这个索引使用寄存器 EBX 传递。首次调用时，调用者需要将 EBX 设置为 0，即从第 1 个 E820 记录开始。每次调用时，如果还有 E820 记录没有读取完毕，BIOS 会将寄存器 EBX 增加 1，指向下一个 E820 记录。当所有 E820 记录都读取完毕后，BIOS 会将寄存器 EBX 设置为 0，调用者可以依据 EBX 的值确认 E820 记录是否已经读取完毕。

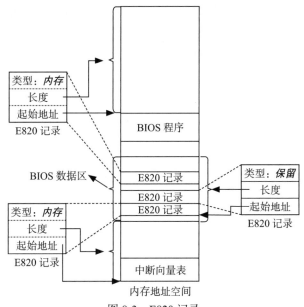

图 8-3 E820 记录

调用者需要通过寄存器 ECX 告知 BIOS 每次读取的 E820 记录的大小，比如读取 8 字节，还是 20 字节。

最后，BIOS 会从寄存器 DI 读出调用者指定的存储 E820 记录的内存地址，将 E820 记录复制到 ES:DI 指向的内存处。

绝大部分 BIOS 功能只能工作在处理器的实模式，所以我们需要在内核运行于实模式时通过 BIOS 中的服务获取内存信息，代码如下：

```
// boot16.S

01   mov $e820_entry, %di
02   xor %ebx, %ebx
03 e820_rd_entry:
04   mov $0xe820, %eax
05   mov $20, %ecx
06   int $0x15
07
08   incb e820_nr_entry
09   add $20, %di
10
11   cmp $0, %ebx
12   jne e820_rd_entry
13
14 .org 0x3000
15 e820_nr_entry:
16   .long 0
17 e820_entry:
18   .fill 1024, 1, 0
```

代码中第 17 行所在地址处用于存储 E820 记录，因为 0x15 中断的处理函数从寄存器 DI 中读取这个地址，所以第 1 行代码将这个地址存储到寄存器 DI 中。

0x15 中断的处理函数从寄存器 EBX 中读取 E820 记录的索引，我们从第 0 项读起，所以第 2 行代码将 EBX 设置为 0。

第 4 行代码设置 EAX 中的功能号，按照 0x15 中断处理函数的要求设置为 0xE820。

第 5 行代码告知 0x15 中断处理函数复制每条 E820 记录的前 20 字节，即内存段的起始地址、内存段的大小以及内存段的类型。

第 6 行代码通过指令 int 发起中断，处理器转而执行 BIOS 中 0x15 中断的处理函数。

我们需要记录读取的 E820 记录的条数，因此，我们在第 15、16 行处使用伪指令 .long 申请了 4 个字节用于记录这个值，每读取一次记录后，第 8 行代码就将该值累加 1。

接下来准备读取下一条 E820 记录，第 9 行代码更新 DI 指向下一条存储 E820 记录的内存地址。

如果已经读取了全部 E820 记录，那么 0x15 中断的处理函数会将寄存器 EBX 设置为 0，所以第 11 行代码通过检查寄存器 EBX 是否为 0 判断是否完成了 E820 记录的读取。如果 EBX 不是 0，则跳转到第 3 行代码处，进行下一次循环，读取下一条 E820 记录。

在上述代码中，每次循环都会重新设置寄存器 EAX 和 ECX，而且每次设置的值完全相同，那么是不是在循环体外设置一次就够了，为什么每次循环都要重新设置这两个寄存器？因为 0x15 中断的处理函数运行结束后，会将 ECX 设置为实际存储的 E820 记录的大小，并将 EAX 的值设置为 0x534d4150，告知调用者 BIOS 服务执行成功。这两个寄存器的值被覆盖了，所以在每次循环中发起 0x15 中断前需要重新设置这两个寄存器的值。

8.1.3　E820 的 C 数据结构表示

进入 main 函数后，我们使用 C 语言编程处理内核实模式部分读取的 E820 记录。显然，我们首先需要将这些信息通过 C 语言的数据结构表示出来。我们先来分析一下存储 E820 信息的内存结构，如图 8-4 所示。

内存 0x13000 处的 4 字节记录从 BIOS 读取的 E820 记录数。接下来是若干 E820 记录。每条记录包含三部分，分别是 8 字节的内存段起始地址，8 字节的内存段尺寸以及 4 字节的内存段类型。

因此，我们定义一个结构体 e820entry 来描述 E820 记录。结构体 e820entry 包含三个字段，分别是一个 64 位无符号整型表示的内存段起始地址，一个 64 位无符号整型表示的内存段大小，以及一个

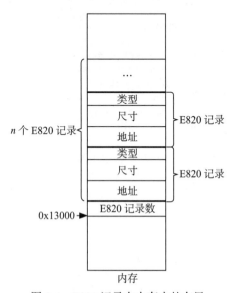

图 8-4　E820 记录在内存中的布局

32 位无符号整型表示的内存段类型：

```
struct E820entry {
  uint64_t addr;
  uint64_t size;
  uint32_t type;
} __attribute__((packed));
```

BIOS 中 0x15 中断的处理函数向内存中存储 E820 记录时，并不会做什么内存对齐处理，因此我们定义结构体 e820entry 时，使用修饰符 __attribute__((packed)) 告知 GCC 编译器分配结构体变量时不要进行对齐，一个字段一个字段紧邻分配。

我们使用 C 语言数组将多条 E820 记录组织起来。我们定义了一个值为 32 的宏 E820MAX 表示支持的最大的 E820 记录数：

```
struct e820entry map[E820MAX];
```

观察整个存储 E820 信息的内存区域，我们可以进一步抽象，用一个更大的结构体 e820map 来定义整个区域，并将其定义在目录 include 下的文件 mm.h 中：

```
struct e820map {
  uint32_t nr_entry;
  struct e820entry map[E820MAX];
};
```

为什么这个结构体不需要 packed 属性修饰呢？这是因为结构体 e820map 包含 packed 修饰的成员。根据 gcc 的实现，当结构体中包含了使用 packed 修饰的成员时，那么这个外部的结构体默认也是 packed 的。

存储 E820 记录的区域在内存 0x13000 处，在 C 语言环境下访问这个地址时，需要使用 C 语言中的指针。我们定义一个指向结构体 e820map 类型的指针指向这个地址：

```
struct e820map* e820 = (struct e820map*)0x13000;
```

这里在地址 0x13000 前需要进行显式类型转换"(struct e820map*)"。因为从编译器角度看，0x13000 是整型常量，而赋值左侧是指针类型，两边的类型不一致，所以我们需要告知编译器 0x13000 实际是一个地址。

8.1.4 计算物理内存大小

了解了 E820 的相关数据结构后，我们来计算物理内存的大小。我们在顶层目录下创建一个目录 mm，保存内存管理相关的文件。我们在源文件 memory.c 中的内存初始化函数 mm_init 中首先计算物理内存的大小：

```
// mm/memory.c

01 unsigned long mem_size = 0;
```

```
02
03  void mm_init() {
04    struct e820map* e820 = (struct e820map*)0x13000;
05
06    for (int i = 0; i < e820->nr_entry; i++) {
07      if (e820->map[i].type == E820_RAM) {
08        unsigned long tmp = e820->map[i].addr + e820->map[i].size;
09        if (tmp > mem_size) {
10          mem_size = tmp;
11        }
12      }
13    }
14
15    print(mem_size);
16  }
```

因为其他文件中也会用到内存尺寸这个变量，所以我们在第 1 行代码处定义了一个全局类型的无符号整型变量 mem_size 来存储内存大小。

为了后面引用 E820 记录，我们在第 4 行代码处定义了一个指针变量，指向 E820 记录区域。

然后我们开启一个循环，逐条遍历 E820 记录，见第 6 ～ 13 行代码。类型为 RAM 的 E820 记录代表的就是可用物理内存区域，我们将各 E820 记录的内存区域的起始地址与长度相加，得出一个内存地址，显然，最大的那个值即可用物理内存的大小。

第 14 行代码通过串口打印出物理内存大小。print 是我们定义的一个宏，用于向串口输出。

8.1.5　print 的实现

out 指令可以将 8 位、16 位以及 32 位参数输出到串口。为了不为每一种宽度的值都定义一个函数，我们使用宏的方式实现 print 功能。

当定义一个复杂的宏时，常用的一个最佳实践是将宏定义通过一个 do-while 循环包围起来，为什么要这样做呢？假设我们有如下的宏定义 foo：

```
#define foo(x) bar(x); baz(x)
```

使用宏 foo 编写如下代码：

```
if (x % 5)
  foo(x);
```

将上面代码中的宏 foo 展开后，代码如下：

```
if (x % 5)
  bar(x);
baz(x);
```

我们的本意是在 if 分支，即只有当 x 不能被 5 整除时，执行函数 bar 和 baz，现在的逻辑则变成了只有当 x 不能被 5 整除时，执行函数 bar，任何情况下都能执行函数 baz。

聪明的读者可能会想到，用大括号直接把宏包围起来就可以解决上述问题：

```
#define foo(x)  { bar(x); baz(x); }
```

使用大括号包围后，前面 if 语句中的宏 foo 展开后确实符合我们的预期了：

```
if (x % 5)  {
  bar(x);
  baz(x);
}
```

但是假设有如下代码片段：

```
if (x % 5)
  foo(x);
else
  qux(x);
```

我们使用带有大括号的宏 foo 展开上述代码：

```
if (x % 5) {
  bar(x);
  baz(x);
};
else
  qux(x);
```

仔细观察 if 分支后、else 前，可以看到多了一个 ";"，显然产生了语法错误。

我们使用 do-while 循环替代大括号：

```
#define foo(x) do { bar(x); baz(x); } while (0)
```

可以看到，使用 do-while 循环定义的宏，能够完美地展开前述的代码：

```
if (x % 5)
do {
  bar(x);
  baz(x);
} while (0)
else
  qux(x);
```

我们在内核中新建一个目录 include，将需要共享的头文件放在这个目录下。我们在 include 目录下创建一个 print.h 文件，在其中定义宏 print：

```
01 #define print(x) \
02 do { \
03   int size = sizeof(x); \
04   if (size <= 4) { \
05     __asm__ ("mov $0x3f8, %%dx\n\t" \
```

```
06        "out %%eax, %%dx\n\t" \
07        : \
08        : "a"(x) \
09        : "dx"); \
10   } else if (size == 8) { \
11     __asm__ ("mov $0x3f8, %%dx\n\t" \
12        "out %%eax, %%dx\n\t" \
13        "shr $32, %%rax\n\t" \
14        "out %%eax, %%dx\n\t" \
15        : \
16        : "a"(x) \
17        : "dx"); \
18   } \
19 } while (0)
```

out 指令最多一次可以向 I/O 外设写 32 位，如果 x 小于 32 位，则向串口输出一次；如果 x 为 64 位，则需要向串口输出 2 次，每次输出 32 位。那么怎么知道传递给 print 的参数 x 的大小呢？当然是求助于 gcc 了，gcc 作为 C 编译器，掌握着语言中每个对象的信息。第 3 行代码使用 gcc 中的 sizeof 判断 x 的大小，如果小于或等于 4 字节，则执行第 5 ～ 9 行代码，否则执行第 11 ～ 17 行代码。

先看第 5 ～ 9 行代码。我们已经多次使用 out 向串口输出了，所以对这条指令应该非常熟悉。out 指令约定源操作数按照字节长度分别存储在寄存器 AL/AX/EAX 中，对应 8 位、16 位以及 32 位。我们这里需要输出 32 位，所以源操作数使用寄存器 EAX，同时需要将参数 x 存储到寄存器 EAX 中。我们利用 C 内联汇编技术，见第 8 行代码，在内联汇编的输入部分使用 a 约束变量 x，告知编译器在执行汇编指令前，将变量 x 装载到寄存器 EAX 中。第 9 行代码是告诉 C 编译器，这段内联汇编还破坏了未列在输出 / 输出列表中的寄存器 DX，请 C 编译器按需保存和恢复 DX。

再来看第 11 ～ 17 行代码，它们与第 5 ～ 9 行代码基本相同。C 编译器生成代码将 64 位的变量 x 装载到寄存器 RAX，接下来首先输出 64 位的低 32 位部分，即 EAX 部分，然后使用右移指令 shr 将 RAX 中的高 32 位移动到低 32 位的 EAX 中，再次使用 out 指令输出。

8.1.6 使用 Make 内置函数提取文件

为了将新增的文件 memory.c 编译到内核 64 位部分中，我们需要按照如下代码更新 Makefile：

```
system.bin: head64.S main.o mm/memory.o
  gcc -c head64.S -o head64.o
  ld -Ttext=0xffffffff80100000 head64.o main.o mm/memory.o
-o system.elf
  objcopy -O binary system.elf system.bin
```

但是，随着内核功能的增加，目录 mm 下会持续增加其他源文件，还会增加新的目录，这就要求我们不断地更新 Makefile。Make 内置了很多函数，可以协助研发人员写出高效的

Makefile 文件。我们这里使用 Make 内置的函数 wildcard 匹配后缀为 ".c" 的源文件，代替上面逐个列出文件的方法：

```
SRCS = main.c $(wildcard mm/*.c)
```

wildcard 匹配目录 mm 下以 ".c" 为后缀的文件，当有多个文件时，返回以空格分隔的文件列表。假设目录 mm 下还有另外一个文件 page_alloc.c，则以 $(wildcard mm/*.c) 返回的文件列表为：

```
mm/memory.c mm/page_alloc.c
```

显然，在链接时，我们也不希望逐个列出目标文件作为链接器的输入，而是希望有一个一劳永逸的办法。Make 也为我们提供了通配目标文件的语法，格式为：

```
$(VAR:A=B)
```

Make 将替换变量 VAR 中所有以 A 结尾的字符为 B，其中 VAR 可以是多个使用空格分隔的字符串。假设变量 SRCS 的值如下：

```
main.c mm/memory.c
```

那么当我们在 Makefile 中写下如下语句时：

```
OBJS = $(SRCS:.c=.o)
```

Make 会将变量 SRCS 中的每一个 ".c" 替换为 ".o"，这样就可以根据源文件名批量生成对应的目标文件名了。替换后 OBJS 的值为：

```
OBJS = main.o mm/memory.o
```

综上，Makefile 更新如下：

```
// Makefile

SRCS = main.c $(wildcard mm/*.c)
OBJS = $(SRCS:.c=.o)

system.bin: head64.o $(OBJS)
    ld -Ttext=0xffffffff80100000 $^ -o system.elf
    objcopy -O binary system.elf $@
```

8.1.7　创建 Make 中的文件依赖关系

每当 main.c 有变更时，Make 通过隐式规则 ".c.o" 知道 main.o 是由 main.c 编译而来的，所以 Make 将重新编译 main.o 文件。但是，仅仅探测 main.c 是否更新了还不够，main.c 包含的头文件也可能更新。因此，Make 还需要探测 main.c 包含的头文件，以及这些头文件包含的其他头文件。显然，我们需要告知 Make 文件 main.c 和这些头文件之间的依赖关系。

我们可以通过在 Makefile 中写下如下规则，告知 Make 这种依赖关系：

```
main.o: main.c include/mm.h
```

但是 mm.h 还包含 types.h，因此完整的依赖关系如下：

```
main.o: main.c inluce/mm.h include/types.h
```

显然，手写这些规则烦琐无趣，而且随着工程变得复杂，手写几乎是不可能完成的。C
编译器的研发人员早已为我们开发了查找依赖关系的功能，可以使用选项告知 gcc 自动生
成依赖关系：

```
shenghan@han:~ /hanos$ gcc -I. -MM main.c
main.o: main.c include/mm.h include/types.h include/print.h
```

我们可以将依赖关系保存到一个文件中，然后使用 include 包含到 Makefile 中。

具体到 Makefile 的编写，我们使用 Make 中的函数 foreach 遍历 SRCS 中记录的所有源
文件，使用 gcc 为它们分别生成依赖关系。foreach 语法如下：

```
$(foreach <var>, <list>, <command>)
```

函数 foreach 把 list 中使用空格分隔的单词依次取出并赋值给变量 var，然后执行命令
command。重复这个过程，直到遍历完 list 中的最后一个单词。这里，我们使用 SRCS 作
为 list，将 gcc 生成依赖关系的命令放到 command 中，这样 foreach 就可以依次处理每个 C
源文件，为每个 C 源文件生成依赖关系了。具体语法如下，每行命令前面的符号 @ 是告知
Make 执行命令时，静默处理，不要将命令回显到屏幕上：

```
SRCS = main.c $(wildcard mm/*.c)
.depend: $(SRCS)
@rm -f .depend
  @$(foreach src,$(SRCS), \
    echo -n $(dir $(src)) >> .depend; \
    gcc -I. -MM $(src) >> .depend; \
  )
include .depend
```

我们关注一下命令部分。命令包含两部分：一是使用 gcc 创建依赖关系，这个我们在
前面已经见过了；二是使用命令 echo 向 .depend 输出 C 源文件所在的目录，比如文件 mm/
memory.c，那么命令 dir $(mm/memory.c) 将从 mm/memory.c 中提取 mm/，命令 echo 将 mm/
写入文件 .depend 中。其中传递给命令 echo 的选项 "-n" 是告知其输出目录后不要换行，
与下一行 gcc 的输出组成一行。为什么要将目录写入文件 .depend 呢？

有的目标文件是在某个目录下，比如 memory.o 位于目录 mm 下，那么依赖关系也需要
把目录列出：

```
mm/memory.o: mm/memory.c inluce/mm.h include/types.h
```

但是 gcc 生成的依赖规则中的目标不包含目录：

```
memory.o: mm/memory.c inluce/mm.h include/types.h
```

所以，我们需要手动将目标文件的目录补全。这就是循环处理每个文件时，首先将每个源文件所在目录输出到文件 .depend 中的原因。以为 memory.c 创建依赖规则为例，我们手动先在文件中输出目录 mm：

```
mm/
```

然后 gcc 会紧接着输出下面的黑体部分：

mm/`memory.o: mm/memory.c inluce/mm.h include/types.h`

经过如上加工后，我们就创建了一条完整的依赖规则。

8.2 页面管理

为了使用页式内存管理机制，我们首先需要将物理内存划分为若干页面，同时对外提供分配页面和归还页面的功能。

8.2.1 划分页面

前文提到过，事实上，页面不是物理上的一个实体，而是为了管理内存而抽象出的一个概念。图 8-5 是物理内存划分页面的示意图。

图 8-5 物理内存划分页面

我们在内核中定义一个元素个数为 1M 的数组 pages 来记录页面的状态，数组的第 0 项对应物理地址 0 处的页面，第 1 项对应物理地址 0x1000（十进制 4KB）处的页面，依此类推。当数组元素的值为 0 时，表示对应的物理页面空闲可用；当数组元素的值为 1 时，表示对应的物理页面已经被使用了。

每个页面大小为 4KB，所以 1M 个元素可以表示 4GB 物理内存，目前已足够使用。我们在头文件 mm.h 中定义一个宏 MAX_PAGES 来表示页面数组元素个数：

```
// include/mm.h

#define MAX_PAGES (1024 * 1024)
```

我们将数组 pages 定义在文件 memory.c 中，每个数组元素目前仅仅用来表示页面状态，所以分配 8 位就足够了。初始时，我们将数组 pages 的各项全部设置为 0，标识页面全部可用：

```
// mm/memory.c

uint8_t pages[MAX_PAGES];

void mm_init() {
  memset(pages, 0, MAX_PAGES);
}
```

函数 memset 是我们实现的一个功能函数，功能是填充一段内存区，类似 C 库中的 memset 函数。因为内核不能依赖 C 库，所以需要自己实现 memset。我们创建一个目录 lib，用于存放各种功能函数，然后将 memset 定义在 lib 目录下的文件 string.c 中。

C 标准定义的函数 memset 接收三个参数，返回第一个参数，这里我们也按照这个标准进行实现。第一个参数指定填充的起始内存地址；第二个参数指定每个字节填充的内容；第三个参数指定填充的字节数。具体实现如下：

```
// lib/string.c

void* memset(void *s, int8_t c, uint32_t n) {
  char *tmp = s;

  while (n--) {
    *tmp++ = c;
  }

  return s;
}
```

gcc 也有内置的 memset 实现，但我们使用内核自己实现的 memset 函数，不依赖 gcc，所以给 gcc 传递一个选项 "-fno-builtin"，告知 gcc 不需要使用其内置的 memset。另外，为了避免误包含宿主系统中的头文件，我们还给 gcc 传递了一个选项 "-nostdinc"，告知 gcc 不要搜索宿主系统的系统目录下的头文件，以避免内核误用宿主系统中的文件和库。这两个选项都是为了避免内核依赖创建内核的宿主系统。我们修改 Makefile 中的 C 编译器标志变量 CFLAGS，增加上述两个选项：

```
// Makefile

CFLAGS = -std=c11 -I. -fno-pic -mcmodel=kernel fno-stack-protector-fcf-protection=none
  -nostdinc -fno-builtin
```

8.2.2 为内核映像保留页面

内核映像占用的物理页面需要标记为"已用"，避免后面分配内存时将这些页面当作空闲页面分配它用。前面我们为内核代码和数据的映射了 64MB 内存，所以这里需要为内核预留 64MB 内存。64MB 包含 16K 个页面，我们在头文件 mm.h 中定义一个宏 KERNEL_PAGE_NUM 来表示这个数字：

```
// include/mm.h

#define KERNEL_PAGE_NUM (1024 * 16)
```

我们在 mm_init 中将内核映像占用的页面标识为已使用：

```
// mm/memory.c

void mm_init() {
  memset(pages, 0, MAX_PAGES);

  for (int i = 0; i < KERNEL_PAGE_NUM; i++) {
    pages[i] = 1;
  }
}
```

8.2.3 分配页面

很多场景需要通过内存管理系统申请空闲页面。比如发生缺页异常时，缺页异常处理函数需要获取空闲的物理页面。因此，内存管理系统需要对外提供分配空闲物理页面的接口。我们在目录 mm 下创建一个文件 page_alloc.c，在其中实现页面管理函数。目前我们仅用到了申请一个空闲页面的功能，所以仅实现申请一个空闲物理页面的接口 alloc_page：

```
// mm/page_alloc.c

unsigned long alloc_page() {
  unsigned long addr = 0;

  for (long i = KERNEL_PAGE_NUM; i < mem_size / PAGE_SIZE;
      i++) {
    if (pages[i] == 0) {
      pages[i] = 1;
      addr = PAGE_SIZE * i;
      break;
    }
  }

  return addr;
}
```

这里使用了定义在文件 memory.c 中的数组 pages，因此，我们在头文件 mm.h 中使用 extern 关键字声明 pages，并在 page_alloc.c 包含 mm.h：

```
// include/mm.h

extern uint8_t pages[MAX_PAGES];
```

函数 alloc_page 的逻辑非常简单，遍历页面数组 pages，从内核映像占据的物理页面之后的页面开始，直到找到空页面。然后将新分配的页面标记为被占用。每个页面大小为 PAGE_SIZE，那么第 i 个页面的物理地址则为 PAGE_SIZE $\times i$，alloc_page 最后会将这个地址返回给调用者。

8.2.4 归还页面

当页面不使用时，就要归还给系统，否则最终将导致系统中无内存可用。因此，内存管理模块还需提供一个归还页面的接口，我们定义这个接口为 free_page。free_page 根据页面的地址计算出其在数组 pages 中的索引，将其对应的数组元素恢复为 0，标识此页面空闲：

```
// mm/page_alloc.c

void free_page(uint64_t addr) {
  uint32_t index = addr / PAGE_SIZE;

  pages[index] = 0;
}
```

8.3 映射物理内存

在分页模式下，处理器访问物理内存时，必须通过虚拟地址访问。比如，当内核通过获取页面接口 alloc_page 申请一个页面后，获取的是页面的物理地址，如果我们将这个页面作为一个页表，填充其中的页表项，那么必须知道页面的虚拟地址；再比如，我们申请一块内存，将其作为一个数据结构，那么也需要知道这块物理内存的虚拟地址。因此，内核需要为每一个物理内存地址分配一个对应的虚拟地址，并在页表中建立起它们之间的映射关系。

对于 64 位 x86，Linux 将从虚拟地址 0xffff888000000000 开始的 64TB 作为物理内存对应的虚拟地址。我们也按照 Linux 的分配方式，使用从虚拟地址 0xffff888000000000 开始的地址空间来映射物理内存，如图 8-6 所示。

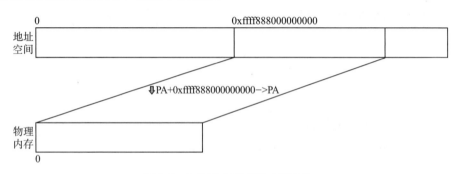

图 8-6 为物理内存分配虚拟地址

当访问任意物理地址 PA 时，我们都需要通过虚拟地址 PA + 0xffff888000000000 对其进行访问。为了达成这个目的，我们需要在页表中建立这个映射关系。但是此时是没办法建立这个映射关系的，因为我们根本无法访问任意页表。以前面已经建立的映射内核映像的根页表为例，其位于物理地址 0x30000 处，按照现在分配的地址关系，其对应的虚拟地址为 0xffff888000030000，但是目前页表中并不存在这个映射关系。事实上，目前页表中只有内核映像的映射关系，如图 8-7 所示。

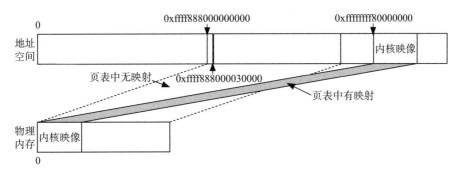

图 8-7　页表中只有内核映像的映射关系

怎么解决这个问题呢？我们可以在未开启分页时，在内存中建立这个映射关系。还是以位于物理地址 0x3000 处的根页表为例，虽然此时不能通过虚拟地址 0xffff888000030000 对其进行访问，但是在未开启分页时可以直接使用物理地址 0x30000 对其进行访问。

因此，我们在开启分页前，使用物理地址访问页表，为物理内存构建好映射关系。但是汇编编码毕竟没有 C 编码方便，因此我们将这一过程划分为两个阶段。在开启分页前，我们建立的映射关系只要能够覆盖用于映射的页表就可以了，如图 8-8 所示。然后，在开启分页后，从第 1 阶段映射覆盖的内存中申请页面作为页表，使用 C 语言陆续完成全部物理内存的映射。

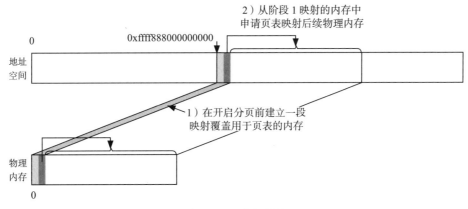

图 8-8　二阶段映射

8.3.1 线性映射

当给定一个物理地址后，我们希望可以最高效地获取其虚拟地址，反之亦然。数学中两个变量最简单的关系之一是线性关系，假设使用 y 代表虚拟地址，使用 x 代表物理地址，那么虚拟地址和物理地址的线性关系可用如下公式表示：

```
y = ax + b
```

如果我们将 a 设置为 1，还可以去掉一个乘法，将公式进一步简化为：

```
y = x + b
```

显然，这里的 b 只要换成 0xffff888000000000，就可以满足前述提及的物理内存及其虚拟地址的关系：

```
y = x + 0xffff888000000000
```

采用线性映射关系，内核可以快速地实现虚拟地址和物理地址之间的转换。比如已知物理地址 PA，只要加上 0xffff888000000000，就可以转换为相应的虚拟地址 VA：

```
VA = PA + 0xffff888000000000
```

我们定义了一个宏 VA 来计算物理地址对应的虚拟地址：

```
// include/mm.h

#define VA(pa) ((void*)((unsigned long)(pa) + 0xffff888000000000))
```

因为用户传入的物理地址可能是一个整型值，也可能是一个指针，为了安全，我们将 pa 转换为整型值，避免发生指针的算术运算。绝大部分情况下，我们都是访问物理内存，而不需要一个物理地址值，所以我们将 VA 的返回值定义为 void* 类型，以便使用 C 语言访问指针处内容。

注意，pa 一定要使用括号括起来，因为 pa 不一定是一个地址，也可能是一个表达式。假设 pa 为：

```
x & 0xfffffffff000
```

加上偏移 0xffff888000000000 后：

```
x & 0xfffffffff000 + 0xffff888000000000
```

因为算术运算符 "+" 的优先级高于按位与 "&"，所以上述表达式将首先进行 "+" 运算：

```
x & (0xfffffffff000 + 0xffff888000000000)
```

而我们期望的是首先进行按位与运算：

```
(x & 0xfffffffff000) + 0xffff888000000000
```

所以，宏 VA 中的 pa 需要使用括号括起来。

8.3.2 第1阶段映射

为了支撑第 2 阶段映射，第 1 阶段映射需要映射多少内存呢？在第 2 阶段使用 C 语言建立映射时，需要按需分配页面作为页表。我们在实现页面分配函数 alloc_page 时，是从内核映像之后开始分配页面的，因此，第 1 阶段构建的映射关系至少要覆盖到内核映像之后。

假设第 1 阶段映射 64MB 内存，其中的一级页表复用映射内核映像的 32 张一级页表，如图 8-9 所示。

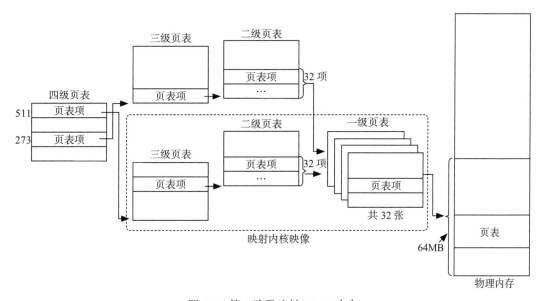

图 8-9 第 1 阶段映射 64MB 内存

那么当进入分页模式进行第 2 阶段映射 64MB 之后的物理内存时，我们需要调用页面分配函数 alloc_page 分配一张页面作为第 33 张一级页表。alloc_page 将从内核映像之后分配一张空闲页面，如图 8-10 所示。

此时问题出现了，第 1 阶段建立的映射关系只覆盖了内核映像，没有覆盖新分配的第 33 张页表所在的内存，处理器无法通过虚拟地址访问第 33 张页表。

第一种解决办法是偷个懒，从内核映像中借用一个页面，给内核映像留下 64MB – 4KB 大小。如图 8-11 所示。

另外一种办法是在第 1 阶段在二级页表中再多填充一个页表项，即第 33 个页表项，指向第 33 张一级页表，这个第 33 张一级页表也分配在保护模式之后，位于第 1 阶段建立的映射关系覆盖之下，如图 8-12 所示。

当在二级页表中填充了第 33 个页表项，在第 2 阶段建立位于内核映像之后的内存的映射关系时，因为二级页表中第 33 个页表项是存在的，所以无须分配页面，直接使用第 1 阶段分配的第 33 张一级页表即可，处理器可以通过虚拟地址访问这个第 33 张一级页表。

第 33 张一级页表可以覆盖 64MB 之后的 2MB 内存，然后在这 2MB 内存中继续申请页面，覆盖更大的内存，直至映射全部的物理内存，如图 8-13 所示。

我们在恒等映射的页表后，即在地址 0x55000、0x56000 和 0x57000 处分配 3 个页面，分别作为线性映射的三级页表、二级页表和第 33 张一级页表。

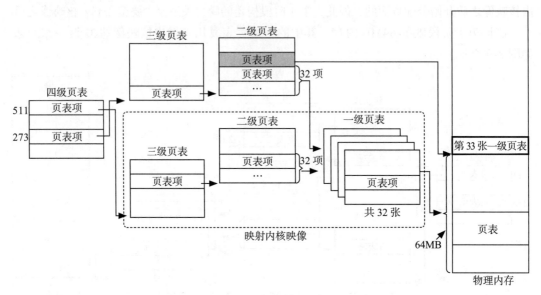

图 8-10　64MB 之后的第 33 张一级页表

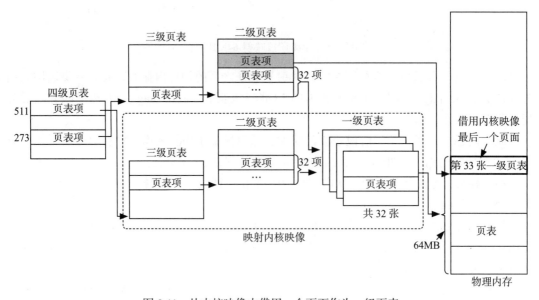

图 8-11　从内核映像中借用一个页面作为一级页表

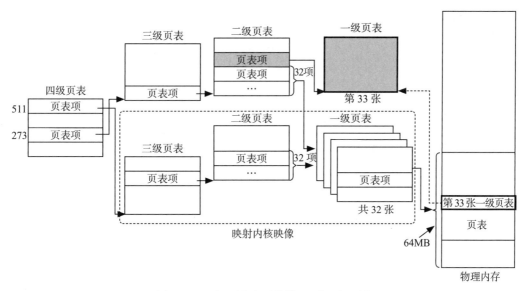

图 8-12　二级页表之后的第 33 张一级页表

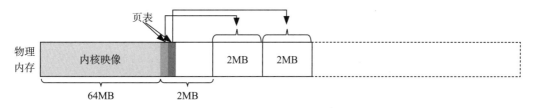

图 8-13　建立全部内存映射

物理内存地址 0 对应虚拟地址 0xffff888000000000，其二进制为：

1000 1000 1000 0000 0000 0000 0000 0000 0000 0000 0000 0000

其中第 39 ～ 47 位为四级页表的索引，100010001 对应十进制为 273，所以四级页表的
索引为 273。三级、二级页表以及一级页表的索引均从 0 开始，随着物理地址的增长而增
加。我们填充四级页表的第 273 项指向三级页表 0x55000。填充三级页表的第 0 项指向二
级页表 0x56000。然后使用填充映射内核映像的二级表的代码填充二级页表的前 32 个页表
项，只不过这次填充的二级表地址为 0x56000，见下面第 1 ～ 9 行代码。最后填充二级页表
的第 33 个页表项指向 0x57000，见第 25 行代码。相关代码如下：

```
// boot32.S

01    mov $0x56000, %edi
02    mov $0x33000 + 3, %eax
03 3:
04    stosl
05    add $0x1000, %eax
```

```
06    add $4, %edi
07
08    cmp $(0x56000 + 32 * 8 - 8), %edi
09    jle 3b
10
11 .org 0x10000
12 pml4:
13    .quad 0x0000000000053003
14    .fill 272, 8, 0
15    .quad 0x0000000000055003
16    .fill 237, 8, 0
17    .quad 0x0000000000031003
18
19 .org 0x35000
20    .quad 0x0000000000056003
21    .fill 511, 8, 0
22
23 .org 0x36000
24    .fill 32, 8, 0
25    .quad 0x0000000000057003
26    .fill 479, 8, 0
27
28 .org 0x37000
29    .fill 512, 8, 0
```

8.3.3 第 2 阶段映射

进入 64 位模式后，我们使用 C 代码建立全部内存与其虚拟地址的映射关系。后面多处会用到建立虚拟地址到物理地址的映射关系的功能，所以我们将这个功能封装为一个函数 map_range，完成一段以页面为粒度的虚拟地址到物理地址的映射。

函数 map_range 接收 5 个参数。因为是在页表中建立映射关系，所以首先需要知道根页表的地址，所以第一个参数 pml4_pa 是根页表的物理地址；第二个参数 from_va 是需要映射的起始虚拟地址；第三个参数 to_pa 是第二个参数对应的物理地址；第四个参数 us 是设置访问权限，如果页表项映射的内存允许应用程序访问，则传递 0x4（二进制为 100），如果只允许内核访问，则传递 0；最后一个参数 npage 是映射的页面数。

函数 map_range 主体是一个循环，用于逐页建立映射关系，具体实现如下：

```
// mm/memory.c

01 void map_range(unsigned long pml4_pa, unsigned long from_va,
02                unsigned long to_pa, char us, long npage) {
03   long n = 0;
04
05   while (n < npage) {
06     // pml4
07     unsigned long* page_va = VA(pml4_pa);
08     short index = (from_va >> 39) & 0x1ff;
```

```
09      unsigned long entry = *(page_va + index);
10      if (!(entry & 0x1)) {
11        *(page_va + index) = alloc_page() | 0x3 | us;
12        entry = *(page_va + index);
13      }
14
15      // pml3
16      page_va = VA(entry & 0xfffffffff000);
17      index = (from_va >> 30) & 0x1ff;
18      entry = *(page_va + index);
19      if (!(entry & 0x1)) {
20        *(page_va + index) = alloc_page() | 0x3 | us;
21        entry = *(page_va + index);
22      }
23
24      // pml2
25      page_va = VA(entry & 0xfffffffff000);
26      index = (from_va >> 21) & 0x1ff;
27      entry = *(page_va + index);
28      if (!(entry & 0x1)) {
29        *(page_va + index) = alloc_page() | 0x3 | us;
30        entry = *(page_va + index);
31      }
32
33      // pml1
34      page_va = VA(entry & 0xfffffffff000);
35      index = (from_va >> 12) & 0x1ff;
36      if (!((*(page_va + index)) & 0x1)) {
37        *(page_va + index) = (to_pa + PAGE_SIZE * n) | 0x3 | us;
38      }
39
40      n++;
41      from_va += PAGE_SIZE;
42    }
43 }
```

我们定义一个变量 n，作为映射页面的计数。从 0 开始，一直映射到第 npage – 1 个页面。

任何一个虚拟地址都需要从根页表开始逐级建立映射关系。因为处理器访问内存时需要使用虚拟地址，所以第 7 行代码通过宏 VA 将根页表的物理地址转换为虚拟地址。因为要通过地址访问页表项，即内存中的内容，C 语言中的指针变量是不二人选，所以我们定义了一个指向无符号整型的指针 page_va 来记录页表的虚拟地址。

接下来，我们需要知道虚拟地址 from_va 对应根页表中的哪一个表项。虚拟地址中第 39 ～ 47 位用于四级表的索引，我们采用移位加按位与提取 from_va 中的第 39 ～ 47 位。我们首先将 from_va 右移 39 位，然后将其与 0x1ff（二进制为 1 1111 1111）按位与，保留最右侧 9 位，其他位清零。经过这一系列操作，我们就提取出了 from_va 中的第 39 ～ 47 位。我们定义了一个变量 index 来记录这个索引，见第 8 行代码。

获取了虚拟地址 from_va 在根页表中的索引后，我们就可以通过根页表的基址加上索引计算出对应的页表项地址了，见第 9 行代码。指针 page_va 的类型是 64 位整型，每增加一个索引，内存地址增加 8 字节，恰好是一个页表项的宽度。然后，我们通过操作符"*"，解引用指针取出页表项中的内容。我们定义了一个 64 位的整型变量 entry 来记录页表项内容。

页表项可能指向一个三级页表，也可能是空的，我们通过页表项中的存在位来判断，见第 10 行代码。如果页表项尚不存在，则调用页面管理的接口 alloc_page 分配一个空闲页面，作为一个三级页表。同时将这个页表项的存在位和可读写位都设置为 1，即第 11 行代码中的 0x3，并根据传递给函数 map_range 的第 4 个参数 us 设置页表项的权限位。更新了页表项后，第 12 行代码重新读取三级页表的内容到变量 entry。

接下来的三级、二级页表的处理逻辑均与一级页表相同，除了一级页表项的页帧的地址不是通过 alloc_page 分配的空闲页面，而是指向物理页面地址，见第 37 行代码。假设 to_pa 从 0 开始，us 为 0，那么当 n 为 0 时，第一个一级页表项的值为 0，即第 1 个物理页面地址；当 n 为 2 时，第二个一级页表项的值为 0x1003，为第 2 个物理页面地址；以此类推。

我们在内存子系统的初始化函数 mm_init 中调用函数 map_range，建立全部物理内存的映射：

```c
// mm/memory.c

void mm_init() {
…
map_range(TASK0_PML4, VA(0), 0, 0,
          (mem_size + PAGE_SIZE - 1) / PAGE_SIZE);
  …
}
```

其中宏 TASK0_PML4 是引导阶段映射内核映像时建立的四级页表的地址，我们先忽略这个宏名字中 TASK0 的意义：

```c
// include/mm.h

#define TASK0_PML4 0x30000
```

最后在 main 函数中调用内存初始化函数 mm_init 完成物理内存的映射：

```c
// main.c

int main() {
  mm_init();

  __asm__ ("hlt");
}
```

在建立了物理内存映射后，我们可以写一段代码测试一下。在 main 函数中，在 map_range 之后，可以编写如下测试代码：向物理内存 200MB 处写入一个数字 5，然后再次读出此内存中的内容。如果运行后屏幕上可以输出数字 5，那么就说明物理内存的映射基本建立完成了：

```c
// main.c

int main() {
  mm_init();

  unsigned long* x = VA(200 * 1024 * 1024);

  *x = 5;
  print(*x);

  __asm__ ("hlt");
}
```

8.4　内存块管理

在运行时，内核需要动态地分配很多数据结构，而且在很多情况下，内核中的很多数据结构并不是一整页内存，相反，几十或上百个字节的小内存块居多，如果每次都为这些内存请求分配一个完整页面，那么显然极大地浪费了内存，如图 8-14 所示。

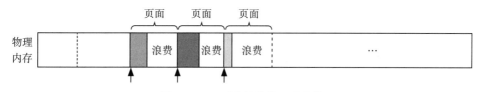

图 8-14　以页为单位分配内存块

因此，除了以页为粒度分配内存外，内核还需要提供以块为粒度的内存管理功能。

同样是动态内存管理，因为有处理器在架构层面的支持，在栈中分配和释放内存更高效。在栈中通过简单的地址偏移就能快速地申请和释放内存块，不需要像块管理系统那样进行查找和释放。当然了，这种高效的代价就是变量只对函数内部可见，如果是跨函数可见的变量，则不能分配在栈中，而要通过块管理系统分配。

8.4.1　块管理数据组织

为了让内存能够以块的粒度分配和释放，显然内核需要将物理页面划分为许多小内存块，但是如果每次分配数据结构时都先划分内存块，显然非常低效。于是开发人员设计了多种管理小内存块的算法，基本上是采用池化的思想，即预先从内存中申请空闲页面，然后将页面划分为若干小内存块缓存在资源池中，使用时从资源池中取，如图 8-15 所示。

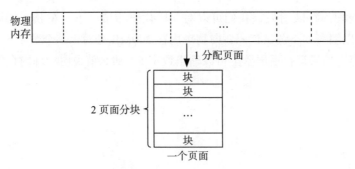

图 8-15　页面划分为内存块

　　显然，我们需要能够记录页面中内存块的使用情况，为此，我们需要一个数据结构。但是申请这个数据结构是一个典型的申请内存块的操作，这又是一个鸡和蛋的问题。因此，我们采用这样一种策略，在每个页面的起始部分留出一块区域用于记录页面中内存块的使用情况。我们将这个数据结构命名为 bucket_desc，其中 bucket 是桶的意思，我们将页面看作一桶，desc 是描述符英文单词 descriptor 的简写：

```
// mm/malloc.c

struct bucket_desc {
  void* freeptr;
  struct bucket_desc* next;
  short refcnt;
};
```

　　我们将空闲内存块组织为一个链表。链表是编程中常用的一种数据组织方式，这里使用单向链表，每个链表由若干节点组成。每个节点除包含数据部分外，还要包含一个指针变量，用于记录下一个节点的地址，如图 8-16 所示。除了单向链表外，还有双向链表，后面我们将使用双向链表组织任务队列。

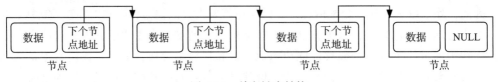

图 8-16　单向链表结构

　　我们在每个空闲内存块的起始部分记录下一个空闲块的地址，以此将空闲的块链接起来，并在 bucket_desc 中定义了一个指针变量 freeptr 记录空闲块链表第一个节点的地址，如图 8-17 所示。

　　当页面中的内存块全部空闲时，我们会将页面释放，为此我们定义了一个字段 refcnt 记录页面中使用的块数。每次分配块时，refcnt 将加 1。每次释放块时，refcnt 将减 1。当 refcnt 减为 0 时，则将页面释放。

当没有空闲块可用时，可以继续申请页面划分内存块，若干个页面可以通过 bucket_desc 中的 next 指针链接起来，如图 8-18 所示。

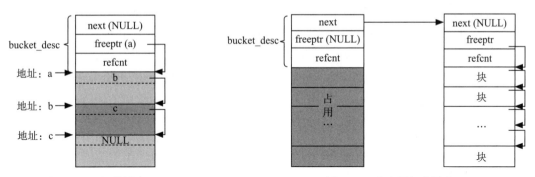

图 8-17 空闲块链表　　　　　　　　　图 8-18 多个桶组成链表

内核中有若干不同类型的数据结构，不同的数据结构有不同的大小。为了满足形形色色的数据结构的需求，我们预先划分出从 32、64 一直到 2048 字节大小的内存块，同时使用一个数组记录各桶链表，如图 8-19 所示。

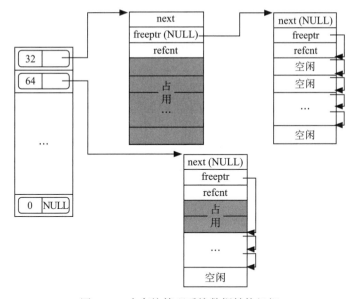

图 8-19 内存块管理系统数据结构组织

每个数组元素需要记录块大小及其对应的桶链表，因此，我们定义一个结构体 bucket_dir 作为数组元素的类型：

```
// mm/malloc.c

struct bucket_dir {
  short size;
```

```
    struct bucket_desc* bdesc;
};
```

我们定义一个元素类型为 bucket_dir 的数组，该数组只在文件 malloc.c 内使用，其他文件不使用，所以使用 static 限定其可见范围是 malloc.c 文件。每个数组元素是一个 bucket_dir 实例，初始时，还尚未分配桶，桶链表为空，所以需要设置 bucket_dir 中的指针 bdesc 为空。内存块大小为 32、64、128、256、512、1024、2048 字节。我们在数组的最后放置一个块大小为 0 的元素，用来标识数组结束：

```
// mm/malloc.c

struct bucket_dir bucket_dir[] = {
    { 32, NULL },
    { 64, NULL },
    { 128, NULL },
    { 256, NULL },
    { 512, NULL },
    { 1024, NULL },
    { 2048, NULL },
    { 0, NULL }
};
```

我们的内核不依赖 gcc 中定义的宏 NULL，为此，需要自己定义表示空指针的宏 NULL：

```
// include/types.h


#define NULL ((void*)0)
```

8.4.2 分配内存块

分配内存块时，首先需要遍历数组 bucket_dir，寻找能容得下申请尺寸的块所在的桶链表。比如，分配一个 24 字节大小的结构体的实例，那么就需要从块大小为 32 字节的桶中申请一块可用内存块。然后遍历桶链表，寻找空闲块。如图 8-20 所示。

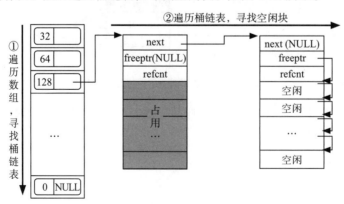

图 8-20　内存块分配过程

当分配内存块时，如果桶链表为空或者桶中没有可用内存块，那么就通过页面管理系统申请一个空闲页面做一个新的桶，将其分块后插入桶链表的表头。如图 8-21 所示。

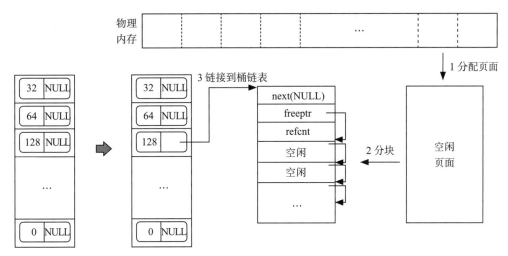

图 8-21　将新分配的桶链接到桶链表中

我们将分配内存块的函数命名为 malloc，具体实现如下：

```
// mm/malloc.c

01 void* malloc(int size) {
02   void* va = NULL;
03   struct bucket_dir* bdir = NULL;
04   struct bucket_desc* bdesc = NULL;
05
06   for (bdir = bucket_dir; bdir->size != 0; bdir++) {
07     if (bdir->size >= size) {
08       break;
09     }
10   }
11
12   if (bdir->size == 0) {
13     return NULL;
14   }
15
16   for (bdesc = bdir->bdesc; bdesc; bdesc = bdesc->next) {
17     if (bdesc->freeptr) {
18       break;
19     }
20   }
21
22   if (bdesc == NULL) {
23     bdesc = VA(alloc_page());
24     bdesc->freeptr = (void*)((unsigned long)bdesc +
25                     sizeof(struct bucket_desc));
```

```
26      bdesc->next = NULL;
27      bdesc->refcnt = 0;
28
29      unsigned long* p = bdesc->freeptr;
30      int i = 0;
31      while (++i < ((PAGE_SIZE -
32          sizeof(struct bucket_desc)) / bdir->size)) {
33        *p = (unsigned long)p + bdir->size;
34        p = (unsigned long*)((unsigned long)p + bdir->size);
35      }
36      *p = 0;
37
38      bdesc->next = bdir->bdesc;
39      bdir->bdesc = bdesc;
40    }
41
42    va = bdesc->freeptr;
43    bdesc->freeptr = (void*)(*((unsigned long*)va));
44    bdesc->refcnt++;
45
46    return va;
47 }
```

第 6～10 行代码遍历数组 bucket_dir，一旦某个 bucket_dir 实例中字段大小大于或等于申请的内存块大小，则找到了能容得下申请尺寸的块所在的桶链表，跳出循环。除了使用索引访问数组中的元素外，我们这里又见到了一种新的访问数组元素的方式：使用指针变量。我们定义一个指针变量 bdir，其类型为数组元素的类型，即结构体 bucket_dir，然后初始化 bdir 指向数组的第一个元素。数组的第一个元素的地址为 &bucket_dir[0]。也可以使用数组名 bucket_dir，C 编译器会将数组名翻译为数组的第一个元素的地址。然后，我们就可以通过 bdir 访问数据元素了。我们通过将指针变量 bdir 自增 1，就可以访问下一个数组元素了，如图 8-22 所示。

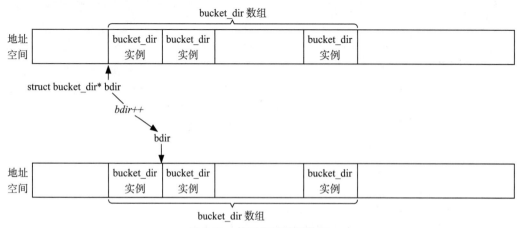

图 8-22　使用指针遍历数组

在结束循环后，如果遍历到了 bucket_dir 数组的最后一个元素，说明没有找到合适的 bucket_dir 实例，则返回 NULL，见第 12 ～ 14 行代码。这是有可能发生的，因为我们的块分配器目前只支持申请最大为 2048 字节的块，一旦申请的内存块尺寸大于 2048 字节，这种情况就会发生。

找到了合适的 bucket_dir 实例后，下一步就是在桶链表中寻找空闲的内存块，见代码第 16 ～ 20 行，遍历桶链表，寻找有空闲块的桶。

如果没有找到有空闲块的桶，那么需要新分配一个桶，划分内存块，然后将其链接到桶链表的头部，见第 22 ～ 40 行代码。第 23 行代码为新桶申请一个页面，将页面的头部用作桶描述符，然后设置桶描述符的各项字段。其中 freeptr 指向桶描述符之后的第一个空闲块，见第 24 ～ 25 行代码。

第 31 ～ 35 行的 while 循环将页面中的内存块链接为一个链表，桶描述符中的 freeptr 指向这个链表的表头，每个内存块的起始 8 字节存储下一个空闲块的地址。在循环开始前，我们定义了指针 p，指针 p 指向的内存存储一个内存地址，并将其指向第一个空闲块。因为字段 bdir->size 记录的是内存块的大小，所以第 33 行赋值符号右侧的表达式计算的是下一个内存块的地址，并将这个地址写到 p 指向的当前内存块的前 8 字节，将下一个内存块和当前内存块链接起来。为什么使用 p 之前需要将其首先转换为类型 unsigned long 呢？如果不转换，执行的是指针运算，"p + bdir->size"会将 p 的值增加 bdir->size * 8。

当完成当前内存块的设置后，指针 p 需要指向下一个内存块，见第 34 行代码。但是在给指针赋值前为什么要将下一个内存块的地址显式转换为一个指针呢？因为变量 p 是存储内存地址的指针变量，而此时内存块的地址是一个整型数，编译器并不知道这个整型数其实就是一个地址。如果不做转换，直接赋值，因为赋值符号两侧类型不同，编译器将会给出警告。所以，为了消除这个警告，我们需要通过显式转换，告诉编译器这个整型数就是一个内存地址。

第 36 行代码设置最后一个内存块的 next 指针指向空，标识链表结束了。

第 38 ～ 39 行代码将新分配的桶链接到表头，如图 8-23 所示。

当来到第 42 行代码时，一定是找到了有空闲块的桶，所以第 42 行代码从空闲块链表的头部分配一个内存块，然后将其从空闲块链表中删除，将空闲块链表头 freeptr 指向下一个空闲块，如图 8-24 所示。

我们只需要将待分配的空闲块头部存储的下一个空闲块的地址存储到 freeptr 中即可将原头部空闲块从空闲链表中删除，见第 43 行代码。代码中的变量 va 是一个指向 void 类型的指针，C 编译器不知道如何解读 va 指向的内存，而我们知道那需要解读为一个内存地址，所以将其显式转换为一个指向 unsigned long 类型的指针，然后解引用这个内存地址，当然解引用返回的是一个整型值。当我们将这个整型数存储到 freeptr 中时，因为字段 freeptr 是一个指向 void 类型的指针，因此我们需要将这个整型值显式转换为一个地址后再赋值给 freeptr。这两次类型转换过程如图 8-25 所示。

第 44 行代码增加桶的引用计数后，第 46 行代码返回分配到的内存块的地址。

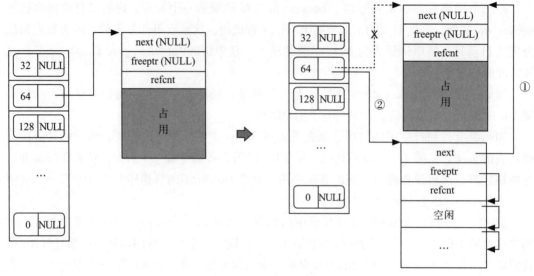

图 8-23　将新分配的桶链接到表头

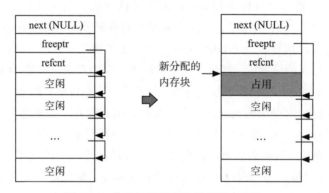

图 8-24　从空闲块链表头部分配内存块

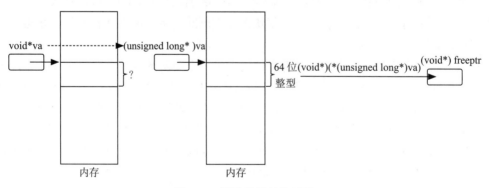

图 8-25　两次类型转换过程

8.4.3 释放内存块

当使用完内存块后，需要将内存块归还给块管理系统，否则最终将耗尽系统的内存。因此，块管理系统需要对外提供一个释放内存块的函数，我们将这个函数命名为 free。

当归还一个内存块时，我们根据内存块的地址，可以确定其所在页面的地址。依次遍历所有的桶链表，比较桶的地址和释放内存块所在页的地址，一旦二者相等，则成功找到内存块所属的桶，然后将释放的内存块插到桶内空闲链表的表头，如图 8-26 所示。

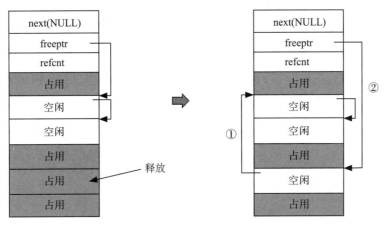

图 8-26　将释放的内存块链接到空闲链表头部

同时，将桶的引用计数减 1，如果引用计数减为 0，即页内所有的块全部空闲，那么就将这个物理页从桶链表中删除，如图 8-27 所示，同时调用页面管理系统的函数 free_page 释放页面。

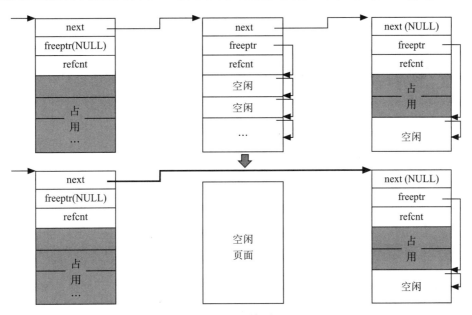

图 8-27　释放页面

代码实现如下：

```
// mm/malloc.c

01 void free(void* obj) {
02   unsigned long page = (unsigned long)obj & ~0xfffUL;
03   struct bucket_dir* bdir = bucket_dir;;
04   struct bucket_desc* bdesc = NULL;
05
06   for (; bdir->size != 0; bdir++) {
07     bdesc = bdir->bdesc;
08     for (; bdesc; bdesc = bdesc->next) {
09       if ((unsigned long)bdesc == page) {
10         *((unsigned long*)obj) = (unsigned long)bdesc->freeptr;
11         bdesc->freeptr = obj;
12         bdesc->refcnt--;
13         goto free-page;
14       }
15     }
16   }
17 free-page
18   if (bdesc && bdesc->refcnt == 0) {
19     struct bucket_desc* tmp = bdir->bdesc;
20     struct bucket_desc* prev = NULL;
21     for (; tmp; tmp = tmp->next) {
22       if ((unsigned long)tmp == (unsigned long)bdesc) {
23         break;
24       }
25       prev = tmp;
26     }
27
28     if (!prev) {
29       bdir->bdesc = tmp->next;
30     } else {
31       prev->next = tmp->next;
32     }
33
34     free_page (PA(bdesc));
35   }
36 }
```

第 2 行代码根据内存块的地址计算出其所在页面的页面地址。

第 6 ～ 16 行代码遍历桶链表，找到桶后，将内存块插到桶中的空闲链表的表头，递减桶的引用计数。

如果桶的引用计数减为 0，则将页面释放，见第 17 ～ 35 行代码。

为了节省空间，我们的桶链表使用了一个单向链表，所以如果从链表中删除节点，我们还需要知道被删除节点的前一个节点，然后设置前一个节点的 next 指针指向被删除节点指向的下一个节点，完成节点的删除，如图 8-28 所示。

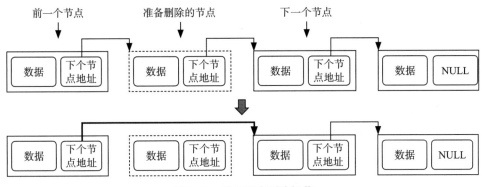

图 8-28　单向链表删除操作

第 21 ～ 26 行的 for 循环遍历桶链表，找到准备释放的桶的前一个元素。当循环执行完毕后，指针 tmp 指向的是准备删除的桶，指针 prev 指向的是前一个节点。当然，如果被删除的桶描述符是第一个节点，则 prev 为空。然后第 28 ～ 32 行将需要删除的桶从链表中删除。

最后第 34 行调用释放页面函数 free_page 将桶所在的页面释放。

进 程

操作系统的终极目的就是运行应用程序，各个应用程序在操作系统内核的调度下有序运转。绝大部分时间，程序都运转在用户空间执行应用程序的逻辑，但是也有些时候会陷入内核空间运行。无论程序是运行在用户空间，还是运行在内核空间，都需要有一个运行环境。

在本章中，我们首先讲述程序的运行环境，然后从零开始准备运行环境。我们为程序建立页表映射应用程序的映像，然后为其准备内核栈，最后通过伪造中断现场的方式开启历史性的一刻——从内核空间进入用户空间运行应用程序。

9.1 程序运行环境

程序运行时，大部分时间处理器是在执行应用程序的代码，我们将其称为运行在用户空间。但是有些时候会陷入内核空间，执行内核中的代码，比如进行任务调度时需要执行内核中的调度函数。进程访问系统资源时，因为权限的关系，进程需要请求内核代为执行一些服务，也就是我们说的系统调用，比如文件读写操作。还有可能在进程正常运行时，系统被外设中断，此时，处理器也需要陷入内核，由内核处理外设的中断请求。处理器运行时，自身也可能发生异常，比如一个典型的异常为缺页异常，此时也将发生从用户空间到内核空间的切换。我们通常称运行在用户空间的程序处于用户态，运行在内核空间的程序处于内核态。

当程序运行在用户态时，需要使用栈来为函数中的局部变量分配内存空间，因此，每个程序在用户空间需要有一个栈。

程序一旦陷入内核空间，与用户空间类似，内核中的代码在运行时，每个程序也需要有一个栈来存储函数的局部变量，我们将这个栈称为程序的内核栈，简称内核栈。除了存储局部变量外，内核栈另外一个主要的用途是保存程序用户态的上下文（context）。所谓上下文是指程序运行时的一些状态信息，比如处理器中的寄存器的内容就是典型的上下文。当从用户空间陷入内核空间时，寄存器中存储的是用户空间的状态，而当处理器运行内核代码时，会覆盖掉这些寄存器，因此，在执行内核代码前，内核需要将这些寄存器的值保存到栈中，在返回用户程序前，内核再从栈中恢复这些寄存器的值，恢复处理器的用户态。类似地，内核运行时发生中断，也需要使用内核栈保存上下文。

除了每个进程有一个内核栈外，64 位 x86 也支持某些中断使用专有的栈。中断栈不属于任何进程，是一个专供中断处理程序使用的栈。我们的内核暂时不支持这个特性，中断处理程序依然使用程序的内核栈。

那么当应用程序从用户空间切入内核空间时，处理器如何获得程序的内核栈的地址呢？事实上，32 位 x86 在硬件层面为任务管理提供了很多支持，每个任务可以创建一个称为任务状态段（Task State Segment，TSS）的系统段，任务状态段中保存了任务的内核栈地址。处理器中的任务寄存器（Task Register，TR）记录了任务状态段的段选择子，每次陷入内核时，处理器通过任务寄存器找到任务状态段，从任务状态段中获取任务的内核栈地址。64 位 x86 在硬件层面对任务管理的支持有所减弱，但是处理器还是从任务状态段中获取内核栈信息。所以，我们需要为进程准备任务状态段。

现代计算机系统基本都是多任务系统，系统中往往同时运行着多个应用程序，操作系统内核负责指挥这些程序在处理器上有序地运转，所以内核中需要有一个记录任务信息和状态的数据结构。不同操作系统对这个数据结构有不同的命名，我们的内核将这个数据结构命名为任务结构体，每个程序有一个具体的任务结构体实例。

为了处理器能够访问到物理内存中程序的代码和数据，每个程序还需要一个负责翻译虚拟地址到物理地址的页表。

图 9-1 展示了上面描述的程序运行环境。

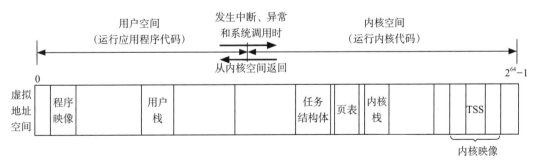

图 9-1　程序运行环境

9.2 创建应用程序

我们首先使用汇编语言写一个非常简单的应用程序 app1.S，然后在顶层目录下创建一个存放应用程序的目录 app，将 app1.S 存放在目录 app 下。程序的主体是一个无限的循环，每次循环向串口输出一个字符：

```
// app/app1.S

.text
.code64
1:
  mov $0x3f8, %dx
  mov $'A', %ax
  out %ax, %dx
  jmp 1b
```

我们修改 Makefile 文件编译 app1.S：

```
kernel.bin: build boot16.bin boot32.bin system.bin app/app1.bin
  ./build

app/app1.bin: app/app1.S
  gcc -c app/app1.S -o app/app1.o
  ld -Ttext=0x100000 app/app1.o -o app/app1.elf
  objcopy -O binary app/app1.elf app/app1.bin
```

通常，内核会根据用户请求创建进程，并从外存将程序代码和数据等加载到内存中。但是我们的内核现在尚未支持访问外存，所以，我们将程序的映像和内核打包在一起，借助 kvmtool 将其加载到内存中。为了避免内核的活动覆盖程序映像，我们为内核预留了足够的空间，将程序 app1 加载到内存地址 200MB（十六进制 0xc800000）处。因为 kvmtool 会将内核映像加载到内存偏移 0x10000 处，所以，程序 app1 的映像应该组装到内核映像文件中偏移 0xc800000 − 0x10000 处，如图 9-2 所示。

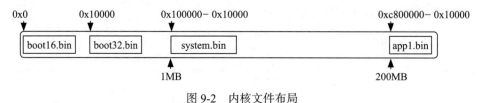

图 9-2　内核文件布局

我们修改 build.c 程序，将程序映像组装到内核映像文件中偏移 0xc800000 − 0x10000 处：

```
// build.c

int main() {
...
// app1
lseek(fd_kernel, 0xc800000 - 0x10000, SEEK_SET);
fd = open("app/app1.bin", O_RDONLY);
while (1) {
  c = read(fd, buf, 512);
```

```
  if (c > 0) {
    write(fd_kernel, buf, c);
  } else {
    break;
  }
};
close(fd);
…
}
```

9.3　创建任务结构体

对于每个程序，内核需要为其建立一个实体记录进程的信息和状态，为此，我们在内核中定义一个结构体 task。任务属于内核中的调度子系统，所以我们创建一个头文件 sched.h，取自单词 scheduler，将任务结构体 task 定义在此文件中：

```
// include/sched.h

struct task {
  unsigned long id;
  unsigned long rip;
  unsigned long rsp0;
  unsigned long kstack;
  unsigned long pml4;

  struct task* next;
  struct task* prev;
};
```

每个任务在内核中都会有一个结构体 task 的实例，为了区分任务，我们将为每个任务分配一个 ID。

任务在内核中运行时，可能发生调度切换，因此，需要记录下任务的切换点，当任务重新恢复执行时，从断点处继续执行。于是，结构体 task 中定义了字段 rip 以及 rsp0，用来记录切换时指令的地址以及内核栈的栈顶。

每当陷入内核时，处理器就从当前运行任务的任务状态段中取出其内核栈，因此，当某个任务成为当前运行的任务时，需要设置任务状态段中特权级为 0 的栈指针指向当前任务的内核栈栈底。为此，我们在结构体 task 中定义了一个字段 kstack 记录内核栈栈底的地址。

每个任务有自己的页表，记录虚拟地址到物理地址的映射关系。每当任务切换时，内核就需要更新处理器中的寄存器 CR3 指向当前任务的页表，所以需要有个记录任务页表地址的地方。为此，我们在结构体 task 中定义了一个字段 pml4 记录根页表的地址。

我们实现的内核支持多任务，为了方便管理多个任务，我们将它们链接到一个链表上。任务会动态地新增和离开，为了方便从链表中插入和删除，我们使用双链表。为此，我们在结构体 task 中定义了指针 next 和 prev 分别指向链表的前一个和后一个结构体 task 实例。

我们还定义了 3 个全局指针变量——task_head、task_tail 和 current，分别指向任务链表的表头、表尾和当前正在运行的任务，如图 9-3 所示。

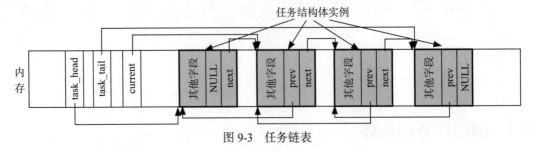

图 9-3　任务链表

后面随着进程功能的丰富，我们还会逐渐扩充结构体 task 中的字段。

我们创建一个目录 kernel，在目录 kernel 下创建一个存储调度相关功能的源文件 sched.c，在其中实现一个创建任务的函数 make_task，后续大部分与任务初始化相关的操作都将在这个函数中完成：

```
// kernel/sched.c

static struct task* task_head;
static struct task* task_tail;
struct task* current;

static void make_task(unsigned long id, unsigned long entry,
                      unsigned long entry_pa) {
  struct task* task = malloc(sizeof(struct task));
  task->id = id;

  if (!task_head) {
    task_head = task;
    task_tail = task;
    task->prev = NULL;
    task->next = NULL;
  } else {
    task_tail->next = task;
    task->prev = task_tail;
    task->next = NULL;
    task_tail = task;
  }
}
```

变量 task_head 和 task_tail 只在 sched.c 文件内部使用，所以我们使用了关键字 static 限制这两个变量的可见范围为文件 sched.c。内核中多处使用变量 current，所以我们在文件 sched.h 中使用 extern 声明 current 变量，使用 current 的地方包含文件 sched.h 即可：

```
// include/sched.h

extern struct task* current;
```

函数 make_task 接收 3 个参数,第 1 个参数是任务的 ID,第 2 个参数是程序在虚拟地址空间的起始地址,第 3 个参数是程序在内存中的加载地址。函数 make_task 将在页表中建立虚拟地址和物理地址的映射关系,这就是传递参数 2 和 3 的目的。

函数 make_task 使用内存块管理模块提供的接口函数 malloc 分配了一块内存用作结构体 task 的实例,这是一个典型的使用内存块管理的场景,然后设置了 task 的 ID,并将其链接到任务链表中,还更新了任务链表头和尾的指针 task_head 和 task_tail。对于第一个任务,此时任务链表为空,所以 task_head 和 task_tail 均指向第一个任务。当任务链表非空时,新创建的任务将被链接到链表尾部,task_tail 指向新的尾部。

最后,我们在调度系统的初始化函数 sched_init 中调用函数 make_task 创建了第 1 个任务。因为 app1 加载在内存 0xc800000 处,所以传递给函数 make_task 的第二个参数为 0xc800000;我们为所有应用程序分配的起始虚拟地址为 0x100000,所以传递给函数 make_task 的第一个参数为 0x100000。这个起始地址不是固定的,读者可以自行分配一个任意合理地址。此外,由于这个任务是即将投入运行的任务,因此我们设置指针 current 指向这个任务。

```
// kernel/sched.c

void sched_init() {
  make_task(1, 0x100000, 0xc800000);

  current = task_head;
}
```

9.4 建立进程地址映射

在应用程序运行前,操作系统需要将程序的代码和数据(我们也将其简称为程序映像)加载到内存中。但是,处理器需要通过虚拟地址访问内存,因此,操作系统还需要为程序在其虚拟地址空间分配地址,并在页表中建立虚拟地址到内存中程序映像的映射。然后,处理器才能访问加载到内存中的程序映像。

程序可能运行在用户空间,也可能运行在内核空间,因此,程序的页表需要能够覆盖用户空间和内核空间。

虽然进程的用户空间"岁岁年年人不同",但是内核空间却"年年岁岁花相似"。操作系统只有一个内核,所以理论上,每个进程的页表只映射用户空间就可以了,然后使用唯一一个内核页表。进程运行在用户空间时,使用程序的页表,而当进程切入内核空间时,切换寄存器 CR3 指向内核页表。但是,看似只是一个寄存器的装载动作,却将导致 TLB 被清空。为此,我们在每个进程的页表中存储内核空间映射,即内核页表的一个副本。这样,当进程在用户空间和内核空间切换时,不必切换 CR3 寄存器中的页表地址。

在进程的虚拟地址空间中,内核空间的起始地址为 0xffff800000000000,其低 48 位 0x800000000000 用于寻址,二进制为:

1000 0000 0000 0000 0000 0000 0000 0000 0000 0000 0000 0000

其中 1000 0000 0 对应十进制的 256，也就是说，四级页表从第 256 项开始映射内核空间。因此，四级页表中高 256 项（第 256 ～ 511 项）用于映射内核空间，低 256 个页表项（第 0 ～ 255 项）用于映射用户空间，如图 9-4 所示。

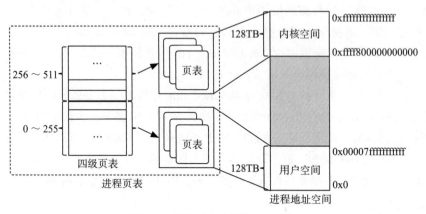

图 9-4　进程页表映射的地址空间

9.4.1　内核空间映射

虽然每个进程页表中需要记录一份内核空间映射关系的副本，但是并不需要每个进程从零开始在页表中建立这个映射关系。事实上，在内核引导时，我们已经建立了映射内核空间的页表，所以，后面创建的进程可以直接使用这些页表。前面我们提到过，内核引导时建立的页表将作为后续 0 号任务的页表，因此后续我们使用 0 号任务页表这个称呼。新创建的进程的四级页表中，映射内核空间的页表项直接从 0 号任务的四级页表项复制即可，如图 9-5 所示。

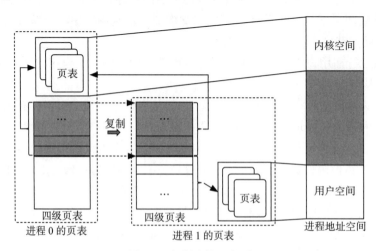

图 9-5　复制内核页表项

代码如下：

```
// kernel/sched.c

01 static void make_task(unsigned long id, unsigned long entry,
02                        unsigned long entry_pa) {
03     …
04     task->pml4 = alloc_page();
05     memset(VA(task->pml4), 0, PAGE_SIZE);
06
07     memcpy(VA(task->pml4 + 8 * 256),
08            VA(TASK0_PML4 + 8 * 256), 8 * 256);
09     …
10 }
```

第 4 行代码通过内存页管理模块提供的接口 alloc_page 分配一个页面，作为任务的四级页表，并记录到结构体 task 中的字段 pml4。然后第 5 行代码调用函数 memset 将页面内容初始化为 0。

内核引导时创建的四级页表的地址为 TASK0_PML4，第 7 ～ 8 行代码复制其高 256 项到当前进程四级页表的高 256 项。

我们在目录 lib 下的文件 string.c 中实现了函数 memcpy，功能是进行内存区域的复制，类似于 C 库中的 memcpy 函数。因为我们的内核不能依赖 C 库，所以自己实现函数 memcpy。memcpy 接收 3 个参数，第 1 个参数指定目的内存地址，第 2 个参数指定源内存地址，第 3 个参数指定复制的字节数。函数 memcpy 的主体是一个循环，逐字节地将源内存处的内容复制到目的内存，具体实现如下：

```
// lib/string.c

void memcpy(void *dest, const void *src, int n) {
  char *tmp = dest;
  const char *s = src;

  while (n--)
    *tmp++ = *s++;
}
```

9.4.2 用户空间映射

我们借助 kvmtool 将进程 1 加载到了内存 0xc800000 处，并为进程 1 在虚拟地址空间分配了入口地址 0x100000，所以我们需要在页表中建立从 0x100000 到 0xc800000 的映射关系。我们为 app1 映射了 4MB 物理内存。综上，进程 1 的用户空间映射如图 9-6 所示。

我们使用内存管理子系统的 map_range 函数建立映射。传递给该函数的第 4 个参数 0x4 对应二进制的 "100"，目的是设置页表项中的 U/S 位为 1，表示允许用户进程访问映射的内存，具体代码如下：

```
// kernel/sched.c

static void make_task(unsigned long id, unsigned long entry,
                      unsigned long entry_pa) {
  ...
  map_range(task->pml4, entry, entry_pa, 0x4, 1024);
  ...
}
```

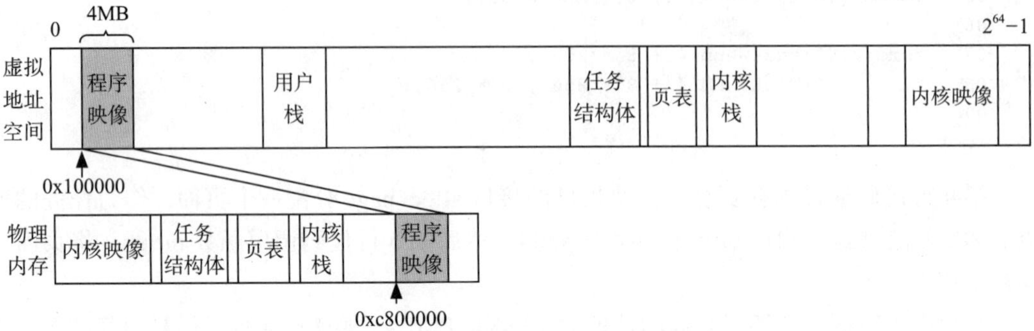

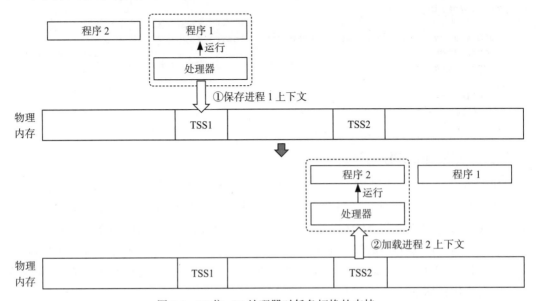

图 9-6　进程 1 的用户空间映射

9.5　创建进程任务状态段及内核栈

x86 在硬件层面为任务的管理提供了很多支持，比如 32 位 x86 允许每个任务创建一个任务状态段，当发生任务切换时，处理器将寄存器等上下文保存到当前任务的任务状态段中，然后从下一个准备运行的任务的任务状态段中加载上下文到处理器中，完成任务的切换，如图 9-7 所示。

图 9-7　32 位 x86 处理器对任务切换的支持

　　但是这种机制与具体的处理器的耦合度较高，实现起来不灵活，效率也没那么高，所以像 Linux 等操作系统都是在任务的内核栈中自己保存处理器的上下文，而不是依赖任务状态段。Linux 使用一个任务状态段，当任务切换时，只切换这个唯一任务状态段当中的内核栈地址等。也就是说，伴随着任务的切换，任务状态段不变，流转的只是其中的部分字段。

　　可能是这种硬件支撑任务切换机制的使用者太少了，所以 64 位 x86 在硬件层面弱化了对任务切换的支持，而是采用了类似于 Linux 内核采用的策略，即系统中只有一个任务状态段，其中的内核栈等则随着任务切换由内核负责切换。每当内核切换任务时，内核将更新任务状态段中的内核栈指向当前任务的内核栈，当任务从用户空间陷入内核时，处理器从任务状态段中获取当前任务的内核栈，如图 9-8 所示。

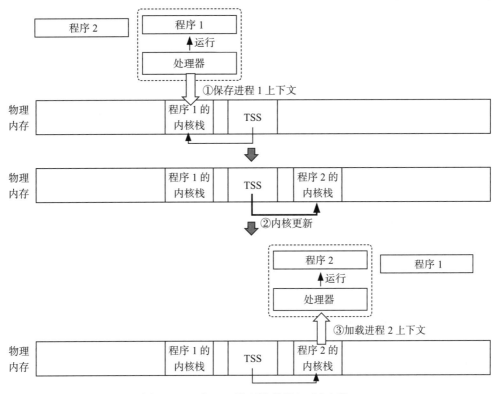

图 9-8　64 位 x86 处理器进程上下文切换

　　提到段，那自然少不了段描述符，因此，我们还要在段描述符表 GDT 中准备一个任务状态段段描述符。那么处理器怎么知道 GDT 中哪一个段描述符是任务状态段的呢？如同代码段的选择子记录在代码段寄存器 CS 中一样，任务状态段的选择子记录在处理器的任务寄存器中，如图 9-9 所示。

　　接下来，我们就依次准备任务状态段、创建段描述符以及设置任务寄存器。

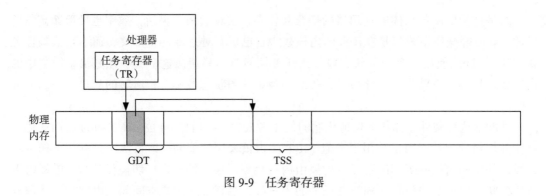

图 9-9　任务寄存器

9.5.1　准备任务状态段及内核栈

64 位 x86 的任务状态段的格式如图 9-10 所示。

I/O 权限位基址偏移	保留（16 位）
保留（32 位）	
保留（32 位）	
IST7（64 位）	
...	
IST1（64 位）	
保留（32 位）	
保留（32 位）	
RSP2（64 位）	
RSP1（64 位）	
RSP0（64 位）	
保留（32 位）	

图 9-10　64 位 x86 的任务状态段的格式

字段 RSP0 ～ RSP2 记录的是处理器不同特权级的栈。我们的内核运行于特权级 0，所以只使用 RSP0，这个值由内核在执行任务调度时设置，内核将设置 RSP0 指向当前运行进程的内核栈的栈底。当处理器从用户空间陷入内核空间的一刹那，它从任务状态段中读出RSP0，设置栈指针 RSP 指向 RSP0，完成从进程用户栈到内核栈的切换。

64 位 x86 也支持为中断指定专用栈，任务状态段中的 IST（Interrupt Stack Table，中断栈表）记录了 7 个专用栈的地址。

任务状态段的最后 16 位记录了程序的 I/O 权限位图相对任务状态段基址的偏移。每个程序有自己的 I/O 权限位图，其中每一位对应一个 I/O 端口。当应用程序访问端口时，处理器将检查权限位图。如果端口对应的位的值为 0，则允许应用访问，否则触发处理器的保护异常。I/O 权限位图要求在最后额外设置一个 8 位全部为 1 的字节。

我们的内核将应用程序的 I/O 权限位图分配在紧邻任务状态段之后，如图 9-11 所示。

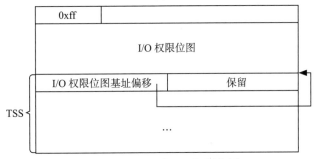

图 9-11 应用程序 I/O 权限位图

我们为任务状态段以及 I/O 权限位图定义一个结构体 tss。因为内核中其他部分（如调度系统）也会使用 tss，所以我们将其定义在 include 目录的 tss.h 文件中，结构体 tss 按照 64 位 x86 的任务状态段格式定义：

```
// include/tss.h

#define IO_BITMAP_BYTES (65536 / 8)

struct tss {
  uint32_t reserved1;
  uint64_t rsp0;
  uint64_t rsp1;
  uint64_t rsp2;
  uint64_t reserved2;
  uint64_t ist[7];
  uint32_t reserved3;
  uint32_t reserved4;
  uint16_t reserved5;
  uint16_t io_bitmap_offset;
  uint8_t io_bitmap[IO_BITMAP_BYTES + 1];
} __attribute__((packed));
```

最后两个字段中，一个是程序 I/O 权限位图相对于任务状态段基址的 16 位的偏移 io_bitmap_offset，另一个是 I/O 权限位图，我们使用一个字符数组。x86 的 I/O 端口地址是 16 位的，可以寻址 64K（2^{16} = 65536）个端口，所以这个字符数组的大小为 65536 / 8，再加上尾部一个额外全部位都为 1 的字节。

我们在 kernel 目录下创建一个 tss.c 文件，在其中定义结构体 tss 的一个实例 tss，其实就是一个任务状态段。然后实现一个函数 tss_init，在 tss_init 中初始化任务状态段。我们还需要为应用程序创建一个内核栈，并设置任务状态段中的 rsp0 指向应用程序的内核栈。所以，我们在创建任务的函数 make_task 中通过内存管理子系统申请一个页面作为应用的内核栈，并将栈底记录到结构体 task 中的字段 kstack：

```
// kernel/sched.c
```

```
static void make_task(unsigned long id, unsigned long entry,
                      unsigned long entry_pa) {
  ...
  task->kstack = VA(alloc_page()) + PAGE_SIZE;
  ...
}
```

我们在函数 tss_init 中设置任务状态段中的 rsp0 指向应用程序的内核栈。我们暂且允许应用访问所有的 I/O 端口，所以将 I/O 权限全部设置为 0。我们暂时不使用中断栈表（IST），所以将它们也都设置为 0：

```
// kernel/tss.c

struct tss tss;

void tss_init() {
  memset(&tss, 0, sizeof(tss));
  tss.rsp0 = current->kstack;
}
```

9.5.2 创建任务状态段的段描述符

与代码段和数据段类似，任务状态段在段描述符表中也需要有一个描述符。任务状态段是一个典型的系统段，段描述长度为 16 字节，格式如图 9-12 所示。

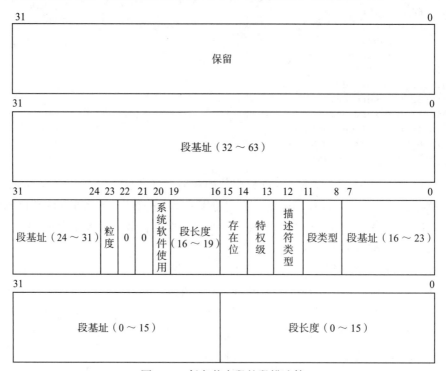

图 9-12 任务状态段的段描述符

"段基址"就是结构体 tss 实例的地址。"段长度"是 tss 的长度，"粒度"设置为 0，表示以字节为单位。我们不使用"系统软件使用"这个有特殊用途的位，所以将其设置为 0。任务状态段常驻内存，所以"存在位"设置为 1。任务状态段仅供内核使用，所以"特权级"设置为 0。之前我们见到的都是代码段和数据段，这次终于见到了一个系统段，我们需要按照 x86 规定将"描述符类型"设置为 0，表示这是系统段。

根据 x86 规定，任务状态段的"段类型"需要按照如表 9-1 所示的格式定义。

表 9-1　64 位模式任务状态段的段类型

十进制	11	10	9	8
9	1	0	0	1

在文件 tss.h 中按照任务状态段的段描述符的格式定义一个段描述符结构体 tss_desc。我们使用 C 语言结构体中的位域语法定义段描述符这种以位为粒度、不是很规则的数据结构：

```
// include/tss.h

struct tss_desc {
  uint16_t limit0;
  uint16_t base0;
  uint16_t base1 : 8, type : 4, desc_type : 1, dpl : 2, p : 1;
  uint16_t limit1 : 4, avl : 1, zero0 : 2, g : 1, base2 : 8;
  uint32_t base3;
  uint32_t zero1;
} __attribute__((packed));
```

其中，limit 开头的字段表示任务状态段的长度；base 开头的字段为任务状态段的基址；type 字段为段类型；desc_type 字段为段描述符类型；dpl 为段的特权级字段；p 为存在位；avl 对应任务状态段的段描述符中的"系统软件使用"位；zero 为保留字段；g 为粒度。

段描述符表定义在 head64.S 中，如果要从外部访问这个描述符表，需要在 head64.S 中将符号 gdt 声明为全局可见：

```
// head64.S

.globl gdt
```

我们在 tss.c 中声明段描述符表 gdt 为外部变量，显然，gdt 对应 C 语法中的数组，每个数组元素是 64 位的整型：

```
// kernel/tss.c

extern unsigned long gdt[64];
```

前面的代码段和数据段使用了段描述符数组 gdt 的第 0 ~ 5 项，我们将段描述符表的第 6 项用作任务状态段的段描述符。为了便于在 C 语言中引用，我们在文件 segment.h 中为任务状态段的段描述符在段描述符表中的索引定义一个宏 GDT_TSS_ENTRY：

```
// include/segment.h

#define GDT_TSS_ENTRY 6
```

我们在函数 tss_init 中组织 GDT 中的任务状态段的段描述符：

```
// kernel/tss.c

01 struct tss tss;
02
03 void tss_init() {
04     …
05     struct tss_desc* desc =
06         (struct tss_desc*)&gdt[GDT_TSS_ENTRY];
07     memset(desc, 0, sizeof(struct tss_desc));
08     desc->limit0 = sizeof(tss) & 0xffff;
09     desc->base0 = (unsigned long)(&tss) & 0xffff;
10     desc->base1 = ((unsigned long)(&tss) >> 16) & 0xff;
11     desc->type = 0x9;
12     desc->p = 1;
13     desc->limit1 = (sizeof(tss) >> 16) & 0xf;
14     desc->base2 = ((unsigned long)(&tss) >> 24) & 0xff;
15     desc->base3 = (unsigned long)(&tss) >> 32;
16     …
17 }
```

我们定义了一个指针 desc 指向 GDT 中的任务状态段的段描述符，后面通过指针 desc 直接操作该段描述符，见第 5 行和第 6 行代码。

第 7 行代码使用 memset 将任务状态段的段描述符清 0，凡是需要设置为 0 的域，我们就不需要单独设置了。

然后依照任务状态段的段描述符的格式逐域进行设置。

段的长度就是结构体 tss 的长度，我们借助 gcc 中的 sizeof 计算出结构体 tss 的长度。任务状态段的段描述符的第 0 ~ 15 位记录的是段长度的低 16 位，第 8 行代码使用按位与操作，取出低 16 位，赋值到任务状态段的段描述符中段长度的低 16 位字段。第 13 行代码取段长度的第 16 ~ 19 位，我们先将地址右移 16 位，然后按位与取出低 4 位，赋值给任务状态段的段描述符中第 2 个 32 位中的第 16 ~ 19 位。

任务状态段的基址就是结构体变量 tss 所在内存的地址。对于 64 位系统来讲，地址就是一个 64 位的整数，但是编译器认为通过取地址符号 "&" 取出的地址是一个指向结构体 tss 类型的指针，即 struct tss*，所以，我们需要将其显式地转换为 unsigned long，告诉编译器我们要将这个地址当作一个整数。然后第 9、10、14 和 15 行代码采用左移和按位与结合的操作，分别取出地址中不同的位，赋值到任务状态段的段描述符的段基址字段中。

其他还需要赋值的非零字段就是存在位和段类型字段了，我们将存在位设置为 1，将段类型字段按照 x86 的要求赋值为 0x9。

9.5.3 设置任务寄存器

任务状态段的段选择子存储在任务寄存器中，同所有的段寄存器格式一样，其可见部分的格式如图 9-13 所示。

图 9-13　任务寄存器可见部分的格式

因为 TI 和特权级都是 0，所以 TR 寄存器的内容就是 "GDT_ENTRY_TSS << 3"。x86 提供了一个指令 ltr 来装载任务寄存器，显然，ltr 是 load task register 的简写。因为 "GDT_ENTRY_TSS << 3" 是个立即数，ltr 并不能判断出其宽度，所以我们在符号 "%" 后面加个 "w" 表示操作数的宽度是一个 word，即 16 位。代码如下：

```
// kernel/tss.c

void tss_init() {
  …
  __asm__ ("ltr %w0" : : "r"(GDT_TSS_ENTRY << 3));
  …
}
```

9.6　伪造中断现场

地址空间准备好后，进程 1 就准备进入用户空间了。那么进程怎么进入用户空间呢？通常情况下，当一个应用程序在用户空间运行时，只有在发起系统调用或者处理器收到了中断时，应用程序才会陷入内核空间运行内核代码，然后重新返回用户空间继续运行。以应用程序运行时发生中断为例，其过程如图 9-14 所示。

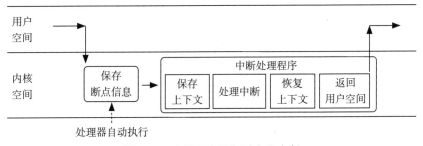

图 9-14　应用程序运行时发生中断

当发生中断时，处理器会自动保存断点信息。处理器首先从任务状态段中取出进程的内核栈地址，然后将应用程序的断点信息，包括指令指针中的指令地址、用户栈的栈顶等压入进程的内核栈，接着运行内核中的中断处理程序。中断处理程序首先将进程用户空间的上下文保存到内核栈中，接着处理中断，然后从内核栈恢复进程的上下文，最后调用指令 iret 从内核栈中恢复指令指针、用户栈顶等，返回到用户态。

但是程序首次运行时，是没有从用户空间陷入内核空间这个过程的。所以程序的内核栈中没有用户程序断点的任何信息，自然也就无法返回用户空间。但是聪明的我们可以伪造一个中断现场，伪造程序断点信息，然后运行处理器的 iret 指令读取伪造的断点信息，返回用户空间。因为此时没有真正的中断发生，所以忽略中断处理程序的前几个环节，如图 9-15 所示。

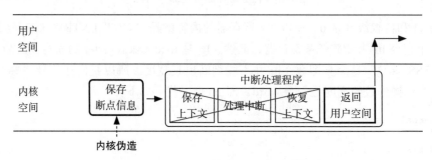

图 9-15　伪造应用程序运行时发生中断

那么，应用程序具体的断点信息包括什么呢？显然，首先要记录执行到哪里被中断了，也就是指令指针，当然还要包括代码段寄存器。从用户空间陷入内核空间时，栈也将发生变更，栈指针 RSP 将指向程序的内核栈，所以需要记录程序的用户栈的信息，供恢复运行时使用，也需要记录用户栈顶的地址，相应地还要记录栈段寄存器。最后还要记录程序状态的标志寄存器。当中断发生时，x86 处理器从任务状态段中读出进程内核栈的栈底，然后将这些断点信息以如图 9-16 所示的顺序压入进程内核栈中。需要特别注意的是，虽然段寄存器 CS 和 SS 都是 16 位的，但是 64 位 x86 压栈和出栈段寄存器时都将它们扩展到了 64 位。

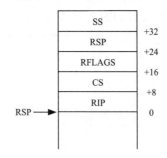

图 9-16　处理器保存的进程断点信息

我们实现一个函数 fake_task_stack 来伪造中断现场。因为需要操作处理器的寄存器，所以我们使用内联汇编实现：

```
// kernel/sched.c

01 static void fake_task_stack(unsigned long kstack) {
```

```
02     uint16_t ss = USER_DS;
03     unsigned long rsp = 0x8000000;
04     uint16_t cs = USER_CS;
05     unsigned long rip = 0x100000;
06     unsigned long rsp_tmp;
07
08     __asm__ ("mov %%rsp, %5\n\t"
09              "mov %4, %%rsp\n\t"
10              "pushq %0\n\t"
11              "pushq %1\n\t"
12              "pushf\n\t"
13              "pushq %2\n\t"
14              "pushq %3\n\t"
15              "mov %5, %%rsp\n\t"
16              :
17              : "m"(ss), "m"(rsp), "m"(cs), "m"(rip),
18                "m"(kstack), "m"(rsp_tmp));
19 }
```

我们首先来准备断点信息。第 2 行和第 3 行代码定义了两个变量 ss 和 rsp，分别记录程序的用户栈信息，这里的 ss 和 rsp 都只是变量名字，不是寄存器 ss 和寄存器 rsp。栈段和用户数据段属性完全相同，所以我们使用 USER_DS 作为栈段描述符。因为栈从高地址向低地址扩展，所以我们将栈底尽量设置在地址空间的高处，为代码、数据等留出足够的空间，这里将用户栈的栈底设置在 128MB，十六进制为 0x8000000。

第 4 行和第 5 行代码定义了两个变量 cs 和 rip，分别记录程序被中断的位置。在前面映射应用程序映像时，我们将程序的起始地址分配为 0x100000，所以需要将 rip 设置为 0x100000。我们已经为用户代码段定义了段描述符 USER_CS，所以变量 cs 设置为 USER_CS。

另外一个是标志寄存器，x86 处理器提供了专门的指令可以直接将标志寄存器压入栈中，无须额外准备变量。

显然，这些变量需要作为内联汇编的输入，我们使用序号的方式在内联汇编中引用它们，见第 17 行和第 18 行代码。其中 ss、rsp、cs 和 rip 是我们刚刚准备的变量。kstack 是外部传递进来的参数，结合此处的具体情况，这是进程 1 的内核栈的栈底。当向 kstack 压入信息时，我们首先需要将处理器的寄存器 RSP 指向 kstack，压栈完成后，寄存器还要恢复到当前的值。因此，为了保存当前寄存器 RSP 的值，我们定义了一个临时变量 rsp_tmp，在将寄存器 RSP 指向 kstack 前，首先将其原值保存到 rsp_tmp 中，见第 8 行代码，其中"%5"对应输入变量 rsp_tmp。压栈完成后，再将 rsp_tmp 恢复到寄存器 RSP，见第 15 行代码。

在将当前寄存器 RSP 的值保存到变量 rsp_tmp 后，第 9 行代码设置寄存器 RSP 指向进程 1 的内核栈栈底，"%4"指代的是第 4 个输入变量 kstack。

然后第 10 ～ 14 行代码按照处理器压入断点信息的顺序，依次压入了栈段、栈顶指针、标志寄存器、用户代码段和指令指针。C 编译器会将"%0、%1、%2、%3"分别替换为变量 ss、rsp、cs 和 rip。其中 pushf 是 x86 处理器的一条指令，是 push flags 的简写，该指令将标志寄存器的内容压入栈中。除了 64 位的指令地址和栈顶外，对于 16 位的段寄存器处理器会将它们扩展为 64 位后压栈，所以我们伪造断点信息时，也要模仿处理器的行为，将 16 位值扩展为 64 位后压栈，为此需要给指令 push 加个后缀 q，告知处理器压栈 64 位。

我们在创建任务的函数 make_task 中调用函数 fake_task_stack 来伪造任务的中断现场：

```
// kernel/sched.c

static void make_task(unsigned long id, unsigned long entry,
                      unsigned long entry_pa) {
  ...
  fake_task_stack(task->kstack);
  ...
}
```

9.7 设置 CR3 指向进程页表

在开始运行进程 1 之前，我们还需要将 CR3 指向进程 1 的页表。此时指针 current 指向进程 1 的任务结构体实例，任务结构体中的字段 pml4 记录着进程根页表的地址，我们使用指令 mov 将其装载到处理器中的寄存器 CR3。具体代码如下：

```
// main.c

int main() {
  mm_init();

  __asm__ ("mov %0, %%cr3": :"r"(current->pml4));
}
```

9.8 进入用户空间

至此，我们准备好了程序 1 的运行环境，距离开启历史性的一刻只差临门一脚了。

我们将栈指针指向任务 1 内核栈的栈顶，执行 iret 指令从栈中弹出断点信息，就可以返回用户空间了。但是指令 iret 仅恢复代码段和栈段寄存器，因此，在执行 iret 前还需要将其他段寄存器也初始化。其他段寄存器的属性与用户数据段基本相同，所以我们使用用户数据段的段描述符初始化它们。

我们编写一小段代码完成上述操作。因为上述操作与处理器紧密相关，所以还是需要使用汇编语言编写，我们在 head64.S 中实现这段汇编代码：

```
// head64.S

.globl ret_from_kernel

ret_from_kernel:
```

```
mov $USER_DS, %rax
movw %ax, %ds
movw %ax, %es
movw %ax, %fs
movw %ax, %gs
iretq
```

函数 main 设置栈指针指向进程 1 的内核栈栈顶，然后跳转到 ret_from_kernel 处执行：

```
// main.c

int main() {
  mm_init();
  sched_init();
  tss_init();

  __asm__ ("mov %0, %%cr3": :"r"(current->pml4));

  __asm__ ("movq %0, %%rsp\n\t"
           "jmp ret_from_kernel\n\t"
           :
           : "m"(current->rsp0)
          );
}
```

编译后运行，如果一切正常，我们将会看到 app1 不断地在屏幕上输出字符 A。

9.9 I/O 端口访问权限控制

这一节我们具体做一个实验来深刻体会一下 I/O 权限控制。我们将 I/O 权限位图全部设置为 1，代码如下所示：

```
// kernel/tss.c

01 struct tss tss;
02
03 void tss_init() {
04   memset(&tss, 0, sizeof(tss));
05   tss.io_bitmap_offset = __builtin_offsetof(struct tss,
06                           io_bitmap);
07   tss.io_bitmap[IO_BITMAP_BYTES] = 0xff;
08
09   memset(tss.io_bitmap, 0xff, IO_BITMAP_BYTES);
10   …
11 }
```

我们将 I/O 权限位图（即数组 io_bitmap）定义在紧邻任务状态段之后，但是处理器并不知道，它只是"冰冷"地从任务状态段中取出最后 16 位，作为 I/O 权限位图距离任务状态段基址的偏移，然后加上任务状态段的基址，计算出 I/O 权限位图的地址。所以，需要将任务状态段的最后 16 位填充为 I/O 权限位图距离任务状态段基址的偏移，也就是结构体 tss 中字段 io_bitmap 距离结构体 tss 起始地址的偏移。我们可以借助 gcc 编译器中内置的操作符 __builtin_offsetof 获取这个偏移，见第 5 行和第 6 行代码。

x86 处理器要求 I/O 权限位图的最后额外有一个 8 位全部为 1 的字节，第 7 行代码就是将这个字节的各位均设置为 1。

我们在第 9 行通过函数 memset 将 I/O 权限位图中的全部位都设置为 1，也就是禁止了应用程序对所有端口的访问。此时 app1 如果访问串口，将触发处理器抛出异常。因为我们并没有为处理器的异常设置处理函数，所以当我们再次编译运行后，kvmtool 将直接终止执行。

第 10 章 *Chapter 10*

中断和异常

中断是计算机系统中重要的组成部分之一，本章将介绍硬件中断的基本原理以及发展过程。我们首先讲述单核系统使用的 PIC（8259A）机制，多核系统使用的 APIC 机制，以及绕开 I/O APIC，从设备直接向 LAPIC 发送消息的 MSI 机制。然后讲述 8259A 的初始化，在后续的迭代中，我们的内核将陆续支持 APIC 和 MSI。

接下来我们讲述 x86 处理器的中断处理过程、中断段描述符的格式，并为处理器创建中断描述符表。

时钟中断是一个典型的中断，它是操作系统调度运行任务的基础。本章将使能时钟芯片，并在内核中实现时钟中断处理函数。

处理器运行时，除了外设通过中断请求服务外，自己也会遇到一些特殊情况需要处理，比如缺页异常（page fault）。异常与中断的一个典型的差别就是中断一般是外设发送给处理器的，异常是处理器自身抛出的。但是中断和异常的处理流程比较相似，所以我们将二者放在一起讨论。在本章的最后，我们以缺页异常为例，讲述了异常的处理过程。

10.1 中断及其处理过程

计算机系统有很多外设，比如网卡、硬盘以及键盘鼠标等，处理器和外设之间经常发生信息交换。显然，采用轮询的方式是非常浪费处理器资源的，尤其是对那些并不需要频繁服务的设备来说。因此，计算机科学家们设计了外设主动向处理器发起服务请求的方式，这种方式就是中断。采用中断方式后，在没有外设请求时，处理器就可以继续执行其他计算任务，而不必进行很多不必要的轮询了。

在每个指令周期结束后，如果处理器的标志寄存器中的 IF（Interrupt Flag）位为 1，那么处理器就会去检查是否有中断请求。如果有中断请求，则运行对应的中断处理程序，然后返回被中断的任务继续执行，如图 10-1 所示。

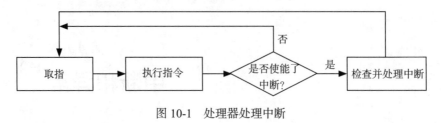

图 10-1　处理器处理中断

10.1.1　可编程中断控制器 8259A

处理器不可能为每个硬件都设计专门的引脚接收中断，因此，计算机工程师们设计了一个专门管理中断的芯片，接收来自外围设备的请求，确定请求的优先级，并向处理器发送中断信号。1981 年 IBM 推出的第一代个人电脑 PC/XT 使用了一个独立的 8259A 作为中断控制器，自此，8259A 就成为单核时代中断芯片事实上的标准。由于 8259A 可以通过软件编程对中断进行控制，比如可以编程设置某个中断请求对应的中断向量号，可以屏蔽某些中断等，因此，它又被称为可编程中断控制器（Programmable Interrupt Controller，PIC）。单片 8259A 可以连接 8 个外设的中断信号线，也可以多片级联支持更多外设。8259A 的内部逻辑结构大致如图 10-2 所示。

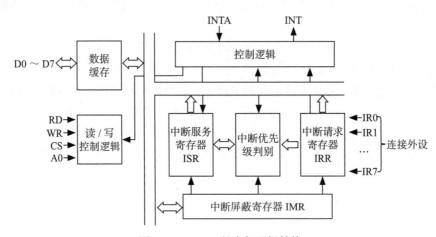

图 10-2　8259A 的内部逻辑结构

一个中断从发生到处理的整个过程如下：

1）一个或者多个中断源将连接 8259A 的 IR 引脚的电平拉高，外设请求到达 8259A。

2）8259A 收到外设请求信号后，查询中断屏蔽寄存器 IMR。如果请求没有被屏蔽，则将其记录到中断请求寄存器 IRR 中。系统软件可以通过编程设置 8259A 的 IMR 来屏蔽中断，比如将 IMR 的第 0 位设置为 1，那么 8259A 将忽略来自 IR0 的请求，不会向处理器发送中断信号。与通过 cli 命令关闭处理器的中断相比，这个屏蔽是彻底的屏蔽。当通过命令 cli 关闭处理器的中断后，8259A 还会给处理器发送中断信号，只不过处理器不响应中断而已。

3）接下来 8259A 的优先级判断单元开始工作，其从 IRR 中挑选出优先级最高的中断。如果处理器没有在处理中断，则通过引脚 INT 向处理器发送信号，请求处理器处理中断。如果处理器正在处理中断，那么还要和 ISR 中记录的处理器正在处理的中断比较优先级，如果新来的中断优先级高，则向处理器发送中断请求，否则等待前面的中断处理完成后再向处理器发起中断请求。

4）处理器收到中断请求信号后，如果标志寄存器中的 IF 位被使能，则通过引脚 INTA 向 8259A 发送中断响应信号 INTA（INTerrupt Acknowledge，中断确认），然后处理器会通过这个引脚告知 8259A，它开始处理中断了。

5）8259A 收到处理器的中断确认信号后，将优先级最高的中断请求的向量号通过数据总线发送给处理器，并在 ISR 中记录下处理器正在处理的中断。记录的目的之一是当新的中断到来时，用于比较新中断和正在处理的中断的优先级。

6）如果 8259A 工作在自动复位（Automatic End Of Interrupt，AEOI）模式，在收到来自处理器的 INTA 信号后，8259A 将自动复位 ISR，将寄存器 ISR 中对应的位从 1 复位为 0。

7）处理器在处理完中断后，将向 8259A 发送 EOI（End Of Interrupt，中断结束）命令，告知 8259A 处理器已经完成中断的处理。

8）8259A 收到 EOI 信号后，复位 ISR。

如果进行到第 3 步时，有中断正在进行，则处理过程要复杂一些。如果正在服务的中断优先级更高，则 8259A 会一直等到处理器处理完后再向处理器发送中断信号。图 10-3 中 IR1 的优先级高，IR2 的优先级低。当 IR2 到来时，一直要等到处理器处理完 IR1 的中断，8259A 收到处理器的 EOI 命令后，才向处理器发起 IR2 的中断请求。

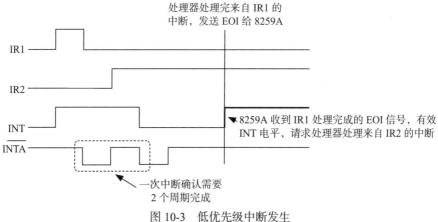

图 10-3 低优先级中断发生

假设处理器正在处理 IR2，当 IR1 到来时，因为 IR1 的优先级高，一旦 8259A 的 INT 引脚拉低了，那么在下一个时钟周期，则马上拉高 INT 引脚向处理器发送新的中断请求，不必等待处理器处理完上个中断，如图 10-4 所示。

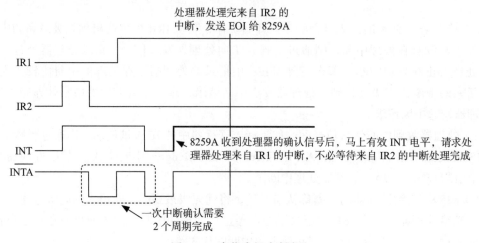

图 10-4　高优先级中断发生

8259A 和处理器的连接关系如图 10-5 所示。

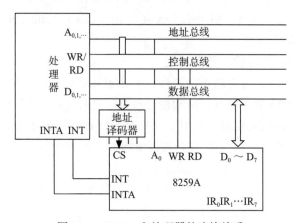

图 10-5　8259A 和处理器的连接关系

8259A 的片选 CS 和地址译码器的输出相连，地址译码器的输入和地址总线相连。当处理器准备访问 8259A 时，会将 8259A 的 I/O 端口地址送上地址总线，地址译码器发现是 8259A 的端口地址后，将有效与 8259A 的 CS 连接的引脚的电平，从而选中 8259A。也就是告知 8259A，处理器准备与其交换数据了。

每片 8259A 只有两个端口，所以使用一根地址线 A0 就足够了。A0 为 0 时，选中一个端口，A0 为 1 时，选中另外一个端口。

8259A 的 D0 ～ D7 引脚与处理器的数据总线相连，用于处理器和 8259A 之间交换数据。当处理器向 8259A 发送数据时，在将数据送上数据总线后，处理器通过有效 WR 引脚的电平的方式通知 8259A，当 8259A 的 WR 引脚收到处理器的信号后，从数据总线读取数据。类似地，处理器准备好读取 8259A 的状态时，有效 RD 引脚，通知 8259A 向处理器发送数据。

8259A 和处理器之间的中断信号的通知使用专用的连线，8259A 的引脚 INT 和 INTA 分别与处理器的 INT 和 INTA 引脚相连。8259A 通过引脚 INT 请求处理器处理中断，一旦处理器开始处理中断，则通过引脚 INTA 向 8259A 发送中断确认，告知 8259A 其收到中断并开始处理了。

10.1.2 高级可编程中断控制器 APIC

随着多核系统的出现，8259A 不能满足需求了。8259A 只有一对 INT 和 INTA 引脚，如果将其用在多处理器系统上，那么当中断发生时，中断将始终只能发送给一个处理器，不能利用多处理器并发的优势。而且，各处理器之间也需要发送中断。于是，随着多处理器系统的出现，Intel 为 SMP 系统设计了高级可编程控制器（Advanced Programmable Interrupt Controller，APIC），其可以按需将接收到的中断分发给不同的处理器进行处理，如图 10-6 所示。比如对于一个支持多队列的网卡而言，其可以将网卡的每个多列的中断发送给不同的处理器，加速中断处理，提高网络吞吐量。

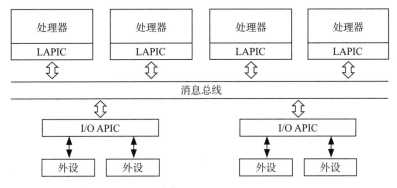

图 10-6 APIC

APIC 包含两部分：LAPIC 和 I/O APIC。LAPIC 即 Local APIC，位于处理器一侧，除接收来自 I/O APIC 的中断外，还用于处理器之间发送核间中断（Inter Processor Interrupt，IPI）。I/O APIC 接收外部设备的中断，并将中断发送给 LAPIC，然后由 LAPIC 发送给对应的处理器。I/O APIC 和 LAPIC 之间通过总线的方式通信，每增加一个核，只是在总线上挂一个 LAPIC 而已，不受 I/O APIC 引脚数量的约束。

10.1.3 MSI

虽然 APIC 相比 PIC 更进了一步，但是我们看到，外设发出中断请求后，需要经过 I/O APIC 才能到达 LAPIC（CPU）。显而易见，如果中断请求可以直接从设备发送给 LAPIC，而不是绕道 I/O APIC，则可以大大减少中断的延迟。事实上，在 1999 年，PCI 规范 2.2 就引入了 MSI（Message Signaled Interrupt，消息信号中断）。从名字就可以看出，第 3 代中断技术不再是基于引脚，而是基于消息了，如图 10-7 所示。PCI 3.3 又对 MSI 进行了一定的增强，称为 MSI-X。相比 MSI，符合 MSI-X 规范的设备可以支持更多的中断，并且每个中断可以独立配置。

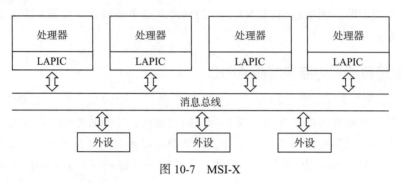

图 10-7　MSI-X

10.2　初始化 8259A

8259A 在初始化后才能进入工作模式，接收外设的中断请求，所以我们首先初始化 8259A 芯片。每一个 8259A 芯片都有两个 I/O 端口，IBM 兼容 PC 的主 8259A 的端口地址是 0x20、0x21，从 8259A 的端口地址是 0xA0、0xA1。处理器需要通过 4 个连续的初始化命令字（Initialization Command Word，ICW）初始化 8259A 芯片，各初始化命令字的格式如下。

1. ICW1

ICW1 的格式如图 10-8 所示。

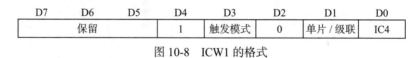

图 10-8　ICW1 的格式

D4 位必须设置为 1，这是 ICW1 的标志。任何时候，只要向 8259A 的第一个端口写入的命令字的第 4 位为 1，那么 8259A 就认为这是一个 ICW1。一旦 8259A 收到一个 ICW1，它就认为一个初始化序列开始了。

D0 位标识在初始化过程中处理器是否会向 8259A 写入 ICW4。IC4 为 0 表示不写入 ICW4，所有 ICW4 关联的特性全部关闭，IC4 为 1 表示写入 ICW4。8086 系列处理器必须设置 ICW4，所以 IC4 必须设置为 1。

D1 位表示是使用单片还是级联模式。D1 值为 1 表示单片模式，D1 值为 0 表示级联模式。

D2 位在 8086/8088 系列处理器中不起作用，设定为 0。

D3 位表示触发中断的方式，8259A 支持边沿触发和电平触发。当设置为边沿触发时，每当 IR0 ～ IR7 引脚上的电平由低向高跳变时，8259A 认为有中断到来；当设置为电平触发时，每当 IR0 ～ IR7 引脚上有有效电平时，8259A 认为有中断到来。D3 为 0 表示设置 8259A 为边沿触发，D3 为 1 表示设置 8259A 为电平触发。KVM 中虚拟的 8259A 不支持电平触发，所以我们将 D3 设置为 0。

综上，我们将 ICW1 设置为 0x13，如表 10-1 所示。

表 10-1　ICW1

十六进制	D7	D6	D5	D4	D3	D2	D1	D0
	保留			1	LTIM	0	SNGL	IC4
0x13	0	0	0	1	0	0	1	1

2. ICW2

每个中断有一个中断号，通常称为中断向量。中断向量的高 5 位来自 ICW2 的高五位（D7 ～ D3），而低 3 位的值由 8259A 在中断发生时根据中断请求引脚 IR0 ～ IR7 三位编码值填入，IR0 到 IR7 依次为 000 ～ 111。

x86 处理器将前 32 个数字（0 ～ 31）留作异常代码，比如 0 对应除数为 0 的异常，14 为缺页异常，因此，外设的中断向量只能从数字 32 开始分配。所以，在初始化 8259A 时，操作系统通常会设置 8259A 的中断向量号从数字 32 开始，当 8259A 收到引脚 IR0 的中断请求时，其向 CPU 发出的中断向量是 32 + 0，即 32；当收到引脚 IR1 的中断请求时，其向 CPU 发出的中断向量是 32 + 1，即 33，依此类推。

所以，我们需要在初始化时根据起始中断向量号设置 ICW2 的高 5 位，如图 10-9 所示。

D7	D6	D5	D4	D3	D2	D1	D0
初始化时根据起始中断向量号设置					0	0	0

图 10-9　ICW2 的格式

数字 32 的二进制表示为 100000，所以 ICW2 的值应该初始为如表 10-2 所示的值，即 ICW2 初始化时需要设定为 32。

表 10-2　ICW2

十进制	D7	D6	D5	D4	D3	D2	D1	D0
	Vector 7:3					Vector 2:0		
32	0	0	1	0	0	0	0	0

3. ICW3

ICW3 是设置 8259A 级联模式相关的参数，其格式如图 10-10 所示。

D7	D6	D5	D4	D3	D2	D1	D0	
S7	S6	S5	S4	S3	S2	S1	S0	主

D7	D6	D5	D4	D3	D2	D1	D0	
0	0	0	0	0	m2	m1	m0	从

图 10-10　ICW3 的格式

对于主 8259A，ICW3 表示哪些引脚接有从 8259A，D0 ～ D7 分别对应 IR0 ～ IR7。接有从 8259A 的相应位置 1，否则置 0。例如，若 IR2 上接有从 8259A，则 ICW3 需要设置为 00000100。

对于从 8259A，使用 ICW3 中的 m0 ～ m3 表示从 8259A 接在主 8259A 的哪一个 IR 引脚上，IR0 ～ IR7 对应的编码为分别为 000 ～ 111。例如，若从 8259A 接在主 8259A 的 IR2 上，则从 8259A 的 ICW3 应设定为 00000010。

当不使用级联模式时，初始化序列无须设置 ICW3。我们不使用级联，所以不需要向 8259A 写 ICW3。

4. ICW4

ICW4 的格式如图 10-11 所示。

D7	D6	D5	D4	D3	D2	D1	D0
0	0	0	优先级模式	缓冲模式	主/从	自动复位	模式

图 10-11　ICW4 的格式

D0 位用来告知 8259A 工作于哪种系统，值为 0 表示是 8080/8085 系统，值为 1 表示是 8086 及以上系统。

D1 位是设置 8259A 是否自动复位 ISR 寄存器。如果此位设置为 1，那么 8259A 自动复位 ISR，否则，中断处理程序在处理完中断后必须向 8259A 发送 EOI，8259A 收到 EOI 信号后再复位 ISR。我们关闭 8259A 的自动复位，由中断处理函数负责向中断芯片发送 EOI。

缓冲模式是指 8259A 通过总线收发器（驱动器）和数据总线相连；非缓冲模式下 8259A 直接和数据总线相连。主/从位用来在缓冲模式下设定本 8259A 是主片还是从片。KVM 中虚拟的 8259A 中忽略了这些，所以我们将缓冲模式和主/从位均设置为 0。

优先级模式用来设置 8259A 中断优先级策略。当该位为 0 时，8259A 使用的是固定优先级策略。在这种策略下，优先级从 IR0 到 IR7 依次降低，IR0 最高，IR7 最低。当一个中断请求正在被处理时，如果有同级或低级的中断到来，8259A 并不向处理器发送中断信号。但当有比本级优先级高的中断请求到来时，8259A 会向处理器发送中断信号。我们使用标准的固定优先级策略，所以将优先级模式位设置为 0。

综上，我们将 ICW4 的值设置为 0x1，如表 10-3 所示。

表 10-3　ICW4

十六进制	D7	D6	D5	D4	D3	D2	D1	D0
	0	0	0	优先级模式	缓冲模式	主/从	自动复位	模式
0x1	0	0	0	0	0	0	0	1

我们在内核的实模式部分初始化 8259A，第一个初始化命令字需要写到端口 0x20，其他初始化命令字需要写到端口 0x21：

```
// boot16.S
```

```
#define IO_PIC      0x20
#define IRQ_OFFSET 32

.text
.code16
  ...
    # Init 8259A
  # ICW1
  mov $0x13, %al
  mov $(IO_PIC), %dx
  out %al,%dx
  # ICW2
  mov $(IRQ_OFFSET), %al
  mov $(IO_PIC+1), %dx
  out %al, %dx
  # ICW4
  mov $0x1, %al
  mov $(IO_PIC+1), %dx
  out %al, %dx
```

10.3 组织中断描述符表

每当处理器检查到有中断请求时，其将调用对应的中断处理函数处理中断。因此，处理器需要在中断发生时，根据中断号获取到中断处理函数的地址。为此，x86设计了一个表，记录中断处理函数的地址。在实模式下，这个表称为中断向量表（Interrupt Vector Table，IVT）。在保护模式下，这个表称为中断描述符表（Interrupt Descriptor Table，IDT）。IDT位于内存中，处理器内部设计了一个中断描述符表寄存器 IDTR 记录 IDT 的地址。操作系统负责组织 IDT，并将 IDT 的地址设置到寄存器 IDTR 中。当中断到来时，处理器从 IDTR 中获取 IDT 的地址，然后使用中断向量从 IDT 中索引到中断处理函数的地址，最后跳转到具体的中断处理函数处理中断，如图 10-12 所示。

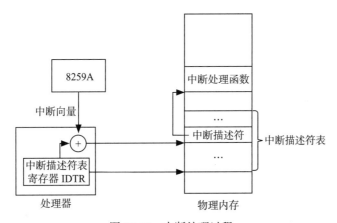

图 10-12　中断处理过程

10.3.1 初始化中断描述符表

本质上中断描述符表就是一个数组，大小为 256 项，第 0 ～ 31 项用于异常，第 32 ～
255 项用于外部中断。数组中的每个元素是一个中断描述符，64 位 x86 的中断描述符的格
式如图 10-13 所示。

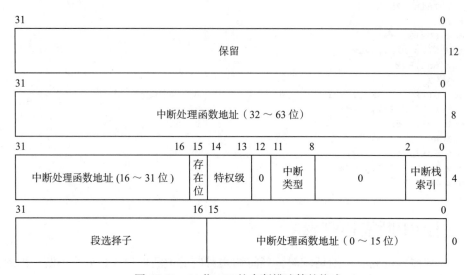

图 10-13　64 位 x86 的中断描述符的格式

在发生中断时，处理器从中断描述符中提取出段选择子和中断处理函数的地址，将段
选择子加载到代码段寄存器中，然后跳转到中断处理函数去执行。中断处理函数属于内核
代码的一部分，位于内核空间，所以段选择子需要设置为内核代码段。相应地，特权级需
要设置为 0。

处理器根据存在位确认操作系统内核是否已经为对应的中断向量设置了中断描述符。

之前讲述 TSS 时，读者应该还记得 TSS 中记录了 7 个中断专用栈，操作系统可以设定
某个中断使用其中的一个栈。这种指定方式就是设置中断描述符中的"中断栈索引"字段，
这个字段有 3 位，恰好可以寻址 TSS 中记录的 7 个专用栈。我们的中断处理函数使用进程
的内核栈，不使用专用中断栈。

除了外部中断描述符，中断描述符表中还记录了异常描述符，因此，中断描述符使用
"中断类型"这个字段来区分中断和异常。x86 分别为中断和异常描述符定义了专用的类型，
见表 10-4。

表 10-4　中断和异常描述符的类型

类型	11	10	9	8	十六进制
中断	1	1	1	0	0xe
异常	1	1	1	1	0xf

x86 将中断描述符也称为门描述符（gate descriptor），其含义可以理解为低特权级通过

门进入高特权级。图 10-14 展示了处理器从门描述符中加载内核代码段选择子，实现从用户空间到内核空间的切换。

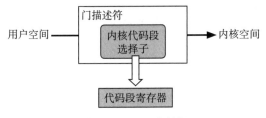

图 10-14　x86 中的门

我们在目录 kernel 下新增一个文件 interrupt.c，在其中为中断描述符定义了一个结构体 gate_desc：

```
// kernel/interrupt.c

struct gate_desc {
  uint16_t offset_low;
  uint16_t segment;
  uint16_t ist : 3, zero : 5, type : 4, zero2 : 1, dpl : 2, p : 1;
  uint16_t offset_middle;
  uint32_t offset_high;

  uint32_t reserved;
} __attribute__((packed));
```

我们为中断描述符表定义了一个数组 idt_table，x86 定义了 256 项中断和异常，所以数组 idt_table 的大小为 256 项。

```
// kernel/interrupt.c

struct gate_desc idt_table[256];
```

我们分别为中断和异常描述符的类型定义了宏，方便代码中引用：

```
// kernel/interrupt.c

#define GATE_INTERRUPT  0xe
#define GATE_EXCEPTION  0xf
```

设置中断描述符表中的每一个中断描述符的过程都是类似的，为了复用，我们将这个操作抽象为一个函数 set_gate：

```
// kernel/interrupt.c

01 static void set_gate(unsigned char index, unsigned long addr,
02                       char type) {
03   struct gate_desc* desc = &idt_table[index];
04
```

```
05    memset(desc, 0, sizeof(struct gate_desc));
06    desc->segment = KERNEL_CS;
07    desc->offset_low = (uint16_t)addr;
08    desc->offset_middle = (uint16_t)(addr >> 16);
09    desc->offset_high = (uint32_t)(addr >> 32);
10    desc->dpl = 0;
11    desc->type = type;
12    desc->p = 1;
13 }
```

函数 set_gate 接收 3 个参数。第 1 个参数是中断向量，用来指定设置中断描述符数组中的哪一个中断描述符；第 2 个参数是中断处理函数地址；第 3 个参数是描述符类型，指定此描述符类型是中断还是异常。

第 3 行代码定义了一个指针，指向需要设置的中断描述符，后续代码通过这个指针操作中断描述符。

第 5 行代码将中断描述符全部初始化为 0。

第 6 行代码设置描述符中的段选择子为内核代码段。

第 7 ～ 9 行设置描述符中的中断处理函数的地址。

第 10 行代码设置中断处理函数所在段的特权级为 0。

第 11 行代码使用传入的参数 type 设置描述符的类型。调用者在设置描述符时，依据具体情况传入此值：如果是中断，则传入 GATE_INTERRUPT ；如果是异常，则传入 GATE_EXCEPTION。

第 12 行代码将存在位设置为 1，告知处理器操作系统已经设置此中断描述符了，可以放心使用。

10.3.2 设置中断寄存器

在中断发生时，处理器会从寄存器 IDTR 中获取中断描述符表的地址，因此，我们还需要将中断描述符表的地址写入寄存器 IDTR 中。寄存器 IDTR 的格式如图 10-15 所示。

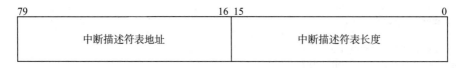

图 10-15 寄存器 IDTR 的格式

寄存器 IDTR 的格式和 GDTR 的格式很像，高 64 位记录的是中断描述符表的地址，低 16 位是中断描述符表的长度。显然，中断描述符表的地址就是数组 idt_table 的地址，数组 idt_table 包含 256 项中断描述符，每个中断描述符的长度为 16 字节，所以中断描述符表的长度为 16×256。

x86 提供了指令 lidt 用于加载寄存器 IDTR，我们在汇编代码 head64.S 部分完成寄存器 IDTR 的设置。我们首先在内存中按照寄存器 IDTR 的格式组织一块内存，然后使用指令

lidt 将这块内存的内容装载到寄存器 IDTR：

```
// head64.S

lidt idtr

idtr:
  .word 16 * 256
  .quad idt_table
```

10.4　时钟中断

了解了 x86 的中断工作机制后，这一节我们来实现一个具体的中断。

计算机系统中有一个中断，它是操作系统工作的脉搏，这个中断就是时钟中断。时钟中断用于统计每个任务执行的时间，在时钟中断处理函数中完成任务的切换，是操作系统调度任务的基础。

时钟中断由一个可编程计数器产生，最初，IBM PC/XT 系列使用的是 8253，从 PC/AT 开始，使用的是升级版的 8254。通过对计数器进行编程，可以设置其产生时钟信号的间隔。依据 IBM PC 的约定，可编程计数器产生的时钟信号需要连接 8259A 的第 1 个中断请求引脚 IR0。

在本节中，我们首先实现一个时钟中断处理函数，接下来设定中断描述符表中的时钟中断描述符，然后对 8254 进行编程，设定其产生时钟中断的频率。最后我们还会讨论中断发生时，如何保存和恢复被中断的现场。

10.4.1　时钟中断处理函数

因为中断处理中有很多和处理器相关的操作，所以我们使用汇编语言编写中断处理函数的入口和出口部分。通用逻辑部分使用 C 语言编写，然后在汇编语言中调用。我们在目录 kernel 下创建一个名为 handler.S 的汇编文件，将各种中断处理函数都实现在此文件中。

我们将时钟中断处理函数命名为 timer_handler，C 语言部分实现在文件 kernel/sched.c 中的函数 do_timer 中，do_timer 暂时只向串口输出一个字符。timer_handler 在调用 do_timer 后，将向中断芯片发送 EOI 信号，告知其处理器已经处理完中断。

在 8259A 初始化后，我们需要通过向 8259A 发送操作命令字（Operating Command Word，OCW）的方式控制 8259A。8259A 包含 3 个操作命令字——OCW1 ~ OCW3，其中命令 EOI 包含在 OCW2 中。命令 EOI 对应 OCW2 的第 5 位，如图 10-16 所示。我们将此位置为 1，然后发送给 8259A。8259A 在收到 OCW2 后，发现第 5 位为 1，就知道处理器已经处理完中断了。

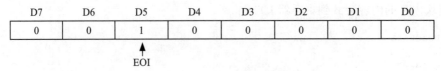

图 10-16　设置 OCW2 的 EOI

OCW2 需要写到 8259A 的端口 0x20，二进制 00100000 对应十六进制 0x20，所以我们将值 0x20 写到端口 0x20，代码如下：

```asm
// kernel/handler.S

.text
.code64
.globl timer_handler

timer_handler:

  movb $0x20,%al
  outb %al,$0x20

  call do_timer

  iretq

// kernel/sched.c

void do_timer() {
  print('T');
}
```

在中断函数执行过程中，如果有中断到来，处理器是否会响应中断呢？事实上，处理器在将断点信息保存到内核栈后，为了避免中断处理过程被打断，将自动清除标识寄存器中的 IF 位，关闭中断。当执行完中断处理过程，执行指令 iretq 恢复断点信息时，在将标志寄存器的恢复后，IF 位也自动恢复了，从而再次开启了中断，如图 10-17 所示。

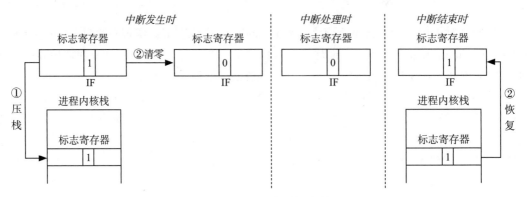

图 10-17　处理器关闭中断

所以，默认情况下，在执行中断处理函数过程中，处理器是关闭中断的。因此，为了尽快响应其他中断，中断处理函数应进行合理的设计，只保护不能被中断的逻辑，然后打开 IF，允许处理器尽快响应中断。

10.4.2 设置时钟中断描述符

时钟的中断处理函数准备好之后，我们需要准备中断描述符表中的时钟中断对应的描述符。根据 IBM 兼容 PC 的约定，中断芯片 8259A 的引脚 IR0 接收时钟中断。x86 处理器将前 32 个中断号（0 ~ 31）留给异常，外设的中断向量从 32 号中断开始分配。所以，时钟中断的向量号为 32，十六进制为 0x20。

我们实现一个中断系统的初始化函数 interrupt_init，在其中调用函数 set_gate 设置时钟中断描述符，代码如下：

```
// kernel/interrupt.c

void interrupt_init() {
  set_gate(0x20, (unsigned long)&timer_handler, GATE_INTERRUPT);
}
```

10.4.3 编程时钟芯片 8254

Intel 8254 是一个可编程定时 / 计数器芯片，包含 3 个独立的 16 位计数器。每个计数器有一个时钟输入引脚 CLK，接收来自晶振芯片 Intel 8284A 输入的时钟脉冲。每个计数器通过引脚 OUT 输出时钟信号。根据 IBM 兼容 PC 的约定，中断芯片 8259A 的引脚 IR0 接收时钟中断，所以 8254 的 OUT 引脚连接 8259A 的 IR0。

8254 和中断芯片 8259A 以及晶振芯片 8284A 的连接关系如图 10-18 所示。

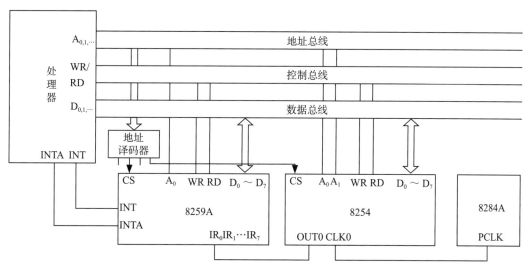

图 10-18　8254 和中断芯片 8259A 以及晶振芯片 8284A 的连接关系

8284A 芯片连接一个晶振源输入，输出引脚 PCLK 接 8254，经过分频电路等，最后输入 8254 的 CLK 引脚的频率是 1193181Hz，即 1s 输入 1193181 个电信号。

8254 可以工作在多种模式下，这里我们使用模式 3。在该工作模式下，如果计数器中的计数值是 counter，那么每当 8254 收到一个晶振发来的信号时，就将 counter 的值减 1。一旦 counter 的值减为 0，8254 就向 8259A 发送一个时钟中断信号。所以，时钟中断的频率为：

```
Hz = 1193181 / counter
```

8254 的计数器是 16 位的，所以 counter 最大可以设置为 65536（2^{16}）。因此，8254 在一秒内至少能产生的时钟中断次数为 19（1193181 / 65536）次。

假设我们要编程 8254 产生一个频率为 100Hz 的中断，即每秒向 8259A 发出 100 次时钟信号，我们需要将 counter 设置为：

```
100 = 1193181 / counter
counter = 1193181 / 100
```

在初始化 8254 时，需要向 8254 写入一个控制字，通过这个控制字指定将要编程的计数器以及工作模式等。当控制字写完后，就可以向指定的计数器写入计数值。控制字的格式如图 10-19 所示。

D7	D6	D5	D4	D3	D2	D1	D0
SC1	SC0	RW1	RW0	M2	M1	M0	BCD

图 10-19 8254 控制字的格式

SC 是 Select Counter 的简写，用于选择计数器。因为有 3 个计数器，所以使用 2 位：SC0 和 SC1。我们使用计数器 0，所以将这两位设置为 00。

RW0 和 RW1 用于控制 8254 读取计数值的方式。01 告知 8254 只读取低字节；10 告知 8254 只读取高字节；11 表示计数值包含 2 字节，首先写入低 8 位，然后写入高 8 位。我们输入的值为 16 位，所以将这两位设置为 11。

M0 ~ M2 用于设置计数器的工作模式，我们使用方波，对应模式 3，所以设置这三位为 011。

控制字最后一位是计数值的编码格式，0 表示二进制格式，1 表示 BCD 格式。我们使用二进制格式，此位设置为 0。

因此，最终控制字的值为 00110110，其十六进制表示为 0x36。

根据 IBM 兼容 PC 约定，8254 控制字对应的端口地址是 0x43。计数器 0、1、2 分别对应端口 0x40、0x41 和 0x42。

我们设置 8254 的时钟产生频率为 100Hz，即每秒产生 100 次中断，每 10ms 产生一次中断。将 counter 分为两个字节写入，我们使用约束 "a" 告知 gcc 编译器将各数值预先装载到寄存器 AL：

```
// kernel/interrupt.c

#define COUNTER (1193181 / 100)

void init_8254() {
  __asm__ ("outb %%al, $0x43"::"a"(0x36));
  __asm__ ("outb %%al, $0x40"::"a"(COUNTER & 0xff));
  __asm__ ("outb %%al, $0x40"::"a"(COUNTER >> 8));
}
```

10.4.4　开启中断

一切准备就绪，我们就可以开启中断了。

我们使用指令 sti 设置标志寄存器中的 IF 位，开启中断。特别需要注意的是，一定要在伪造进程的断点信息前开启中断，否则，压入栈的标志寄存器的值是关闭中断的，那么通过 iretq 指令弹出一个关掉中断标志的值到标志寄存器中，处理器就再也不会响应中断了，也就是说，进程 1 再也不会被中断，控制权永远也进入不了内核了。

开启中断后，在进程 1 返回用户空间前，我们调用函数 init_8254 使能时钟中断：

```
// main.c

int main() {
  mm_init();
  interrupt_init();

  __asm__ ("sti");
  sched_init();

  // enable timer
  init_8254();

  //ret to task1
  __asm__ ("movq %0, %%rsp\n\t"
           "jmp ret_from_kernel\n\t"
           :
           : "m"(current->rsp0)
          );
}
```

如果一切正常，系统启动后，终端将每隔 10ms 输出一个字符"T"。

10.4.5　现场保存和恢复

看到我们的内核可以运行进程，又可以停下来服务中断，中断处理完成后还可以继续运行进程，是不是很兴奋？但是这是因为我们的进程足够简单，无须保存任何状态。事实上，同一个处理器，同一套寄存器，如果当前运行的用户程序被中断转而去执行内核代码或者切换到另外一个任务执行，那么处理器中被中断进程的状态都将被破坏，且被中断的程序将再也无法正确地继续运行了。图 10-20 展示了当程序 1 中断时，处理器中的两个寄存器的值分别为 12 和 34。然后内核调度程序 2 运行，程序 2 将寄存器中的值分别改写为 ab 和 cd，程序 1 的上下文被破坏了。

为了让程序 1 可以再次正确运行，在程序 1 被中断时，中断处理函数应该首先将处理器中的状态（即程序 1 的上下文）保存起来，然后在下次恢复运行程序 1 前，将程序 1 的上下文恢复到处理器中。

那么将进程的上下文保存到哪里呢？前面我们讲过，在内核空间，每个进程都有一个对应的内核栈，当中断发生时，处理器将从任务状态段中取出内核栈地址，设置 RSP 指向内核栈。

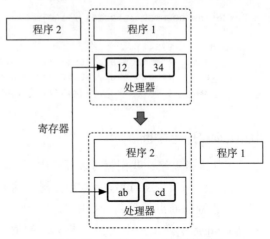

图 10-20　程序 1 的上下文被破坏

因此，我们可以利用进程内核栈保存被中断进程的上下文。在进入中断处理函数时，第一时间保存进程的上下文，避免接下来运行的其他内核代码破坏现场。然后在处理完中断后，在返回用户空间的最后一刻，将内核栈中的上下文恢复到处理器中。图 10-21 展示了进程 1 上下文的保存以及进程 2 上下文的恢复。

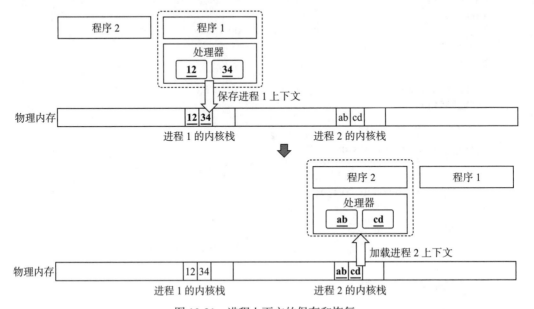

图 10-21　进程上下文的保存和恢复

代码和栈相关的寄存器，包括 CS、RIP、SS、RSP、RFLAGS，由处理器负责保存。与用户进程无关的专用寄存器无须保存。进程主要保存和恢复的是进程相关的通用寄存器，还有一些特殊的寄存器，如与协处理器相关的寄存器，不过我们暂时不用，所以也无须保存。

64 位 x86 包含 16 个通用寄存器：RAX、RBX、RCX、RDX、RSI、RDI、RBP、RSP，R8 ～ R15。其中 RSP 由处理器自行保存和恢复。

理论上应该保存全部的通用寄存器，但是如果中断处理函数没有使用某些寄存器，那么保存和恢复这些寄存器的操作就是白白浪费 CPU 资源，也会增加多次毫无意义的访存。比如，如果中断处理函数实现如下：

```
timer_handler:
  mov $0x3f8, %dx
  mov $'A', %ax
  out %ax, %dx

  movb $0x20,%al
  outb %al,$0x20

  retq
```

其中只有寄存器 ax 和 dx 被破坏了，我们只需要保存这两个寄存器就够了：

```
timer_handler:
  push %rax
  push %rdx

  mov $0x3f8, %dx
  mov $'A', %ax
  out %ax, %dx

  movb $0x20,%al
  outb %al,$0x20

  pop %rdx
  pop %rax

  retq
```

因此，我们应该仅保存那些被破坏的寄存器的值。如果中断处理函数是使用汇编语言编写的，那么我们可以清楚地知道其使用了哪些寄存器，但是，通常我们的中断处理函数是这样的：

```
汇编指令
call C 函数
汇编指令
```

中断函数的通用逻辑部分使用 C 语言编写，我们并不知道编译器会怎样将 C 代码生成汇编代码，也就无从知晓哪些寄存器被使用了。那么难道只能保存和恢复全部寄存器了吗？事实上，我们可以借助调用约定，尽可能地节省一些资源开销。

C 调用约定，当函数调用发生时，一部分寄存器由调用者负责，一部分由被调者负责。

为什么不是全部由调用者或者被调者独立负责呢？

1）如果全部由调用者保存，那么就存在我们刚刚提到的问题，调用者保存了全部寄存器，但是被调者可能只使用少量寄存器，其他大部分寄存器都用不到，白白浪费了计算资源。

2）如果全部由被调者保存，那么调用者每使用一个寄存器，都首先要保存。但是在返回调用者后，如果调用者根本不用这个寄存器，那么被调者的保存操作除了浪费计算资源外，毫无意义。

因此调用约定为了寻求平衡，将其划分为两部分。

1）一部分寄存器由调用者（主调者）负责，被调用函数是可以随意使用的。如果调用者需要在调用其他函数之后依然使用其中的值，那么调用者就需要在调用之前将寄存器的值保存到栈中，在调用者返回之后从栈中恢复寄存器的值，如图 10-22 所示。

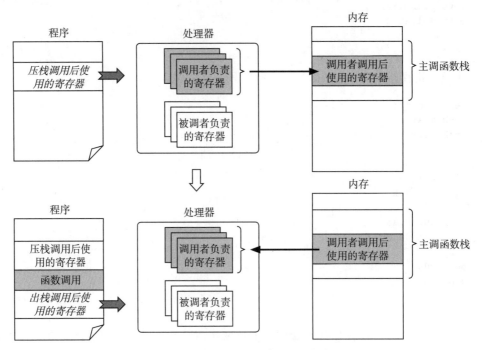

图 10-22　调用者保存使用的寄存器

2）一部分寄存器由被调者负责，被调者负责确保函数调用前后寄存器中的值不变。被调者应该优先使用主调者负责的寄存器，减少保存和恢复操作。如果被调者使用了自己负责的寄存器，那么在使用前必须先保存寄存器的值到栈中，返回前需要从栈中恢复寄存器原值，如图 10-23 所示。使用了哪些，就保存和恢复哪些，不使用的就不必执行保存和恢复操作了。

如果是通过汇编实现的代码，那么需要程序员自己遵照这些约定编写汇编代码。如果是 C 语言实现的代码，那么 C 编译器会遵循调用约定，帮我们做好这些。

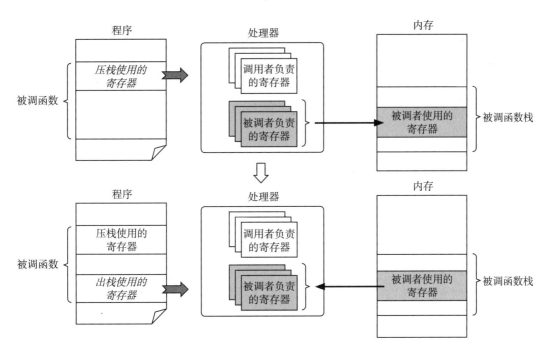

图 10-23 被调者保存使用的寄存器

x86 调用约定调用者和被调者负责的寄存器如表 10-5 所示。

表 10-5　x86 调用约定之寄存器的保存

调用者负责	被调者负责
RDI RSI RDX RCX RAX R8 ～ 11	RBX RBP R12 ～ 15

中断发生时，我们需要为进程保存完整的环境，所以调用者负责的部分全部需要保存。被调者负责的部分由 gcc 帮我们负责。因为在每个中断函数中都需要使用保存和恢复这两个逻辑，所以我们定义两个宏，便于多处复用：

```
// kernel/handler.S

.macro SAVE_CONTEXT
  pushq %rdi
  pushq %rsi
  pushq %rdx
  pushq %rcx
  pushq %rax
  pushq %r8
  pushq %r9
  pushq %r10
  pushq %r11
.endm

.macro RESTORE_CONTEXT
```

```
        popq %r11
        popq %r10
        popq %r9
        popq %r8
        popq %rax
        popq %rcx
        popq %rdx
        popq %rsi
        popq %rdi
.endm
```

我们在中断的入口和出口使用这两个宏完成上下文的保存和恢复：

```
timer_handler:
  SAVE_CONTEXT

  movb $0x20,%al
  outb %al,$0x20

  call do_timer

  RESTORE_CONTEXT
  Iretq
```

不知道读者注意到没有，我们并没有保存和恢复 DS、ES、FS 等段寄存器。在 32 位 x86 下一定要保存和恢复这些寄存器，64 位 x86 禁掉了段机制，所以我们无须处理这些寄存器。

10.5 缺页异常

前文提到处理器运行代码时，除了外设通过中断请求服务外，自身也会遇到一些特殊情况需要处理，这些情况称为异常。x86 将异常细分为 Fault、Trap 和 Abort 三种类型。

Fault：Fault 类型的异常发生后，在处理完异常时，处理器会重新执行发生异常的指令。缺页异常就是一种典型的 Fault 类型的异常，当内核完成页面分配以及页面中映射关系的建立后，处理器会重新执行产生缺页异常的指令。

Trap：与 Fault 类似，只是在处理完异常后，处理器会执行产生异常指令的下一条指令。

Abort：此种类型的异常不可以恢复，比如硬件发生错误。发生此种异常后，系统终止运行。

这一节我们实现缺页异常的处理。当 MMU 进行虚拟地址到物理地址的翻译时，如果页表中没有映射关系，则会抛出这个异常。类似于中断向量，对于每个异常，也有一个类似的向量，缺页异常的异常向量为 14。当缺页异常发生后，处理器将以 14 为索引，从中断描述符表中取出第 14 项描述符中记录的缺页异常处理函数的地址，跳转到缺页异常处理函数去执行。

我们改造一下进程 1，目前进程 1 在用户空间仅映射了程序映像，我们访问程序映像之外的一个尚未映射的内存地址，如图 10-24 所示。

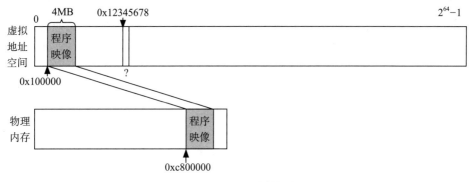

图 10-24　内核映射缺失

具体代码如下：

```
// app/app1.S
.text
.code64
1:
  movb $'F', (0x12345678)
  mov (0x12345678), %al

  mov $0x3f8, %dx
  out %al, %dx

  jmp 1b
```

运行 app1 后，处理器将发生缺页异常，而此时因为没有缺页异常的处理函数，kvmtool 会直接退出。

当发生异常时，处理器的行为和发生中断时类似，不同的是有的异常还会压栈一个错误码（Error Code），如图 10-25 所示。

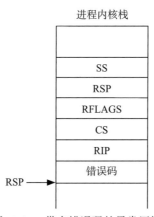

图 10-25　带有错误码的异常压栈

缺页异常就是一个典型的带有错误码的异常。我们虽然将"Page Fault"翻译为"缺页异常"，事实上，引起 Page Fault 的原因不只是缺页，还有可能是页面访问权限问题等。因此，需要一个错误码来指出引起 Page Fault 的原因。所以，有时我们也称其为页面异常。

发生缺页异常时，处理器会将缺页地址存储到寄存器 CR2 中。因此，缺页异常处理函数需要从寄存器 CR2 中取出引起缺页的地址。

我们在容纳中断处理入口的文件 handler.S 中添加缺页异常入口 pf_handler，缺页异常处理的主体使用 C 语言实现为一个函数 do_page_fault，该函数接收 1 个参数，这个参数是引起缺页异常的地址。pf_handler 在保存完被中断进程的上下文后，从寄存器 CR2 中取出引起缺页异常的地址，按照 x86 调用约定，用寄存器 RDI 传递第 1 个参数给函数 do_page_fault，然后调用 do_page_fault 处理缺页异常，具体代码如下：

```
// kernel/handler.S

01  pf_handler:
02    SAVE_CONTEXT
03
04    mov %cr2, %rdi
05    call do_page_fault
06
07    RESTORE_CONTEXt
08    add $8, %rsp
09    iretq
```

第 2 行代码保存被中断进程的上下文。

第 4 行代码将 CR2 中的地址装载到寄存器 RDI 中，为调用函数 do_page_fault 准备参数。然后，第 5 行代码调用函数 do_page_fault 处理缺页异常。

处理完缺页异常后，处理器需要跳转到异常发生时的断点处继续执行，所以需要将处理器的状态恢复到异常发生时的状态。第 7、9 行代码分别恢复被中断进程的上下文以及处理器保存的断点信息。指令 iretq 将依次从栈中弹出值到寄存器 RIP、CS、RLAGS、RSP 和 SS，但是，此时栈顶还保存着一个错误码，因此，需要越过错误码，否则会将错误码弹出到指令指针寄存器 RIP 中，这就是第 9 行代码的目的。

函数 do_page_fault 目前仅处理缺页的情况，不考虑因为页面访问权限引起的异常，代码如下：

```
// mm/memory.c

void do_page_fault(unsigned long addr) {
  unsigned long pa = alloc_page();
  map_range(current->pml4, addr, pa, 0x4, 1);
}
```

在函数 do_page_fault 中，我们通过页面管理模块的接口 alloc_page 申请了一个空闲页

面，然后调用函数 map_range 在页表中建立虚拟地址 addr 到物理地址 pa 的映射关系，如
图 10-26 所示。

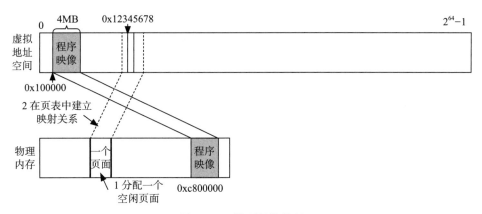

图 10-26　缺页异常处理

最后，我们调用函数 set_gate 将缺页异常处理函数的地址安装到中断处理描述符中：

```
// kernel/interrupt.c

void interrupt_init() {
  set_gate(14, (unsigned long)&pf_handler, GATE_EXCEPTION);
}
```

我们再次运行程序 app1，此时 kvmtool 将不再退出，而是在屏幕上连续输出从内存读
取的字符。

进程调度

想象我们使用计算机的一些场景，当你使用编辑器写着代码时，同时可能在听着音乐，偶尔可能打开浏览器查阅资料，或者从网络上下载资料。你会发现，写代码时并不用暂停音乐，通过浏览器查阅资料时无须暂停音乐，下载资料时也不需要暂停其他任务，看起来它们彼此之间不会产生任何影响，即使计算机只有一个 CPU。这就是所谓的多任务操作系统。事实上，除了我们可见的任务，还有很多任务悄悄地在后台运行。

当处理器有多个任务需要处理时，由于处理器个数有限，显然，不可能做到同时运行所有任务。这就需要操作系统以某种规则来决定这些任务执行的顺序，即进程调度。进程调度让各个任务交替执行，在一个任务执行一个时间片后再执行另外一个任务。虽然各个任务是交替执行的，但是，处理器的执行速度实在是太快了，我们感觉到所有的任务都在同时执行。

在本章，我们将再创建一个新的进程，然后在时钟中断处理函数中实现多任务调度机制。我们还将创建一个空闲任务，当没有就绪任务时运行。最后讲述如何在一个处理器上实现任务的切换。

11.1　任务状态

操作系统中的每个任务并不是时时刻刻都处于运行态。比如某个进程每隔 2s 向串口输出一个字符，那么在这 2s 之间任务就无须执行，内核的进程调度系统也不应该调度此任务运行。因此，我们为每个进程增加一个状态。目前我们使用两个状态：一个是任务正在运行或者就绪的状态 TASK_RUNNING；一个是任务没有工作需要做，处于可中断的睡眠态 TASK_INTERRUPTIBLE。

我们使用 C 语言中的枚举定义任务的状态。语法如下：

```
enum 枚举名 {
  枚举元素 1,
  枚举元素 2,
  …
};
```

枚举类型本质上是整型，如果一个变量的值可以一一列举出来，那么就可以将这个变量定义为枚举类型。枚举给数值赋予了一个名字，让数值看起来更直观，便于阅读和记忆。我们也可以不使用枚举，直接使用一个整型变量，但是枚举限定了枚举变量的取值范围，使用它，C 编译器可以更好地帮助我们进行类型检查。

我们定义了一个枚举 task_state，其可以取两个值，对应任务的两种状态，一个是 TASK_RUNNING，另外一个是 TASK_INTERRUPTIBLE。

```
// include/sched.h

enum task_state {
  TASK_RUNNING = 0,
  TASK_INTERRUPTIBLE
};
```

我们在任务结构体中定义了一个 task_sate 类型的枚举变量 state 表示任务状态，显然，state 的取值是 TASK_RUNNING 或者 TASK_INTERRUPTIBLE：

```
// include/sched.h

struct task {
  …
  enum task_state state;
  …
};
```

我们修改函数 make_task，初始时将任务均置为就绪状态：

```
// kernel/sched.c

static void make_task(unsigned long id, unsigned long entry,
                      unsigned long entry_pa) {
  struct task* task = malloc(sizeof(struct task));
  task->id = id;
  task->state = TASK_RUNNING;
  …
}
```

11.2 创建进程

目前我们有一个进程 1 在运行，再创建另一个进程 2，然后通过这两个进程，展示如何在一个 CPU 上实现多任务调度。初始的进程 2 也很简单，循环向串口打印一个字符"B"：

```
// app/app2.S

1:
  mov $0x3f8, %dx
  movb $'B', %al
  out %al, %dx

  jmp 1b
```

我们修改 Makefile 文件编译 app2.S：

```
// Makefile

kernel.bin: build boot16.bin boot32.bin system.bin \
            app/app1.bin app/app2.bin
  ./build

app/app2.bin: app/app2.o
  ld -Ttext=0x100000 app/app2.o -o app/app2.elf
  objcopy -O binary app/app2.elf app/app2.bin
```

通常情况下，内核会根据用户请求创建进程，从外存加载程序代码和数据到内存中。因为我们的内核现在尚未支持访问外存，所以，我们将程序的映像和内核打包在一起，借助 kvmtool 将其加载到内存中。之前我们将程序 app1 的映像加载在内存 200MB 处，并为程序 1 的映像预留 8MB 内存，这里将程序 app2 加载在 app1 之后，即内存 208MB（十六进制为 0xd000000）处。因为 kvmtool 会将内核映像加载到内存偏移 0x10000 处，因此，程序 2 的映像需要装载在内核文件偏移 0xd000000 − 0x10000 处，如图 11-1 所示。

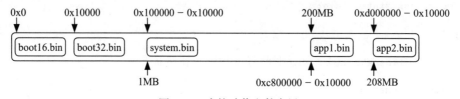

图 11-1　内核映像文件布局

我们修改 build.c 将程序 2 装载到内核映像文件偏移 0xd000000 − 0x10000 处：

```
// build.c

int main() {
  ...
  // app2
  lseek(fd_kernel, 0xd000000 - 0x10000, SEEK_SET);

  fd = open("app2.bin", O_RDONLY);
  while (1) {
```

```
    c = read(fd, buf, 512);
    if (c > 0) {
      write(fd_kernel, buf, c);
    } else {
      break;
    }
  };
  close(fd);
  ...
}
```

在 9.3 节，我们实现了一个创建进程的函数 make_task，这里，我们复用这个函数创建进程 2：

```
// kernel/sched.c

void sched_init() {
  make_task(1, 0x100000, 0xc800000);
  make_task(2, 0x100000, 0xd000000);

  current = task_head;
}
```

11.3 空闲任务

系统中并不是每时每刻都有任务需要运行，在没有任务运行时，我们需要让处理器停下来，节省能源。为此，我们创建一个特殊的进程，当没有就绪任务需要运行时，我们就让处理器运行这个任务，这个任务也称为空闲（idle）任务。

事实上，在创建进程 1 之前，在内核的引导阶段，我们创建了映射内核映像的页表，其根页表地址在标签 TASK0_PML4；我们创建了一个 4KB 大小的栈，其栈底在 task0_stack。我们将它们作为空闲进程的运行环境，这些是先于进程 1 创建的，因此，我们将这个空闲进程的 ID 赋值为 0，也称为进程 0。

显然，进程 0 还缺少一段代码，这个进程的核心逻辑就是执行指令 hlt 让处理器停止运转。当时钟中断到来时，处理器将醒来，执行时钟中断处理程序，检查是否有就绪任务需要运行，如果有则运行就绪任务，否则再次执行空闲进程让处理器停止运转。因此，空闲进程是一个以 hlt 指令为主体的循环。为了使处理器在停止运转期间能够响应中断，在执行 hlt 指令停止处理器运转之前，需要使用 sti 指令开启处理器响应中断标识。我们使用汇编语言编写这段代码，将其实现在文件 head64.S 中：

```
// head64.S

idle_task_entry:
1:
  sti
```

```
    hlt
    jmp 1b
```

然后我们实现一个函数 make_idle_task 创建一个空闲任务：

```
// kernel/sched.c

static void make_idle_task() {
  idle_task = malloc(sizeof(struct task));
  idle_task->id = 0;
  idle_task->state = TASK_RUNNING;
  idle_task->pml4 = TASK0_PML4;
  idle_task->kstack = (unsigned long)&task0_stack;
  idle_task->rsp0 = (unsigned long)&task0_stack;
  idle_task->rip = (unsigned long)&idle_task_entry;
}
```

最后在调度初始化函数中，调用函数 make_idle_task 创建空闲任务：

```
// kernel/sched.c

void sched_init() {
  make_task(1, 0x100000, 0xc800000);
  make_task(2, 0x100000, 0xd000000);
  make_idle_task();

  current = task_head;
}
```

11.4 任务调度

当系统中存在多个任务时，操作系统的调度子系统需要能够以某种规则让各个任务分别执行。显然，要想进行任务调度，一定是在内核掌握处理器的控制权时，内核以上帝视角对任务进行调度和切换。

一个进程大部分时候是运行在用户空间的，只有当发生中断或者应用调用内核中的函数请求内核服务时，才会陷入内核空间执行内核中的代码。当内核代码执行完成后，进程再次返回到用户空间继续执行，周而复始，如图 11-2 所示。

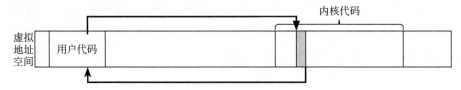

图 11-2 用户空间和内核空间的周而复始

因此，内核必须要在发生中断或者应用程序调用内核函数陷入内核空间时，进行任务调度。图 11-3 展示了进程 1 陷入内核空间运行内核代码，然后内核发起了调度，选择进程 2 作为下一个执行的任务，最后切换到进程 2 执行的过程。

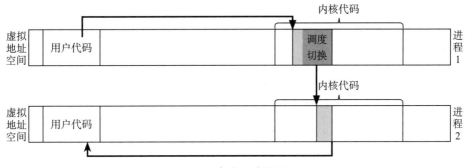

图 11-3　任务调度的过程

我们创建的虚拟计算机有一个处理器，而系统中有两个进程，所以我们需要在一个处理器上分时运行两个任务。我们实现一个简单的时间片轮转算法，该算法以时钟两次中断的间隔作为一个时间片。每个时钟中断到来时，当前任务的时间片耗尽，内核将停止运行当前任务，挑选下一个就绪任务执行。如果没有就绪任务，则执行空闲任务。

在具体实现上，我们将耗尽时间片的当前任务从任务队列的当前位置摘除，链接到队尾，重新排队等候下一个时间片的到来，然后从任务队列头开始遍历，寻找下一个就绪的任务，如图 11-4 所示。

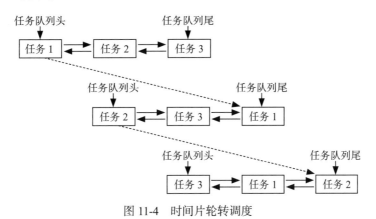

图 11-4　时间片轮转调度

我们将调度逻辑实现在 C 函数 do_timer 中。有一点需要特别注意，在时钟中断处理函数中，在调用 do_timer 之前，要将中断处理完成的命令 EOI 发送给中断芯片。否则，在首次从任务 1 切换到任务 2 时，任务 2 通过实现在 head64.S 中的函数 ret_from_kernel 进入用户空间后，并不会从 timer_hander 这个路径返回用户态，那么将没有机会向中断芯片发送 EOI 命令，导致中断芯片认为处理器一直在处理时钟中断，永远不会向处理器发送新的时钟中断了：

```
// kernel/handler.S

timer_handler:
  SAVE_CONTEXT

  movb $0x20,%al
  outb %al,$0x20

  call do_timer

  RESTORE_CONTEXT
  iretq
```

每当时钟中断发生时，如果当前正在执行的任务不是空闲任务，那么当前任务的时间片就用完了。我们在函数 do_timer 中将其从任务链表的当前位置摘除，链接到任务队列的末尾重新排队，然后调用函数 schedule 从任务队列头部开始选择下一个可以执行的任务：

```
// kernel/sched.c

01 void do_timer() {
02   if (current != idle_task) {
03     if (current != task_tail) {
04       if (current->prev) {
05         current->prev->next = current->next;
06       }
07       current->next->prev = current->prev;
08
09       current->prev = task_tail;
10       task_tail->next = current;
11
12       if (current == task_head) {
13         task_head = current->next;
14       }
15       task_tail = current;
16
17       current->next = NULL;
18     }
19   }
20
21   schedule();
22 }
```

如果当前任务就在队列尾部，显然无须移动，这是第 3 行代码的目的。

如果任务队列中只有一个任务，队列头和尾指针都指向当前任务，那么任务队列也不需要任何操作。否则，第 4 ～ 7 行代码首先将当前任务从任务队列的当前位置摘除。如果 current 的 prev 指针非空，表明 current 前面还有任务，第 5 行代码设置 current 前一个任务的 next 指针指向 current 之后的任务。第 7 行代码设置 current 之后任务的 prev 指针指向 current 的前一个任务。

将当前任务从队列摘除后，第 9 ～ 10 行代码将其链到队尾重新排队，等候下一个时间片的到来。第 9 行代码设置 current 的 prev 指针指向 task_tail，第 10 行代码设置 task_tail 的 next 指针指向 current，这两行代码将 current 追加到了队尾。

最后第 12 ～ 15 行代码更新队头和队尾指针。如果当前任务为队列头，则更新队列头指针指向当前任务后面的任务。毫无疑问，队尾指针需指向此时追加在链表尾部的 current。

current 此时是任务队列的队尾，所以最后将 current 的 next 设置为空，见第 17 行代码。

在将耗尽时间片的任务排在队尾后，我们调用函数 schedule 从任务队列头部开始重新选择下一个可以执行的任务：

```
// kernel/sched.c

01 void schedule() {
02   struct task* next = NULL;
03
04   for (struct task* t = task_head; t; t = t->next) {
05     if (t->state == TASK_RUNNING) {
06       next = t;
07       break;
08     }
09   }
10
11   if (!next) {
12     next = idle_task;
13   }
14
15   if (next != current) {
16     // 切换任务
17   }
18 }
```

函数 schedule 从任务队列重新挑选下一个投入运行的任务。其从队列头部开始遍历，只要遇到一个可以运行的任务，就作为下一个任务，见第 4 ～ 9 行代码。

如果遍历任务队列后，没有找到可以运行的任务，则将空闲任务作为下一个运行的任务，见第 11 ～ 13 行代码。

如果挑选好的任务不是当前正在运行的任务，则第 15 ～ 17 行代码执行任务切换。具体切换过程将在下一节讲述。

11.5 任务切换

同任务被中断时类似，当发生任务切换时，为了将来可以恢复运行被切换走的任务，我们需要保存即将被切换出去的任务的上下文，然后将即将投入运行的任务的上下文装载到处理器中。与任务被中断不同，当内核主动发起任务切换时，每个任务都已经处于内核空间，且任务用户态的上下文已经在进入内核的这一刻保存在了任务的内核栈中。所以，在切换任务的一刻，我们只需保存和恢复任务内核态的上下文，包括指令地址、内核栈顶和页表。

在每个任务的生命周期内，内核都为其创建了一个对应的任务结构体实例，所以，我们使用任务的结构体实例保存其内核态的上下文，如图 11-5 所示。

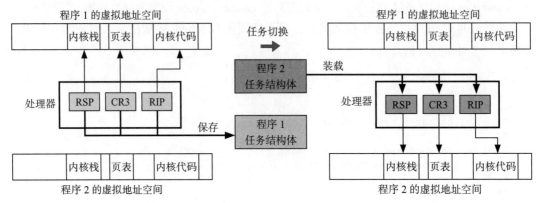

图 11-5　使用任务结构体保存任务内核态上下文

首先看当前任务内核态上下文的保存：

1）页表。因为在内核创建任务时，已经将任务的根页表地址记录在任务结构体实例的字段 pml4 中，所以切换时，无须刻意执行保存动作。

2）内核栈顶。任务结构体实例中的字段 rsp0 记录任务内核栈的栈顶，所以，我们在切换任务时，将寄存器 RSP 的值保存到当前任务结构体实例的字段 rsp0 中。

3）指令地址。在哪里中断，就应该在哪里恢复运行。显然，当前任务再次恢复运行时，指令地址应该是切换指令后的语句。所以，在任务切换发生前的最后一刻，我们将切换指令后的语句地址记录到当前任务结构体的字段 rip 中，如图 11-6 所示。

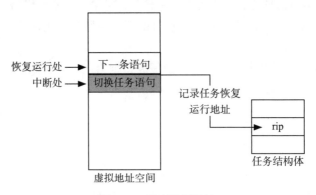

图 11-6　保存返回地址

接下来我们看看如何恢复即将投入运行任务的内核态的上下文：

1）页表。存储页表地址的寄存器 CR3 可以直接通过指令 mov 访问，而任务的根页表地址记录在任务结构体实例的字段 pml4 中，所以，我们通过一条 mov 指令就可以完成页表的切换。

2）内核栈顶。处理器的栈指针 RSP 也可以直接通过指令 mov 访问，而任务内核栈的栈顶记录在任务结构体实例的字段 rsp0 中，所以，我们仍然通过一条 mov 指令就可以完成内核栈的切换。

3）指令地址。切换指令指针要复杂一些，因为处理器不允许直接访问寄存器 RIP，所以我们间接地通过指令 ret 修改指令指针寄存器 RIP。我们将下一个运行的任务结构体实例的字段 rip 压入栈顶，然后执行 ret 指令弹出到 RIP，完成指令地址的切换，如图 11-7 所示。

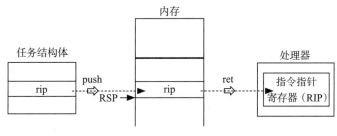

图 11-7　恢复指令指针

任务的切换部分涉及 CR3、RSP 等寄存器的操作，因此，我们使用汇编语言编写。具体代码如下：

```
// kernel/sched.c

01 void schedule() {
02   …
03   if (next != current) {
04     __asm__ ("mov %%rsp, %0\n\t"          \
05              "movq $1f, %1\n\t"           \
06              "mov %2, %%rsp\n\t"          \
07              "push %3\n\t"                \
08              : "=m"(current->rsp0), "=m"(current->rip)  \
09              : "m"(next->rsp0), "m"(next->rip)          \
10     );
11
12     tss.rsp0 = (unsigned long)next->kstack;
13     current = next;
14
15     __asm__ ("mov %0, %%cr3" : : "a" (next->pml4));
16     __asm__ ("ret");
17
18     __asm__ ("1:");
19   }
20 }
```

首先保存当前进程的断点信息：

1）保存当前进程的内核栈顶。第 4 行代码使用 mov 指令将当前进程的内核栈顶保存到任务结构体的字段 rsp 中，其中编号 0 对应第一个输出操作数"current->rsp0"。

2）保存当前进程恢复执行的指令地址。第 18 行代码在执行切换的语句后设置了一个标签，显然这个标签是当前进程下一次恢复运行时的地址，第 5 行代码使用 mov 指令将这个地址保存到任务结构体的字段 rip 中，其中"1f"对应标签 1，编号 1 对应第二个输出操作数"current->rip"。

保存好当前进程的断点信息后，接下来，我们需要恢复准备下一个投入运行的任务的上下文了：

1）恢复下一个任务的内核栈顶。第 6 行代码将下一个任务的内核栈的栈顶地址装载到寄存器 RSP 中，其中编号 2 对应第一个输入操作数"next->rsp0"。

2）恢复下一个任务恢复执行的指令地址。第 7 行代码将下一个任务即将执行的指令地址压入栈顶，第 16 行代码使用指令 ret 将这个地址弹出到 RIP 中。

3）在切换指令指针开始执行下一个任务前，还有两件事需要完成：第一件事是完成任务状态段中内核栈的切换，我们需要将任务状态段中的 rsp0 设置为指向下一个任务的内核栈的栈底，见第 12 行代码；第二件事是完成根页表的切换，见第 15 行代码。

当然，发生了任务切换后，内核中指向当前任务的指针 current 也需要更新为指向下一个运行的任务，见第 13 行代码。

第 12 章 *Chapter 12*

系 统 调 用

对于一个多任务的系统，如果多个任务同时访问一个系统资源，将导致冲突。为此，计算机系统限制只有处于最高特权级的内核才有权访问这些资源。内核为应用提供接口，统一协调资源的访问，各应用通过内核的接口请求内核提供服务，避免冲突。除了资源访问，还有很多场景需要内核提供服务，例如用户进程的管理、进程间的通信等。这些由内核为应用程序提供的服务称为系统调用。

系统调用和用户空间的函数调用类似，只不过调用的是内核中的函数。与普通的函数调用不同，应用不能通过 call 指令发起系统调用。早期，x86 处理器的应用程序通过发起中断的方式陷入内核执行系统调用，后来 x86 设计了专门的机制支持系统调用。在本章，我们将首先概述 64 位 x86 的系统调用工作机制，然后实现一个具体的系统调用 sleep，最后演示如何在应用中发起系统调用。为了解耦应用和内核，我们引入了一个重要的组件：C 库。

12.1 系统调用工作机制

在设计和实现一个复杂应用程序时，我们通常分而治之，将复杂问题拆解为若干子问题，通过多个功能独立的函数相互协作来解决一个复杂的问题。x86 为此设计了 call 和 ret 指令支持函数调用机制，如图 12-1 所示。

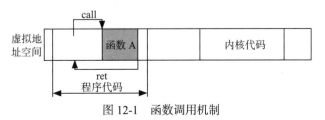

图 12-1 函数调用机制

但是并不是所有的问题都可以在用户空间解决，比如用户进程的管理、外设的访问、进程间的通信等，只有具有最高特权级的内核才能胜任。比如任务希望每隔 1 秒向串口输出一个字符，那么在每输出一个字符后，任务就需要挂起 1 秒。显然，应用程序自身是没办法做到这一点的，只有内核借助调度和时钟中断才能完成这个功能。因此，内核就可以实现一个名为 sleep 的函数，该函数接收一个参数说明挂起的时长。应用程序需要挂起时，就可以调用内核的 sleep 函数。

相对于用户空间的函数调用，应用程序调用内核中的函数称为系统调用，表示这个调用是由操作系统提供的。与用户空间的函数调用相比，系统调用跨越了特权级，而指令 call 和 ret 是不支持跨特权级的，因此，64 位 x86 处理器设计了指令 syscall 和 sysret 来支持应用程序调用操作系统内核中的函数，显然，前缀 sys 来自英文单词 system。

在 64 位模式下，当应用程序通过 syscall 发起系统调用时，处理器将从 MSR 寄存器中获取系统段的段选择子，加载到 CS 和 SS 中，从而完成特权级的切换。然后将 MSR 寄存器记录的系统调用入口地址装载到指令指针 RIP 中，跳转到内核中的系统调用入口。每一个系统调用有一个唯一的系统调用号，系统调用入口根据系统调用号跳转到具体的内核函数。与用户空间的函数调用类似，用户程序和内核也可以通过寄存器和内存传递参数。

64 位 x86 的系统调用基本遵循 x86 的用户空间调用约定，但略有不同：

1）系统调用使用寄存器 RAX 传递调用号。

2）用户程序使用寄存器 RDI、RSI、RDX、RCX、R8、R9 传递参数。系统调用使用 R10 代替 RCX 传参，RCX 被用于保存用户程序的返回地址。在加载系统调用入口到 RIP 前，处理器使用寄存器 RCX 存储 RIP 中被中断的应用程序的地址，然后在执行 sysret 时，从 RCX 中将其恢复到 RIP。

应用程序在发起系统调用前，将系统调用号装载到寄存器 RAX 中，将参数依次装载到 RDI、RSI 等寄存器中，然后执行指令 syscall 发起系统调用。内核中的系统调用入口从寄存器 RAX 中获取具体的系统调用号，然后根据系统调用号，调用对应的内核函数。内核函数从参数寄存器中获取参数，执行用户请求，最后将返回给应用的结果存入寄存器 RAX，执行 sysret 返回用户空间，如图 12-2 所示。

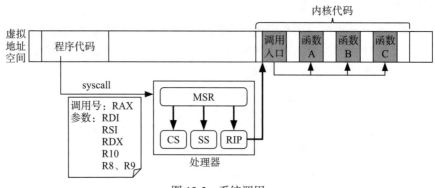

图 12-2　系统调用

12.2 内核系统调用入口

当应用发起系统调用时，处理器将转而去运行内核函数，待执行完内核函数后，又从应用程序发起系统调用处的后一条指令继续运行。对于 syscall，虽然称为调用，但是理论上和中断类似，只是应用通过 syscall 这个指令陷入内核，有点类似于应用主动发起中断。所以我们采用与处理中断类似的方式，由内核的系统调用入口负责保存和恢复应用的上下文。同中断类似，因为具体的系统调用使用 C 函数实现，所以我们并不保存和恢复全部的寄存器，而是借助 x86 调用约定，不处理 RBX、RBP、R12-15 这些由被调者负责保存的寄存器，C 编译器在具体的系统调用中会自动处理那些被调用者使用的寄存器。

在发起系统调用前，RAX 用于存储系统调用号。在系统调用返回时，RAX 用于存储返回值。所以 RAX 无须保存，更不能恢复，否则反而破坏了返回值。

为了不保存和恢复 RAX，我们改造宏 SAVE/RESTORE_CONTEXT，分别增加一个参数。以宏 SAVE_CONTEXT 为例，如果参数 save_rax 为 1，则表示存储寄存器 RAX，否则不保存 RAX。该参数的默认值为 1。宏 RESTORE_CONTEXT 与之类似：

```
// kernel/handler.S

.macro SAVE_CONTEXT save_rax = 1
  pushq %rdi
  pushq %rsi
  pushq %rdx
  pushq %rcx
  .if \save_rax
  pushq %rax
  .endif
  pushq %r8
  pushq %r9
  pushq %r10
  pushq %r11
.endm

.macro RESTORE_CONTEXT rstore_rax = 1
  popq %r11
  popq %r10
  popq %r9
  popq %r8
  .if \rstore_rax
  popq %rax
  .endif
  popq %rcx
  popq %rdx
  popq %rsi
  popq %rdi
.endm
```

在发生中断时，处理器会自动从任务状态段中取出 rsp0 设置 RSP，完成用户栈和内核栈的切换。但是当应用通过执行 syscall 指令使处理器陷入内核中的系统调用入口时，处理器并不会处理用户栈和内核栈之间的转换，而是需要由内核自己处理。

进程的内核栈存储在任务状态段中的 rsp0，我们只需要将 rsp0 装载到栈指针 RSP，就将栈切换到了内核栈。但是，在进入系统调用入口这一时刻，栈指针 RSP 中存储的是用户栈的栈顶，如果我们只是简单地覆盖掉栈指针 RSP 中的值，那么从系统调用返回时，就再也找不到用户栈了。所以，我们首先需要保存用户栈顶，然后再加载 rsp0 到 RSP 中。

那么将用户栈顶保存在哪里呢？我们首先想到的自然是进程的内核栈。但是此时寄存器 RSP 存储的是用户栈的栈顶，在设置其指向内核栈前，必须首先将其中的用户栈顶保存起来，否则用户栈顶的值就被覆盖了。另一个可供选择的是每个进程的任务结构体，我们可以考虑在任务结构体中定义一个字段保存用户栈栈顶。但是事实上，我们只是需要一个临时寄存的地方，一旦 RSP 切换为进程内核栈之后，就可以使用进程内核栈保存用户栈的栈顶了。任务状态段其实为处理器的特权级 0、1、2 分别预留了存储栈指针的字段，因此，在切换到内核栈之前，我们可以首先将寄存器 RSP 中存储的用户栈的栈顶临时存储到任务状态段中的 rsp2 字段，然后再将 rsp0 装载到栈指针 RSP，完成用户栈到内核栈的切换，如图 12-3 所示。

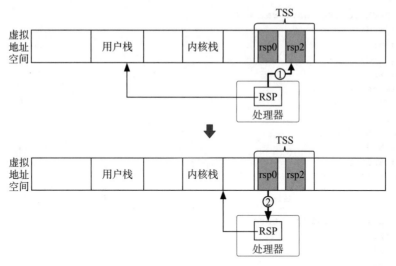

图 12-3   系统调用时栈的切换

在切换为内核栈后，我们就可以将任务状态段中的 rsp2 字段压入进程内核栈，完成用户栈的保存了。在执行完系统调用后，返回用户空间前，将内核栈底的用户栈顶恢复到栈指针 RSP 中，恢复用户栈。

内核会为应用提供多种系统调用，我们将这些系统调用组织在一个数组中，使用系统调用号作为索引。我们可以使用 SIB+disp 的方式寻址数组元素：

```
(Base + Index * Scale) + Displacement
```

对于系统调用这个一维数组，数组的地址是一个常数，因此，我们不使用 Base，而是将 disp 作为数组的基址，将系统调用号作为 Index。Scale 为每个数组元素的大小，64 位模式下每个函数的地址是 8 个字节。因此，AT&T 对应的汇编语法为：

```
disp(, Index, Scale)
```

我们在目录 kernel 下创建一个新的文件 syscall.c，将系统调用相关的代码存储在此文件中。我们在该文件中定义存储系统调用的数组 syscall_table，每个数组元素是一个函数指针 fn_ptr：

```
// kernel/syscall.c

typedef int (*fn_ptr)();

fn_ptr syscall_table[] = {};
```

具体的系统调用入口实现在文件 handler.S 中：

```
// kernel/handler.S

01 .globl system_call
02
03 system_call:
04    mov %rsp, tss + 20
05    mov tss + 4, %rsp
06
07    pushq tss + 20
08    SAVE_CONTEXT 0
09
10    call *syscall_table(, %rax, 8)
11
12    RESTORE_CONTEXT 0
13    pop %rsp
14
15    sysretq
```

第 1 行代码将符号 system_call 声明为全局变量，以便后面设置 MSR 寄存器的 C 代码可以访问这个符号。

第 4 行代码将当前寄存器 RSP 中的用户栈顶保存到任务状态段中的字段 rsp2，rsp2 相对于任务状态段的基址偏移为 20 字节，所以 rsp2 的内存地址为 tss + 20。在保存完用户栈顶后，第 5 行代码将任务状态段中的字段 rsp0 中保存的进程内核栈加载到寄存器 RSP，rsp0 相对于任务状态段的基址偏移为 4 字节，所以 rsp0 的内存地址为 tss + 4。此条指令执行完成后，栈指针指向了进程的内核栈，完成了从用户栈到内核栈的切换。

切换到进程的内核栈后，我们就可以使用内核栈保存用户态上下文了。第 7 行代码首先将临时寄存在任务状态段中的字段 rsp2 中的用户栈顶压入内核栈中。第 8 行代码使用宏

SAVE_CONTEXT 保存主调函数负责保存的寄存器，这里无须保存 RAX 寄存器，所以给宏
SAVE_CONTEXT 传递一个参数 0。

保存好上下文后，第 10 行代码通过指令 call 调用具体的系统调用，其中寄存器 RAX
保存的是应用程序存入的系统调用号。因为系统调用入口和系统调用位于同一个特权级，
所以我们又可以使用指令 call 进行函数调用了。但是需要特别注意的是，此处我们并不是
跳转到数组 syscall_table 中的元素处执行指令，而是首先取出数组元素中存储的内核函数地
址，然后跳转到内核函数去执行，所以需要在 syscall_table 前面加一个"*"，告知处理器
这是一个间接跳转，如图 12-4 所示。这是 AT&T 汇编语法，表示间接跳转，是不是有点像
C 语言中指针的用法。

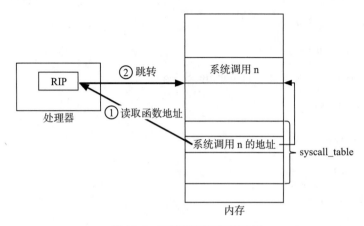

图 12-4　系统调用的间接跳转

调用完成后，第 12 行代码使用 RESTORE_CONTEXT 从进程内核栈恢复用户空间上下
文，类似地，不需要恢复寄存器 RAX，所以给宏 RESTORE_CONTEXT 传递一个参数 0。
然后第 13 行代码从内核栈弹出用户栈顶到栈指针 RSP，恢复用户栈。

最后执行 sysret 指令从内核返回应用程序。

12.3　设置 MSR 寄存器

64 位模式下系统调用相关的 MSR 寄存器包括 STAR、LSTAR 和 SFMASK，格式如图 12-5
所示。

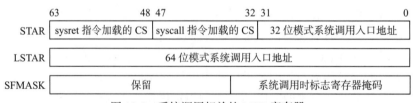

图 12-5　系统调用相关的 MSR 寄存器

其中寄存器 STAR 中的"S"取自指单词 Syscall 的首字母,"TAR"取自单词 TARget 中的前 3 个字母,该寄存器存储 syscall 和 sysret 指令执行时的代码段选择子。在 32 位模式下,STAR 的低 32 位用于记录系统调用的入口地址。

在 64 位模式下,显然 32 位不足以存储地址了,所以使用寄存器 LSTAR 保存 64 位模式下系统调用入口地址,L 是 Long 的首字母。

当应用发起系统调用时,可以通过寄存器 SFMASK 给处理器传递标志,"SF"取自 Syscall Flag。凡是寄存器中 SFMASK 设置的位,处理器都将从标志寄存器中清除。比如,如果应用希望系统调用期间关闭中断,而标志寄存器中第 9 位是中断使能位 IF,那么就需要在发起系统调用前,将 SFMASK 中的第 9 位设置为 1。

当应用程序执行 syscall 指令发起系统调用时,处理器将执行如下操作。

1)处理器取出寄存器 STAR 中的第 32 ~ 47 位,共 16 位,作为内核代码段选择子,加载到段寄存器 CS 中。

2)处理器将寄存器 STAR 的第 32 ~ 47 位的值加上数字 8 后作为内核栈段选择子,装载到段寄存器 SS 中。8 的二进制为 1000,我们知道段寄存器中的低三位用于权限和描述符表选择,从第 4 位开始用作段选择子,而 1000 的第 4 位为 1,所以加数字 8 本质上是将段选择子增加了 1。换句话说,这就要求栈段描述符必须位于段描述符表中紧邻内核代码段描述符之后。

3)处理器将标志寄存器的内容存储到寄存器 R11 中,然后依据 SFMASK 中的设置将标志寄存器中对应位清除,使用伪代码表述如下:

```
(RFLAGS & !SFMASK) -> RFLAGS
```

4)在加载系统调用入口到 RIP 前,处理器需要保存 RIP 中的指令地址,在完成系统调用后,处理器才能返回到用户空间发起系统调用处后的代码。64 位 x86 使用寄存器 RCX 保存返回地址,所以指令 syscall 将寄存器 RIP 中的内容装载到寄存器 RCX 中。

5)处理器将寄存器 LSTAR 中的 64 位系统调用入口地址装载到指令指针 RIP,跳转到内核系统调用入口执行。

在完成系统调用后,内核执行 sysret 指令返回用户空间时,处理器将执行如下操作:

1)如果返回到 32 位模式,则将寄存器 STAR 的第 48 ~ 63 位作为用户代码段选择子直接装载到段寄存器 CS 中;如果返回到 64 位模式,则将该字段加上数字 16 后再装载到段寄存器 CS 中。16 的二进制为 10000,除去后 3 位,余下的数字 10 为十进制的 2,相当于段选择子增加了 2,因此,这就是为什么在段描述符表中 64 位用户代码段位于 32 位用户代码段之后,并且中间间隔了用户数据段。

2)无论返回到 32 位模式还是 64 位模式,处理器均取出寄存器 STAR 的第 43 ~ 68 位,加上数字 8 后作为用户栈段选择子装载到段寄存器 SS 中。因此,用户段描述符必须按照如下顺序依次紧邻定义在段描述符表中:32 位用户代码段描述符、用户数据段描述符和 64 位用户代码段描述符。

3）从寄存器 R11 中恢复标志寄存器。

4）从寄存器 RCX 中恢复指令指针 RIP，返回用户空间。

64 位 x86 提供了专门读写 MSR 寄存器的指令。写 MSR 寄存器的指令为 wrmsr，该指令从寄存器 ECX 中读取目标 MSR 寄存器的 ID，将寄存器 EAX 中的值写入目标 MSR 寄存器的低 32 位，将寄存器 EDX 中的值写入目标 MSR 寄存器的高 32 位。我们使用指令 wrmsr 设置各 MSR 寄存器，寄存器 STAR、LSTAR 和 SFMASK 的 ID 分别为 0xc0000081、0xc0000082 和 0xc0000084，具体代码如下：

```
// kernel/syscall.c

01 #define MSR_STAR 0xc0000081
02 #define MSR_LSTAR 0xc0000082
03 #define MSR_SYSCALL_MASK 0xc0000084
04
05 #define RF_IF 0x00000200
06
07 void syscall_init() {
08   uint64_t star_val = (uint64_t)USER32_CS << 48
09                       | (uint64_t)KERNEL_CS << 32;
10   uint64_t syscall_entry = (uint64_t)system_call;
11   uint64_t syscall_mask = RF_IF;
12
13   __asm__("wrmsr": : "c" (MSR_STAR),
14     "a" ((uint32_t)star_val), "d" (star_val >> 32));
15   __asm__("wrmsr": : "c" (MSR_LSTAR),
16     "a" ((uint32_t)syscall_entry), "d" (syscall_entry >> 32));
17   __asm__("wrmsr": : "c" (MSR_SYSCALL_MASK),
18     "a" ((uint32_t)syscall_mask), "d" (syscall_mask >> 32));
```

第 8、9 行代码按照寄存器 STAR 的格式组织此寄存器的值，分别设置用户代码段和内核代码段，然后第 13、14 行代码使用指令 wrmsr 将该值写入寄存器 STAR。因为指令 wrmsr 从寄存器 ECX 读取 MSR 的 ID，分别将寄存器 EAX 和 EDX 的值写入 MSR 寄存器的低 32 位和高 32 位，所以，我们在内联汇编的输入部分分别使用约束 c、a 和 d 告知 gcc 编译器将各个值预先装载到寄存器 ECX、EAX 和 EDX 中。

第 10、15 行代码将系统调用入口 system_call 的地址写入寄存器 LSTAR。

在系统调用发生时，我们不希望它被中断打断，所以我们设置 SFMASK 寄存器中的 IF 位，告知处理器在执行系统调用期间关闭中断。在标志寄存器中，第 9 位为中断标志位，所以 SFMASK 的第 9 位需要为 1，对应的十六进制为 0x200，我们将该值定义为宏 RF_IF，见第 4 行代码，然后第 17 行代码使用指令 wrmsr 将其写入 SFMASK 寄存器。

我们在内核初始化时，调用 syscall_init 初始化系统调用相关的 MSR 寄存器：

```
// main.c
```

```
int main() {
  ...
  syscall_init();
  ...
}
```

12.4 实现系统调用 sleep

应用程序运行时常常有挂起的请求，以应用 app1 和 app2 为例，这两个程序连续地向串口输出字符，我们希望它们每隔一段时间向串口输出一个字符。因此，在本节中，我们实现一个系统调用 sleep，其接收一个参数，使得应用程序可以通过这个参数设定挂起的时间。

我们在内核中定义一个结构体 timer，每当用户程序调用 sleep 请求挂起时，内核就创建一个结构体 timer 的实例，timer 中有一个记录时钟到期时间的字段 alarm，就像我们设定一个闹钟一样。同时将当前任务状态设置为挂起，然后请求调度系统进行调度，挂起当前任务，执行下一个就绪任务。因为可能有多个任务调用 sleep，所以内核中可能有多个 timer 实例，为此我们在内核中创建一个 timer 链表，将 timer 实例都链接到 timer 链表中。

我们设置一个全局变量 ticks，记录中断发生的次数，每当时钟中断到来时，ticks 累加1。当应用调用 sleep 时，将会传递进一个以毫秒（ms）为单位的挂起时间，因为内核将时钟中断的周期设置为10ms，所以 timer 的到期时间 alarm 为 ticks + ms / 10，其中 "ms / 10" 表示将 ms 转换为中断次数。

每次时钟中断发生时，时钟中断处理函数就要遍历 timer 链表，对比 timer 中的字段 alarm 和全局变量 ticks，如果某个 timer 的 alarm ≤ ticks，那么说明这个 timer 到期了，如图 12-6 所示。此时，时钟中断处理函数会将到期的 timer 关联的任务的状态设置为就绪，然后请求调度系统进行调度，运行到期的任务。

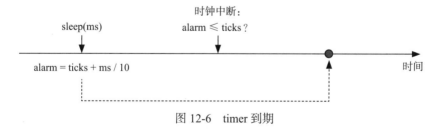

图 12-6　timer 到期

结构体 timer 以及 timer 队列等相关变量定义如下：

```
// include/sched.h

struct timer {
  unsigned long alarm;
  struct task* task;
```

```
  struct timer* next;
  struct timer* prev;
};

// kernel/sched.c

unsigned long ticks;
struct timer* timer_head;
struct timer* timer_tail;
```

具体的系统调用 sleep 实现如下：

```
// kernel/sched.c

01 int do_sleep(long ms) {
02    struct timer* t = malloc(sizeof(struct timer));
03    t->task = current;
04    t->alarm = ticks + ms / 10;
05
06    if (!timer_head) {
07      timer_head = t;
08      timer_tail = t;
09      t->prev = t->next = NULL;
10    } else {
11      timer_tail->next = t;
12      t->prev = timer_tail;
13      t->next = NULL;
14      timer_tail = t;
15    }
16
17    current->state = TASK_INTERRUPTIBLE;
18    schedule();
19
20    return 0;
21 }
```

第 2 ～ 4 行代码创建了一个 timer 实例，将其与当前任务关联，并设置到期时间。这里需要将用户程序传递进来的 ms 转换为中断次数。

然后将 timer 实例链接到 timer 链表中。如果 timer 链表为空，那么将链表的头和尾都指向新的 timer 实例，并将 timer 实例的 next 和 prev 均设置为空，见第 6 ～ 9 行代码。

如果 timer 链表非空，那么将新的 timer 实例追加到链表末尾，并更新链表尾部指针 timer_tail 指向新的 timer 实例，见第 11 ～ 14 行代码。

最后将当前任务设置为挂起状态，调用函数 schedule 发起调度请求，见第 17、18 行代码。

完成系统调用 do_sleep 后，我们还需要将其加入系统调用数组，这样系统调用入口才能找到这个系统调用：

```
// kernel/syscall.c

typedef int (*fn_ptr)();

fn_ptr sys_call_table[] = { do_sleep };
```

每次时钟中断到来时，时钟中断处理函数都要遍历 timer 链表，检查是否有 timer 到期。
如果有 timer 到期，则将其关联的任务状态更新为就绪状态，请求调度系统重新调度，运行
到期的任务：

```
// kernel/sched.c

01 void do_timer() {
02   ticks++;
03
04   for (struct timer* t = timer_head; t; t = t->next) {
05     if (t->alarm <= ticks) {
06       t->task->state = TASK_RUNNING;
07
08       if (t == timer_head && t == timer_tail) {
09         timer_head = NULL;
10         timer_tail = NULL;
11       } else if (t == timer_head) {
12         timer_head = t->next;
13         t->next->prev = NULL;
14       } else if (t == timer_tail) {
15         timer_tail = t->prev;
16         t->prev->next = NULL;
17       } else {
18         t->prev->next = t->next;
19         t->next->prev = t->prev;
20       }
21
22       free(t);
23     }
24   }
25   …
26   schedule();
27 }
```

每次时钟中断到来时，时钟中断处理函数将 ticks 加 1，见第 2 行代码。然后遍历 timer
链表，检查是否有 timer 到期。如果某个 timer 的 alarm 小于或等于滴答数 ticks，那么说明
timer 到期了，我们将 timer 关联的任务的状态更改为就绪态，见第 5、6 行代码。

然后将到期的 timer 对象从 timer 链表删除。删除时要考虑链表只有一个 timer，以
及 timer 是链表头和链表尾等边界情况，第 8 ～ 10 行代码对应只有一个 timer 的情况，第
11 ～ 13 行代码对应 timer 是链表头的情况，第 14 ～ 16 行代码对应 timer 是链表尾的情况。

最后第 22 行代码调用内存块管理系统的接口 free 释放动态申请的 timer 实例。

12.5 C 库

编写好内核中的系统调用后，我们就可以在应用中通过 syscall 发起系统调用了，如图 12-7 所示。

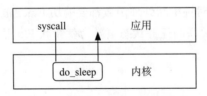

图 12-7 应用直接发起系统调用

我们改造 app1，每隔 1s 向串口写一个字符 A：

```
// app/app1.S

01  .text
02  .code64
03  1:
04    mov $0x3f8, %dx
05    mov $'A', %ax
06    out %ax, %dx
07
08    mov $1000, %rdi
09    mov $0, %rax
10    syscall
11
12    jmp 1b
```

我们在每次循环中都调用一次内核中的系统调用 do_sleep。

应用需要告诉内核挂起的时间，这也是系统调用 do_sleep 接收的第一个参数。根据 x86 调用约定，第一个参数通过寄存器 RDI 传递，第 8 行代码将寄存器 RDI 设置为 1000，请求内核将应用挂起 1000ms。

内核中的系统调用入口从寄存器 RAX 获取具体的系统调用号，系统调用入口以系统调用号从系统调用数组 syscall_table 中索引具体的系统调用，内核中 do_sleep 是系统调用数组 syscall_table 中的第一个元素，所以 do_sleep 对应的系统调用号为 0，因此第 9 行代码将 0 装载到寄存器 RAX 中。

最后第 10 行代码运行 syscall 指令发起系统调用。

通过类似的方式改造 app2，编译后运行，我们将看到字符 A 和 B 以每秒 1 次的频率输出在屏幕上。

在上面的代码中，应用直接通过指令 syscall 发起系统调用，导致应用和下面的内核紧密地绑定在了一起。但是应用没有必要，也不应该和特定的操作系统绑定在一起，应用程序应该有更好的移植性，可以运行在不同的操作系统之上。应用和操作系统内核之间需要插入一层将二者解耦，新插入这一层向上为应用提供统一的标准接口，向下负责适配不同的操作系统内核。因此，操作系统通常在内核之上引入 C 库，如图 12-8 所示。有了 C 库后，应用不再直接面对内核，也不再需要关注发起系统调用的是处理器的 syscall 指令还是其他什么指令，只需要调用 C 库提供的标准接口 sleep 就可以了，这里应用发起系统调用和普通函数调用并无二致。C 库负责适配不同的操作系统内核，为应用程序提供一套标准的 C 接口。

当然了，C 库中不仅仅有对内核系统调用的封装，还实现了若干应用都需要使用的通用功能供不同应用复用，避免在不同应用中重复实现。比如图 12-9 中的 memcpy 函数，就是一个不需要借助内核、直接由 C 库实现的库函数。

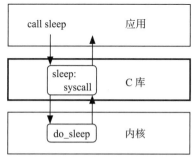

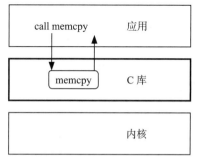

图 12-8　引入 C 库　　　　　　　图 12-9　库函数

我们在 C 库中为应用提供一个标准的接口 sleep，该接口通过 syscall 调用内核中的函数 do_sleep。我们在目录 app 下创建一个名为 libc 的目录，C 库相关的文件将放置在此目录下。我们在目录 libc 下创建一个文件 syscall.S，将系统调用实现在此文件中：

```
// app/libc/syscall.S

#define SYSCALL_SLEEP 0

.globl sleep

sleep:
  mov $ SYSCALL_SLEEP, %rax
  syscall
  ret
```

我们定义一个文件 std.h，对应用提供的标准接口将声明在此文件中。我们在该文件中为函数 sleep 声明一个 C 函数原型，该函数原型接收一个参数，为应用请求的挂起时间，单位为 ms。C 编译器根据这个声明，在调用 sleep 时，遵照 64 位 x86 调用约定，将自动生成汇编指令将参数 ms 装载到寄存器 RDI：

```
// app/libc/std.h

int sleep(long ms);
```

我们修改 Makefile 编译 C 库，使用 make 中的隐式规则自动将 syscall.S 文件编译为目标文件 syscall.o。C 库和具体应用链接时，其中的符号需要重新分配地址，所以需要将 C 库链接为一个可重定位的目标文件，为此需要给链接器 ld 传递一个选项 -r，r 是英文单词 relocatable 的首字母：

```
// Makefile

app/libc/libc.o: app/libc/syscall.o
  ld -r -o $@ $^
```

不知读者是否留意过这个问题，在前面学习 C 语言时，所有的程序入口都是 main。事实上，无论是在 DOS、Windows，还是在 Linux 操作系统下，使用 C 语言编程时，几乎所有程序的入口函数都是 main，那么究竟是谁来调用这个 main 函数的呢？

应用程序运行在操作系统之上，程序启动前和退出前需要进行一些初始化和善后工作，比如操作系统需要向应用程序传递参数以及环境变量等。而且，有些初始化动作需要在 main 函数运行前完成。这些操作是公共的，于是 C 库将它们抽取出来实现为公共代码，这些公共代码称为启动代码（startup code）。

为此，我们也在 C 库中实现启动代码。我们的启动代码比较简单，目前只是跳转到应用的入口 main 函数。虽然其中只有一行代码，但是有了这一部分后，应用程序只需要提供一个名为 main 的 C 函数，启动代码就会自动找到程序的入口：

```
// app/libc/start.S

call main
```

12.6　应用调用 sleep 挂起

有了 C 库中的启动代码后，我们就可以使用 C 语言编写应用程序了。我们使用 C 语言改写 app1 和 app2，然后在每次向串口输出字符后，调用 C 库中的 sleep 将自己挂起 1 秒，代码如下：

```
// app/app1.c

#include "app/libc/std.h"
#include "include/print.h"

int main() {
  while (1) {
    print('A');
    sleep(1000);
  }
}
```

```
// app/app2.c

#include "app/libc/std.h"
#include "app/libc/print.h"

int main() {
  while (1) {
    print('B');
    sleep(1000);
  }
}
```

我们修改 Makefile 编译 app1 和 app2。编译时需要将启动代码链接在应用的最前面。
另外，对于应用程序 app1.c 和 app2.c，为了避免 Makefile 中的隐式规则使用变量 CFLAGS
中为内核专属设置的 C 编译器标志，我们使用显式命令编译它们：

```
// Makefile

# libc
app/libc/libc.o: app/libc/syscall.o
  ld -r -o $@ $^

# app
app/app1.o: app/app1.c
  gcc -I. -c -o $@ $<

app/app1.bin: app/libc/start.o app/app1.o app/libc/libc.o
  ld -Ttext=0x100000 $^ -o app/app1.elf
  objcopy -O binary app/app1.elf $@

app/app2.o: app/app2.c
  gcc -I. -c -o $@ $<

app/app2.bin: app/app2.o app/libc/libc.o
  ld -Ttext=0x100000 $^ -o app/app2.elf
  objcopy -O binary app/app2.elf $@
```

如果一切正常，运行 make run 后，可以在屏幕上看到字符 A 和 B 以间隔 1 秒的频率输出。

Chapter 13 第 13 章

进程间通信

对于多任务系统，一个系统中会运行多个进程，每个进程有自己的地址空间，不能在一个进程中直接访问另一个进程中的数量，这也是系统安全需要。但是，进程不是孤立的，很多任务需要多个进程协作完成，不同的进程需要进行信息的交互和状态的传递等，如一个进程需要将它的数据发送给另一个进程；一个进程需要向另一个或一组进程发送信号，通知它某个事件发生了；等等。所以操作系统内核需要支持进程间通信（Inter Process Communication，IPC）。计算机科学家们设计了多种进程间通信机制，典型的包括用于数据传输的消息队列和共享内存，用于进程间同步和互斥的信号量等。

在本章，我们将实现共享内存通信机制。我们首先讲述共享内存的工作原理，然后在内核中实现一个共享内存调用，并在 C 库中实现对系统调用的封装，最后通过两个应用程序演示如何通过共享内存进行通信。

13.1 共享内存原理

共享内存是一种常用的进程间通信方式，不同进程通过访问同一块内存区域实现数据共享和交互。每个进程可以将自身的虚拟地址映射到物理内存中的特定区域，当不同进程将相同的物理内存区域与各自的虚拟地址空间关联时，这些进程间就能通过共享内存来完成通信。通过共享内存，可以避免数据的复制。而且，访问共享内存区域和访问进程独有的内存区域一样，并不需要通过系统调用，也无须切入内核空间。所以共享内存是一种最高效的进程间通信方式。

我们定义一个结构体 shm 描述一个共享内存块，为简单起见，共享内存的内存块大小为一个页面：

```
// ipc/shm.c

struct shm {
  char* name;
  unsigned long page;

  struct shm* next;
};
```

系统中可以存在多个不同的共享内存，我们为每个共享内存指定一个名字 name，用来区分不同的共享内存。字段 page 指向一个用于共享内存的物理页面。多个共享内存使用一个链表相连，所以结构体 shm 中还定义了一个字段 next 用于链接共享内存。如图 13-1 所示。

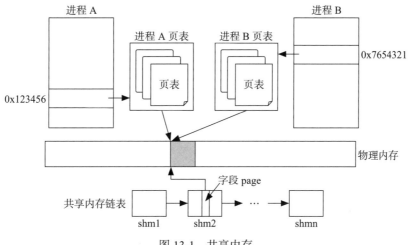

图 13-1 共享内存

当一个应用程序申请访问某个共享内存时，具体步骤如下：

1）应用程序通过内核提供的系统调用，请求内核创建或者返回已有共享内存的虚拟地址，应用会将共享内存的名字传递给内核。

2）内核以用户传递的共享内存的名字作为关键字，查找共享内存链表。如果共享内存尚未创建，那么内核将创建一个结构体 shm 实例，并将 shm 实例链接到共享内存链表中。

3）如果是新创建的结构体 shm 实例，那么内核还要通过内存页管理系统分配一个空闲物理页面作为共享内存页，记录到 shm 实例的字段 page 中。

4）内核在进程的地址空间中的用户空间部分分配一个页面大小的虚拟内存区域用于映射共享内存页。

5）内核在页表中建立虚拟内存区域到共享内存页的映射关系。

6）内核将虚拟地址返回给应用程序，而后应用程序就可以如同访问自己的内存一样访问共享内存。

13.2 内核共享内存实现

这一节我们在内核中实现共享内存系统调用 do_shm。

函数 do_shm 接收一个字符串类型的参数，即应用传递进来的共享内存的名字，作为共享内存的一个标识，用于区分访问的是哪个共享内存。然后 do_shm 遍历共享内存实例链表，寻找与应用程序传递的名称相同的共享内存。如果找到了，则调用函数 map_range 将共享内存映射到当前进程的地址空间。目前我们的进程尚未实现完善的地址空间管理，暂时使用一个固定的虚拟地址 0x4000000 作为共享内存映射的虚拟地址。

如果内核中尚未有此共享内存，函数 do_shm 需要创建一个新的共享内存实例，为其申请空闲物理页面作为共享内存页，并将新创建的共享内存链接到共享内存链表中，最后调用函数 map_range 将共享内存映射到当前进程的地址空间。

我们在顶层目录下创建一个名为 ipc 的目录，用于存放进程间通信相关的实现。我们将共享内存实现在此目录下的文件 shm.c 中：

```
// ipc/shm.c

01 int do_shm(char* name) {
02   struct shm* shm = NULL;
03   unsigned long va = 0x4000000;
04
05   for (struct shm* s = shm_head; s; s = s->next) {
06     if (!strcmp(s->name, name)) {
07       shm = s;
08       break;
09     }
10   }
11
12   if (!shm) {
13     shm = malloc(sizeof(struct shm));
14     int len = strlen(name);
15     shm->name = malloc(len + 1);
16     memcpy(shm->name, name, len);
17     shm->name[len] = '\0';
18     shm->page = alloc_page();
19     shm->next = NULL;
20
21     if (shm_head == NULL) {
22       shm_head = shm;
23       shm_tail = shm;
24     } else {
25       shm_tail->next = shm;
26       shm_tail = shm;
27     }
28   }
29
30   map_range(current->pml4, va, shm->page, 0x4, 1);
```

```
31
32   return va;
33 }
```

我们使用一个固定的虚拟地址 0x4000000 作为共享内存映射的虚拟地址，见第 3 行代码。

第 5 ～ 10 行代码遍历共享内存链表，寻找名字与应用请求相同的共享内存。其中 strcmp 是我们实现在目录 lib 下的文件 string.c 中的一个字符串比较函数。如果两个字符串的全部字符都相同，则返回 0；如果字符串 1 大于字符串 2，则返回 1；否则返回 −1：

```
// lib/string.c

int strcmp(const char *s1, const char *s2) {
  unsigned char c1, c2;

  while (1) {
    c1 = *s1++;
    c2 = *s2++;
    if (c1 != c2)
      return c1 < c2 ? -1 : 1;
    if (!c1)
      break;
  }
  return 0;
}
```

如果内核中尚未有此共享内存，则创建一个新的共享内存，见第 12 ～ 28 行代码。第 13 行代码使用内存块管理系统的接口 malloc 申请了一个内存块作为结构体 shm 的一个实例。第 18 行代码分配一个页面作为共享内存页。然后将其链接到共享内存链表中，见第 21 ～ 27 行代码。需要特别注意共享内存的名字，不能简单地将指针 name 指向用户程序中的字符串 name，这个地址对其他进程是不可见的，而内核需要确保这个标识所有进程都可见，所以第 14 ～ 16 行代码申请了一个内存块，将共享内存的名字复制到内核空间。其中 strlen 是我们实现在文件 lib/string.c 中的一个用来计算字符串长度的函数，此处用来计算共享内存名字的长度：

```
// lib/string.c

int strlen(const char *s) {
  const char *sc;

  for (sc = s; *sc != '\0'; ++sc);
  return sc - s;
}
```

C 语言以"0"标识字符串的结尾，所以第 17 行代码在名字的最后写入了一个"0"。

当到达第 30 行代码时，无论是从共享内存链表中找到的，还是新创建的，总之有一个共享内存了，那么此处需要做的就是将共享内存映射到应用程序的地址空间。第 30 行代码调用内存管理子系统的函数 map_range 建立这个映射关系，其中 current->pml4 是当前进程页表的根页面；va 是从进程地址空间分配的一块可用区域的起始地址，这里是固定的 0x4000000；shm->page 是共享的物理页面，注意需要将页表项中的第 3 位，即 us 位设置为 1（100 对应十六进制的 0x4），允许运行在特权级 3 的用户程序访问这块内存；1 表示建立 1 个页面的映射关系。

最后，内核还需要将共享内存在进程地址空间映射的虚拟地址告知应用程序，这就是第 32 行代码的目的。根据 64 位 x86 调用约定，函数的返回值需要装载在寄存器 RAX 中，所以，C 编译器会将 return 语句返回的 va 装载到寄存器 RAX 中，这样应用程序就可以从寄存器 RAX 中读取这个虚拟地址了。

实现了系统调用 do_shm 后，我们还需要将其添加到系统调用数组 sys_call_table 中：

```
// kernel/syscall.c

fn_ptr sys_call_table[] = { do_sleep, do_shm };
```

13.3　C 库实现共享内存接口

为了程序的可移植性以及代码的可重用，我们在 C 库中封装一个共享内存的接口 shm_open：

```
// app/libc/syscall.S

#define SYSCALL_SHM 1

.globl shm_open

shm_open:
  mov $SYSCALL_SHM, %rax
  syscall
  ret
```

我们为函数 shm_open 声明一个 C 函数原型，该函数原型接收一个共享内存的名字，返回一个虚拟地址：

```
// app/libc/std.h

void* shm_open(const char* name);
```

C 编译器根据这个声明，在调用 shm_open 时，遵照 64 位 x86 调用约定，将自动生成汇编指令并将参数 name 装载到寄存器 RDI。返回时，从寄存器 RAX 中读取共享内存映射的虚拟地址。

13.4　应用使用共享内存通信

我们在两个应用 app1 和 app2 中使用共享内存实现进程间通信。在应用程序中，我们通过 C 库函数 shm_open 向内核请求分配名字为"shm-1"的共享内存。我们定义一个指针变量接收共享内存映射在进程地址空间中的虚拟地址，在从系统调用返回后，C 编译器帮我们生成的代码会将寄存器 RAX 中存储的虚拟地址赋值到此变量中。

我们在 app1 中向共享内存写入一个字符 S：

```
// app/app1.c

int main() {
  void* m = shm_open("shm-1");
  *(char*)m = 'S';

  while (1) {
    print('A');
    sleep(1000);
  }
}
```

我们在 app2 中从共享内存读取一个字符，并打印出来：

```
// app/app2.c

int main() {
  void* m = shm_open("shm-1");

  while (1) {
    print(*(char*)m);
    sleep(1000);
  }
}
```

如果一切正常，屏幕上每隔 1 秒将输出一个字符 S。

显示及输入

归根结底计算机是为人服务的，这就要求计算机必须提供某种机制使得人可以向计算机发出命令以操纵计算机，并将计算结果反馈给人。这种接收外界输入并将计算结果输出的机制在计算机中称为输入输出，输入输出是人与计算机之间的桥梁。

在本章中，我们以显示器和键盘这两种最基本的输入 / 输出设备为例，讲述操作系统是如何实现输入和输出功能的。我们首先介绍字符和图形显示的原理，然后讲述如何获取显存及相关信息。为了显示字符，我们还设计了中文和英文字体。

为了提高绘制的效率和灵活性，我们在内核中实现了一个系统调用，用户程序通过这个系统调用可以将显存映射到进程的用户空间，进而直接在显存上绘制，无须通过内核访问设备。通过这个过程，我们展示如何将设备内存映射到进程的用户空间。

在本章的最后，我们讲述操作系统如何知晓用户按下了按键，并从键盘读取扫描码。我们讲述扫描码和按键的对应关系，以及如何将扫描码转换为对应的按键。

14.1 图形处理器

1981 年 IBM 推出第一代个人计算机，其主板上有个显示适配器（display adaptor），用来连接显示器，负责将输出信息传递给显示器。通常，我们也将显示适配器称为显卡。显示适配器上有一块存储区域，称为 framebuffer，处理器将需要显示的信息写到 framebuffer 中，由显示适配器负责解析 framebuffer 中的内容，并传递给显示器输出，如图 14-1 所示。

随着计算机技术的发展，人们不再满足于显示简单的文本，还需要显示色彩丰富、立体感强的图形和视频，于是显示适配器的制造商在其中内置了专门的芯片负责图形的绘制，也称渲染（render），这个芯片称为图形处理芯片（graphics processor）。相应地，显示适配器也演进为图形处理器（Graphics Processor Unit，GPU），如图 14-2 所示。

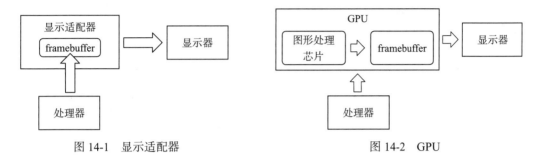

图 14-1　显示适配器　　　　　　　　图 14-2　GPU

与处理器只能一个像素一个像素（pixel）绘制相比，GPU 可以同时绘制多个像素，绘制效率非常高。所以，处理器不再自己在 framebuffer 上进行绘制了，而是将绘制命令发送给 GPU 进行绘制。以绘制一个实心矩形为例，如果是处理器绘制，则需要一个像素一个像素地绘制；如果是 GPU 绘制，则处理器只需要告诉 GPU 类似"绘制矩形，长为 x、宽为 y，使用 xxx 颜色填充"这样一个命令，GPU 收到命令后会同时并发绘制多个像素。

14.2　文本模式和图形模式

最初个人计算机只能显示字符，比如一屏可以显示 80×20 个字符。framebuffer 中存储的是以字符为粒度的信息，包括字符对应的编码及其属性。一个字符占据 framebuffer 中的 2 个字节，第 1 个字节为字符对应的编码，第 2 个字节为字符的属性，如字符的前景色等，如图 14-3 所示。

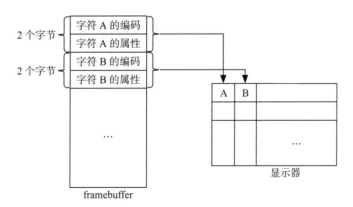

图 14-3　文本模式下 framebuffer 的格式

显示器是以像素为单位进行显示的，整个屏幕相当于一个像素阵列，一个字符占据比如 8×16 个像素。因此，显示适配器需要根据 framebuffer 中的字符编码以及属性，将其转化为以像素为粒度的信息，在屏幕上逐个像素显示出来。

显然，通过显示适配器内固化的软件将字符编码和属性转换为像素非常不灵活，而且仅仅显示字符已经不能满足人们的需求了，于是人们设计了图形模式。相应地，之前只能显示文本的模式称为文本模式。在图形模式下，framebuffer 中存储的是以像素为粒度的信息，CPU 或者 GPU 负责填充每个像素的信息，无论是字符还是图形，都由 CPU 或者 GPU 绘制。显示器按照像素的信息在屏幕上显示就可以了，屏幕上显示的内容不再受限于显示适配器内固化的软件，可由 CPU 或者 GPU 随心所欲地绘制各种图形。

每个像素的信息可以使用多位表示，称为色深（color depth），位数越多，能够表示的颜色就越多，当然占用的存储空间也越大。比如 32 位是一个典型的色深，通常称为 RGBA 格式，32 位分为 4 个字节，其中 1 ～ 3 字节分别用来表示红、绿和蓝三原色，即 RGB。第 4 个字节 A 用来指定色彩的透明度，A 是 Alpha 的首字母。图 14-4 展示了图形模式下 framebuffer 的格式。

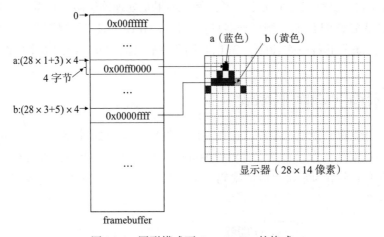

图 14-4　图形模式下 framebuffer 的格式

比如对于显示器左上角的像素，它的颜色为白色，因为 RGB 都为 0xff 时才能混合为白色，所以 framebuffer 中从偏移 0 处开始的 4 个字节值为 0x00ffffff。这个像素的透明度为 0，即完全不透明，所以第 4 个字节 A 的值为 0。

我们以绘制一个字符 A 为例。字符 A 的 a 处的像素位于屏幕（1，3）处，对应于 framebuffer 的地址（28×1＋3）×4 处，其中 28 为第 1 行的 28 个像素，3 为第 2 行 a 前的 3 个像素，每个像素使用 4 个字节表示，所以需要乘以 4。我们将 a 处的像素绘制为蓝色，所以将第 3 个字节设置为 ff，其他字节全部设置为 0，即 0x00ff0000。第 4 个字节 A 的值为 0，表示透明度为 0。

字符 A 的 b 处的像素位于屏幕的（3，5）处，对应于 framebuffer 的地址（28×3＋5）×4 处。我们将 b 处的像素绘制为黄色，因为红和绿混合为黄色，所以我们将第 1、2 个字节均设置为 ff，其他字节设置为 0，即 0x0000ffff。

14.3 获取模式信息

在绘制图形时，需要用到各种信息，如 framebuffer 的地址、屏幕的分辨率、色深等，这些称为模式（mode）信息。如果这些信息都由不同显卡的制造商自己定义，那么软件的兼容性将是一个大问题。于是，为了兼容，出现了 VESA 这个组织。VESA 定义了相关显示标准，各制造商在显卡内实现了符合 VESA 标准的软件，称为 Video Bios Extension，简称 VBE。

与之前通过主板 BIOS 获取内存信息类似，模式信息通过显卡 BIOS 获取。BIOS 只能运行在实模式，所以我们需要在内核的实模式部分通过 BIOS 获取模式信息。

我们通过指令 int 请求 VBE 提供的功能，功能号为 0x10，输入参数寄存器 AX 需要设置为 4F01，表示返回模式信息。显示器可以支持不同的分辨率，每种都属于一种模式，获取哪一种模式的信息通过寄存器 CX 指定。kvmtool 仅模拟了一种模式，当系统软件读取 kvmtool 模拟的显示设备的模式信息时，kvmtool 忽略了寄存器 CX 中的模式号，返回唯一可用模式的信息，所以我们忽略设置模式号。VBE 会将模式信息复制到 ES:DI 指定的内存地址处，我们希望将模式信息存储在相对于实模式起始偏移 0x4000 处，即下面代码中标签 vesa_mode_info 处，所以我们将这个地址设置在寄存器 DI 中传递给 VBE：

```
// boot16.S

  mov $vesa_mode_info, %di
  mov $0x4f01, %ax
  int $0x10

.org 0x4000
vesa_mode_info:
  .fill 256, 1, 0
```

VESA 中定义了模式信息的详细格式，我们暂时仅使用其中的 framebuffer 地址、分辨率、色深，所以依据 VESA 标准定义一个简化的模式信息结构体，仅将我们使用的字段列出来，其他字段使用数组填充：

```
// include/vesa.h

struct vesa_mode_info {
  uint8_t pad0[18];
  uint16_t hres;
  uint16_t vres;

  uint8_t pad1[3];
  uint8_t bpp;
  uint8_t pad2[14];

  uint32_t fbbase;
```

```
    uint8_t pad3[212];
} __attribute__ ((packed));
```

其中 fbbase 是 framebuffer 占据的地址空间的起始地址，这是系统上电时 BIOS/EFI 为其分配的地址。hres 和 vres 分别表示以像素为单位的水平和垂直分辨率。bpp 表示每个像素使用的字节数。

在进入 64 位模式后，我们创建一个结构体 vesa_mode_info 的实例，将实模式部分从显示设备中读取的模式信息复制到这个结构体实例中。与硬件打交道的代码，通常称为驱动（driver），因此，我们新建一个名称为 drivers 的目录，存放驱动相关的代码。我们将显示相关的代码存放在目录 drivers 下的文件 vesa.c 中。实模式部分被 kvmtool 加载在内核 0x10000处，而实模式中的代码将读取的模式信息存储在了相对于实模式起始偏移 0x4000 处，所以模式信息所在的内存地址为 0x14000，我们使用函数 memcpy 从 0x14000 处复制模式信息：

```
// drivers/vesa.c

struct vesa_mode_info* vesa_mode_info;

void vesa_init() {
  vesa_mode_info = malloc(sizeof(struct vesa_mode_info));
  memcpy(vesa_mode_info, (char*)0x14000,
        sizeof(struct vesa_mode_info));
}

int main() {
  vesa_init();
}
```

我们在 VESA 标准中经常会见到 linear framebuffer 这样的术语，为什么称为 linear 呢？这还是与段有关，起初受 16 位段界限的限制，比如对于 640 × 480 × 8bpp 的模式，我们需要设置 300KB 大小的显存，而一个段最大为 64KB，于是人们使用多个段表示显存。可见彼时的显存是由多个段组成的，是非线性的。到了 VBE 2.0 时，32 位甚至 64 位处理器寻址不再受段界限的限制，所以相对于段式的 framebuffer，linear framebuffer 表示连续线性地址空间。

14.4　将 framebuffer 映射到用户空间

为了更灵活高效，我们不通过内核访问显示设备，而是绕过内核，将 framebuffer 映射到进程的用户空间，进程直接在用户空间的 framebuffer 上绘制。目前我们的进程还没有实现管理地址空间的功能，所以暂时使用一个固定的值 0xe000000 作为 framebuffer 映射在进程的地址空间的起始地址。

这个过程与我们映射普通的虚拟地址到物理地址并无二致，0xe000000 为虚拟地址，模式信息中的 fbbase 相当于物理地址，映射的尺寸可以通过 framebuffer 的分辨率计算出来，如图 14-5 所示。

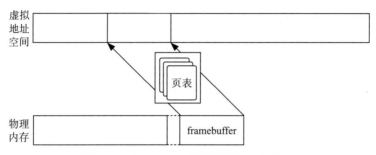

图 14-5 framebuffer 映射到用户地址空间

我们在 vesa.c 中实现一个系统调用 do_fbmap 将 framebuffer 映射到用户空间。显然，我们依然可以使用函数 map_range 建立这个映射关系，映射的起始虚拟地址为 0xe000000，目标物理地址为模式信息中的 fbbase。映射的长度类似于我们计算一个长方形的面积，用水平分辨率乘以垂直分辨率，每个像素使用 bpp 位，故还要乘以 bpp，内存地址以字节为单位，所以最后还要除以 8，将位转换为字节。framebuffer 是在用户空间访问的，所以权限位设置为 100，十六进制为 4。具体实现如下：

```
// drivers/vesa.c

unsigned long do_fbmap() {
  unsigned long va = 0xe000000;
  unsigned long pa = vesa_mode_info->fbbase;
  int size = vesa_mode_info->hres * vesa_mode_info->vres *
          vesa_mode_info->bpp / 8;
  int npage = 0;

  map_range(current->pml4, va, pa, 0x4,
      (size + PAGE_SIZE - 1) / PAGE_SIZE);

  return va;
}
```

实现了系统调用 do_fbmap 后，我们还需要将其加入系统调用数组 sys_call_table 中：

```
// kernel/syscall.c

fn_ptr sys_call_table[] = { do_sleep, do_shm, do_fbmap };
```

我们在 C 库中封装一个函数供 C 语言程序使用：

```
// app/libc/syscall.S

#define SYSCALL_FBMAP      2
```

```
.globl fbmap

fbmap:
  mov $SYSCALL_FBMAP, %rax
  syscall
  ret
```

我们在文件 std.h 中为 fbmap 声明一个 C 语言函数原型，然后应用就可以使用这个函数调用内核中的系统调用 do_fbmap，将 framebuffer 映射到用户空间了：

```
// app/libc/std.h

unsigned long fbmap();
```

14.5 应用获取模式信息

除了将 framebuffer 映射到用户空间外，应用绘制时还需要知道 framebuffer 的分辨率、色深信息，因此，内核需要提供一个系统调用，供应用程序获取模式信息。目前应用不需要完整的模式信息，为此，额外定义一个精简的结构体来传递必要的信息：

```
// include/vesa.h

struct mode_info {
  uint32_t fbbase;
  uint16_t hres;
  uint16_t vres;
  uint8_t bpp;
};
```

我们在内核中实现一个系统调用 do_get_mode_info 来为应用传递模式信息：

```
// drivers/vesa.c

int do_get_mode_info(struct mode_info *mode_info) {
  mode_info->fbbase = vesa_mode_info->fbbase;
  mode_info->hres = vesa_mode_info->hres;
  mode_info->vres = vesa_mode_info->vres;
  mode_info->bpp = vesa_mode_info->bpp;

  return 0;
}
```

我们将其加入系统调用数组 sys_call_table 中：

```
// kernel/syscall.c

fn_ptr sys_call_table[] = { do_sleep, do_shm, do_fbmap,
  do_get_mode_info };
```

我们在 C 库中封装一个函数供 C 语言程序调用：

```
// app/libc/syscall.S

#define SYSCALL_GETMODEINFO 3

get_mode_info:
  mov $SYSCALL_GETMODEINFO, %rax
  syscall
  ret
```

我们还需要为 get_mode_info 声明一个 C 语言函数原型，供应用程序使用：

```
// app/libc/std.h

void get_mode_info(struct mode_info* mode_info);
```

14.6 设计字体

当我们让计算机绘制一个字符时，计算机只有知道这个字符的形状才能绘制出来。这个字符的形状描述就称为字体，如同我们写字一样，字体也有不同的风格，比如楷书、行书、黑体等。假设一个字符占 8×8 像素，以字符 H 为例，在显示器上需要按照图 14-6 进行绘制。

我们可使用 0 和 1 分别标识一个像素，0 标识的像素使用背景色绘制，1 标识的像素使用前景色绘制，如图 14-7 所示。显然，按照 0 和 1 的标识绘制，我们就可以在显示器上形成字符 H 的形状了。

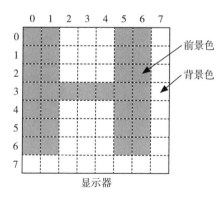

图 14-6　8×8 像素的字符 H　　　　图 14-7　使用 0 和 1 标识像素

我们可以将每一个像素看作一个位，这个 8×8 像素的区域，相当于一个元素个数为 8 的字符数组，每个元素为一个 8 位的字符：

```
const uint8_t font[8] = {
```

```
0xc6, /* 11000110 */
0xc6, /* 11000110 */
0xc6, /* 11000110 */
0xfe, /* 11111110 */
0xc6, /* 11000110 */
0xc6, /* 11000110 */
0xc6, /* 11000110 */
0x00, /* 00000000 */
};
```

也就是一个字符使用了 8 字节，第 0 个字节 font[0] 对应第 0 行，第 1 个字节 font[1] 对应第 1 行，如图 14-8 所示。

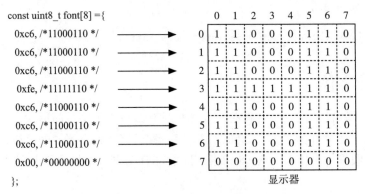

图 14-8　字符数组和像素

至此，我们理解了一个字符在屏幕上显示的基本原理，以及如何对字符进行抽象。接下来，我们将在屏幕上显示一个字符串 " Hello, 中国 ."。为了显示得更细腻些，英文字符使用 1×16 字节，字宽 8 位，字高 16 位；中文字符使用 2×16 字节，字宽 16 位，字高 16 位。

我们使用一个二维字符数组 fonts_en[6][16] 包含英文字体，其中第一个维度的 6 表示 6 个字符—— " Hello" 和 "."，第二个维度的 16 表示一个英文字符使用 16 字节表示。类似地，我们使用一个二维字符数组 fonts_zh[2][32] 包含中文字体，其中第一个维度的 2 表示 2 个字符—— "中" 和 "国"，第二个维度的 32 表示一个中文字符使用 32 字节表示。下面的代码展示了英文字符 "H" 和中文字符 "中" 的字体设计：

```
// app/libdraw/fonts.c

const uint8_t fonts_en[6][16] = {
  {
    /* 72 0x48 'H' */
    0x00, /* 00000000 */
    0x00, /* 00000000 */
    0xc6, /* 11000110 */
    0xc6, /* 11000110 */
    0xc6, /* 11000110 */
    0xc6, /* 11000110 */
```

```
        0xfe, /* 11111110 */
        0xc6, /* 11000110 */
        0xc6, /* 11000110 */
        0xc6, /* 11000110 */
        0xc6, /* 11000110 */
        0xc6, /* 11000110 */
        0x00, /* 00000000 */
        0x00, /* 00000000 */
        0x00, /* 00000000 */
        0x00, /* 00000000 */
    },
    ...
}

const uint8_t fonts_zh[2][32] = {
    {
        // 中
        0x01, 0x80, /* 0000000110000000 */
        0x01, 0x80, /* 0000000110000000 */
        0x01, 0x80, /* 0000000110000000 */
        0x01, 0x80, /* 0000000110000000 */
        0xff, 0xff, /* 1111111111111111 */
        0xc1, 0x83, /* 1100000110000011 */
        0xc1, 0x83, /* 1100000110000011 */
        0xc1, 0x83, /* 1100000110000011 */
        0xc1, 0x83, /* 1100000110000011 */
        0xc1, 0x83, /* 1100000110000011 */
        0xc1, 0x83, /* 1100000110000011 */
        0xff, 0xff, /* 1111111111111111 */
        0x01, 0x80, /* 0000000110000000 */
        0x01, 0x80, /* 0000000110000000 */
        0x01, 0x80, /* 0000000110000000 */
        0x01, 0x80, /* 0000000110000000 */
    },
    ...
};
```

14.7 图形库

我们可以将绘制功能直接实现在应用中，但这样的绘制功能不能复用，因此，我们将绘制功能实现在一个图形库libdraw中，以供不同应用复用。增加了图形库 libdraw 后，软件栈的架构如图 14-9 所示。

图 14-9 加入图形库后的软件栈

这个软件栈虽然很简单，但是展示了操作系统软件栈的基本构成。应用通过 C 库调用内核的各种服务（系统调用），C 库中也会实现若干不依赖内核的功能，供上层应用使用。系统中还会包含如这里在

framebuffer 上实现绘制功能的库 libdraw，以支撑多个应用复用绘制功能，当然 libdraw 也可能使用 C 库、内核以及其他库的功能。对于最终在生产环境使用的操作系统，我们要做的就是持续完善各部分，丰富内核和 C 库的功能，增加如 libdraw 这种应用需要的各种特定功能库。

在绘制字符时，当然也包括绘制图形，需要确定像素在 framebuffer 中的位置。我们假设字符或者图形的左上角为（o_x, o_y)，那么每个像素在 framebuffer 中的位置的计算方式如图 14-10 所示，其中 hres 表示水平分辨率，即水平方向的像素数，此处 hres 是 8。

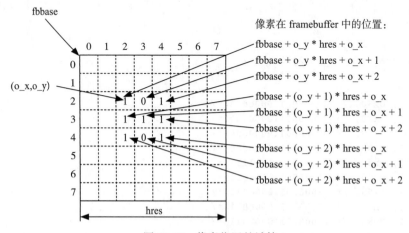

图 14-10　像素位置的计算

对于一个二维图形，使用两层循环绘制。我们沿着垂直方向从上向下一行一行绘制。图 14-11 展示了遍历像素的过程。

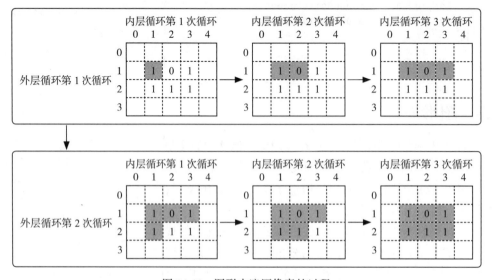

图 14-11　图形中遍历像素的过程

了解了绘制的基本原理后，接下来，我们来实现英文字符的绘制函数 draw_char_en。该函数接收多个参数，包括：字符左上角的像素在显示器中的位置 o_x、o_y，绘制的字符在字体数组中的索引 index，字符的前景色 color，framebuffer 的地址 fbbase，模式信息 minfo。具体实现如下：

```
// app/libdraw/draw.c

01 void draw_char_en(int o_x, int o_y, int index, int color,
02     unsigned long fbbase, struct mode_info* minfo) {
03   for (int y = 0; y < 16; y++) {
04     char byte = fonts_en[index][y];
05
06     for (int x = 0; x < 8; x++) {
07       char bit = (byte >> (7 - x)) & 0x1;
08       if (bit == 1) {
09         *((uint32_t*)fbbase + (o_y + y) * minfo->hres +
10           o_x + x) = color;
11       }
12     }
13   }
14 }
```

每个英文字符使用 16 行 8 列像素描述，对应 16 个字节。我们沿着垂直方向从上向下逐行绘制，使用两层循环：外层循环 16 次，对应 16 行；内层循环 8 次，对应 8 列。

每行使用一个字节描述，每次内层循环开始前，我们首先从字体数组中取出当前行对应的字节，见第 4 行代码。字节中的每一位代表水平方向的 1 个像素，我们使用一个循环依次提取字节中的第 7 位到第 0 位，从左向右依次绘制。每次循环我们将字符左移，然后与 1 进行按位与提取出一位，见第 7 行代码，比如第一次循环提取的是第 7 位，那么需要左移 7 位，然后与 1 进行按位与。如果此位为 1 了，那么就使用前景色绘制该像素，见第 9、10 行代码。字符的背景色使用屏幕的颜色，所以忽略标识为 0 的像素。

与英文字符相比，每个中文字符字宽为 16 位，即 2 个字节，我们在内层使用两个 for 循环分别绘制这两个字节，绘制原理与绘制英文字符的原理类似，这里不过多赘述，具体代码如下：

```
// app/libdraw/draw.c

void draw_char_zh(int o_x, int o_y, int index, int color,
    unsigned long fbbase, struct mode_info* minfo) {
  for (int y = 0; y < 16; y++) {
    char byte1 = fonts_zh[index][y * 2];

    for (int x = 0; x < 8; x++) {
      char bit = (byte1 >> (7 - x)) & 0x1;
      if (bit == 1) {
        *((uint32_t*)fbbase + (o_y + y) * minfo->hres +
```

```
              o_x + x) = color;
       }
    }

    char byte2 = fonts_zh[index][y * 2 + 1];
    for (int x = 0; x < 8; x++) {
      char bit = (byte2 >> (7 - x)) & 0x1;
      if (bit == 1) {
        *((uint32_t*)fbbase + (o_y + y) * minfo->hres +
          o_x + 8 + x) = color;
      }
    }
  }
}
```

除了绘制字符外，我们还可以绘制任何图形。我们在图形库中实现一个绘制矩形的函数 draw_rect。draw_rect 的参数和绘制字符的函数参数类似，只是多了两个参数 l 和 w，分别是矩形的长和宽。一个矩形由 4 条线段组成，我们将组成每条线段的像素使用前景色进行绘制，就完成了一个矩形的绘制。我们使用两个循环绘制，第一个循环绘制上下两条边，第二个循环绘制左右两条边，具体实现如下：

```
// app/libdraw/draw.c

void draw_rect(int o_x, int o_y, int l, int w, int color,
    unsigned long fbbase, struct mode_info* minfo) {
  for (int i = o_x; i < o_x + l; i++) {
    *((uint32_t*)fbbase + o_y * minfo->hres + i) = color;
    *((uint32_t*)fbbase + (o_y + w) * minfo->hres + i) = color;
  }

  for (int i = o_y; i < o_y + w; i++) {
    *((uint32_t*)fbbase + i * minfo->hres + o_x) = color;
    *((uint32_t*)fbbase + i * minfo->hres + o_x + l) = color;
  }
}
```

我们修改 Makefile 编译图形库 libdraw，同 C 库类似，需要将 libdraw 链接为可重定位格式的，为链接器 ld 传递选项 "-r"：

```
// Makefile

# libdraw
app/libdraw/draw.o: app/libdraw/draw.c
  gcc -I. -c -o $@ app/libdraw/draw.c

app/libdraw/fonts.o: app/libdraw/fonts.c
  gcc -I. -c -o $@ app/libdraw/fonts.c

app/libdraw/libdraw.o: app/libdraw/draw.o app/libdraw/fonts.o
  ld -r -o $@ $^
```

14.8 应用绘制

万事俱备，现在应用程序可以使用图形库中的功能显示文字和绘制图形了。此时需要给 kvmtool 传递参数 --sdl，告知其使用图形库 SDL 模拟显示器，我们需要 kvmtool 模拟一个显示器显示字符和图形。

我们在 app2 中显示一行文字" Hello, 中国 ."，每隔 1 秒变换一个颜色。我们首先通过系统调用从内核中获取模式信息，然后将 framebuffer 地址映射到用户空间，最后调用图形库 libdraw 中的函数在屏幕上显示文字。具体实现如下：

```
// app/app2.c

void draw_char(uint64_t fbaddr, struct mode_info* minfo,
    int color) {
  // H
  draw_char_en(10, 2, 0, color, fbaddr, minfo);
  // e
  draw_char_en(20, 2, 1, color, fbaddr, minfo);
  // l
  draw_char_en(30, 2, 2, color, fbaddr, minfo);
  // l
  draw_char_en(40, 2, 2, color, fbaddr, minfo);
  // o
  draw_char_en(50, 2, 3, color, fbaddr, minfo);
  // ,
  draw_char_en(60, 2, 4, color, fbaddr, minfo);

  // zhong
  draw_char_zh(70, 2, 0, color, fbaddr, minfo);
  // guo
  draw_char_zh(90, 2, 1, color, fbaddr, minfo);
  // .
  draw_char_en(110, 2, 5, color, fbaddr, minfo);
}

int main() {
  void* m = shm_open("shm-1");

  struct mode_info mode_info;
  get_mode_info(&mode_info);

  unsigned long fbbase = fbmap();
  draw_char(fbbase, &mode_info, RED | GREEN);

  unsigned long i = 0;
  while (++i) {
    if (i % 2) {
      draw_char(fbbase, &mode_info, RED | GREEN);
    } else {
      draw_char(fbbase, &mode_info, RED | BLUE);
    }
```

```
    print(*(char*)m);
    sleep(1000);
  }
}
```

我们在 app1 中绘制一个矩形，每隔 1 秒更换一下矩形的颜色，具体实现如下：

```
// app/app1.c

int main() {
  void* m = shm_open("shm-1");
  *(char*)m = 'S';

  struct mode_info mode_info;
  get_mode_info(&mode_info);

  unsigned long fbbase = fbmap();

  while (1) {
    draw_rect(10, 100, 150, 100, RED, fbbase, &mode_info);
    sleep(1000);
    draw_rect(10, 100, 150, 100, GREEN, fbbase, &mode_info);
    sleep(1000);
    draw_rect(10, 100, 150, 100, BLUE, fbbase, &mode_info);
    sleep(1000);
  }
}
```

14.9 键盘输入

IBM 兼容的个人计算机的键盘内置了 8048 芯片。当我们敲击键盘时，8048 将扫描哪个键位被敲击了。每个键位都有一个对应的扫描码（scancode），8048 会将用户敲击的键位的扫描码发送给主板。主板上有一个模块，称为 8042，接收从 8048 发送过来的扫描码，通常称 8042 为键盘控制器（keyboard controller）。在收到扫描码后，8042 会通过 8259A 向处理器发起键盘中断请求，如图 14-12 所示。处理器将调用内核中的键盘中断处理程序处理键盘中断，从 8042 读取扫描码。

因此，要读取键盘输入，内核中需要实现键盘中断处理函数。我们在 handler.S 中添加键盘驱动处理入口 kb_handler，将读取键盘的功能实现在 C 函数 process_kb 中。kb_handler 调用函数 process_kb 从键盘读取扫描码：

```
// kernel/handler.S

kb_handler:
  SAVE_CONTEXT

  call process_kb
```

```
movb $0x20,%al
outb %al,$0x20

RESTORE_CONTEXT
iretq
```

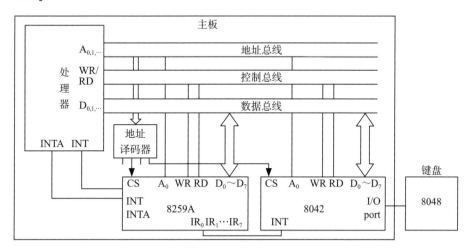

图 14-12　键盘和主板的连接

在中断描述表中添加键盘中断描述符，键盘中断对应的中断向量号为 0x21，中断处理
函数为 kb_handler：

```
// kernel/interrupt.c

void interrupt_init() {
  set_gate(0x21, (unsigned long)&kb_handler, GATE_INTERRUPT);
}
```

每个键有两个状态——按下和释放，二者各对应一个扫描码，键被按下时的编码叫作
通码（make code），释放时的编码叫作断码（break code）。如果持续按住不放，那么将连续
产生通码。第一代 IBM 兼容 PC 以及随后的 PC/XT 支持键码集 1（scancode set 1），到 IBM
PC/AT 时使用了键码集 2。现代键盘默认使用键码集 2，并且只保证支持键码集 2。键码集
2 的扫描码和按键的对应关系如表 14-1 所示，这里仅展示部分内容。

表 14-1　键码集 2 的扫描码和按键的对应关系（部分）

按键	通码	断码
A	1C	F0, 1C
B	32	F0, 32
C	21	F0, 21
…	…	…
0	45	F0, 45
1	16	F0, 16
2	1E	F0, 1E

我们在驱动目录下创建一个 atkbd.c 文件，键盘驱动相关代码存放在此文件中，我们在其中创建一个扫描码到按键的映射数组 keymap：

```
// drivers/atkbd.c

// scancode set 2
unsigned char keymap[256] = {
  [0x1c] = 'a',
  [0x32] = 'b',
  [0x21] = 'c',
  [0x23] = 'd',
  ...
  [0x45] = '0',
  [0x16] = '1',
  [0x1e] = '2',
  [0x26] = '3',
  ...
};
```

当按下按键时，键盘驱动将按键对应的字符输出到串口。当释放按键时，什么也不做。对于一个普通的按键，以按键 k 为例，从按下到释放，其产生的扫描码依次为 42、F0、42，所以，每次读取到 42 时，需要识别这个 42 是否有一个前置修饰符 F0。如果没有前置修饰符 F0，表示是按键操作；如果有前置修饰符 F0，则表明是释放操作。

除了正常的键位外，还有一些扩展的键位，比如 Insert、Delete 等，这些键位的扫描码都以 E0 开头，我们目前不处理这些扩展键，所以也忽略所有以 E0 开头的扫描码。

为此，我们定义一个变量 prevcode，用来记录修饰符。因为首次操作键盘时一定是先按下，所以我们将 prevcode 初始化为 0。每当我们从键盘控制器读取一个字符时，首先将这个字符与修饰符 F0 和 E0 进行对比，如果这个字符恰是 F0 或者 E0，那么将其记录到变量 prevcode 中。如果不是修饰符，那么我们将检查 prevcode。如果 prevcode 中记录的是 F0 或者 E0，则说明是释放动作，忽略这个动作，同时，将 prevcode 复位为 0，开启下一个按下 / 释放周期。如果 prevcode 为 0，则说明是按下操作，向串口输出扫描码对应的按键的字符。图 14-13 以键位 k 为例展示了上述判断通码和断码的逻辑。

IBM 兼容 PC 为键盘控制器的读端口分配的地址为 0x60，所以我们从端口 0x60 读取键盘控制器扫描码，具体实现如下：

```
// drivers/atkbd.c

void process_kb() {
  unsigned char scancode;
  static unsigned char prevcode;

  __asm__ ("inb $0x60, %%al" : "=a"(scancode));

  if (scancode == 0xe0 || scancode == 0xf0) {
```

```
    prevcode = scancode;
    return;
  }

  if (prevcode == 0xe0 || prevcode == 0xf0) {
    prevcode = 0;
  return;
  }

  print(keymap[scancode]);
}
```

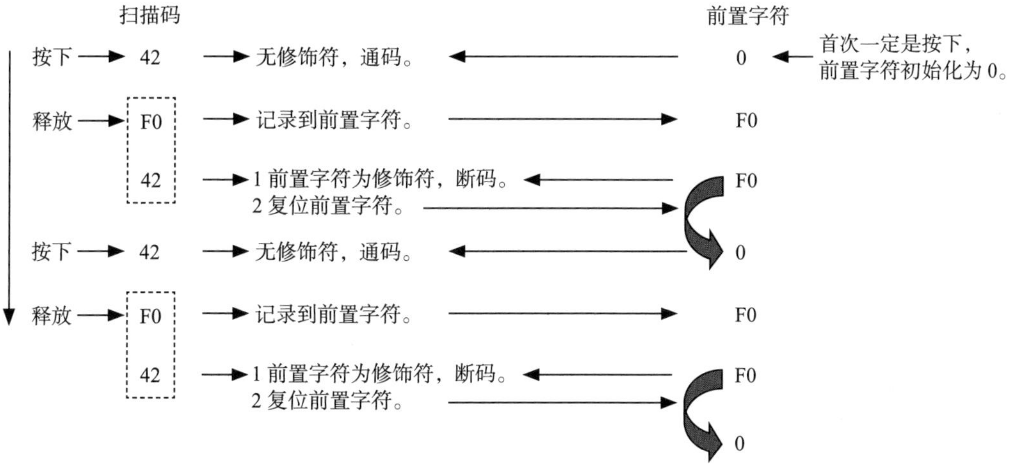

图 14-13　通码和断码的判断逻辑

　　还需要再次强调一下，此处需要将参数 --sdl 传递给 kvmtool。只有有了图形界面后，kvmtool 才会捕捉到键盘事件，否则宿主系统不会将按键事件传递给 kvmtool。

深度探索Linux系统虚拟化：原理与实现

作者：王柏生 谢广军　ISBN：978-7-111-66606-6　定价：89.00元

百度2位资深技术专家历时5年两易其稿，系统总结多年操作系统和虚拟化经验；从CPU、内存、中断、外设、网络5个维度深入讲解Linux系统虚拟化的技术原理和实现

这是一部深度讲解如何在Linux操作系统环境下用软件虚拟出一台"物理"计算机的著作。

两位作者都是百度的资深技术专家，一位是百度的主任架构师，一位是百度智能云的副总经理，都在操作系统和虚拟化等领域有多年的实践经验。本书从计算机体系结构、操作系统、硬件等多个维度深度探讨了从CPU、内存、中断、外设、网络5个系统的虚拟化，不仅剖析了其中的关键技术原理，而且深入阐述了具体的实现。

推荐阅读